건설공사
·
레미콘
·
아스콘
품질관리
철강구조물

Guidelines
건설공사 품질관리 업무지침

편집부 편

시공문화사

차례

건설공사 품질관리 업무지침

[국토교통부 고시 제202-720호, 2020년 10월 13일]

제1편 총칙

제1조(목적) 이 지침은 「건설기술진흥법」 제55조부터 제61조까지의 규정에 따라 발주자, 건설사업자 또는 주택건설공급업자, 품질검사를 대행하는 건설기술용역사업자가 건설공사 품질관리, 레미콘·아스콘 품질관리, 레미콘 현장배치플랜트 설치 및 관리, 철강구조물 제작공장 인증 및 가설기자재 품질관리와 관련된 업무를 효율적으로 수행하게 하기 위하여 업무수행의 방법 및 절차 등 필요한 세부기준을 정하는 데 그 목적이 있다.

제2조(정의) 이 지침에서 사용하는 용어의 뜻은 다음과 같다.

1. "발주자"란 건설기술진흥법(이하 "법"이라 한다) 제2조제6호의 발주청과, 자재에 대한 공급원 승인권한을 갖는 자 등 건설공사를 시공자에게 도급하는 자를 말한다.
2. "품질관리"란 법 제53조부터 제61조까지의 품질과 관련된 법령, 설계도서 등의 요구사항을 충족시키기 위한 활동으로서, 시공 및 사용자재에 대한 품질시험·검사활동뿐 아니라 설계도서와 불일치된 부적합공사를 사전 예방하기 위한 활동을 포함한다.
3. "시공자"란 「건설산업기본법」 제2조제7호 또는 「주택법」 제9조에 따라 면허를 받거나 등록을 하고 건설업 또는 주택건설업을 영위하는 건설사업자 또는 주택건설등록업자를 말한다.
4. "공사감독자"란 법 제49조에 따라 발주청의 장이 임명한 자, 법 제39조에 따라 건설사업관리업무를 수행하는 자, 주택법 제24조 또는 건축법 제25조에 따라 건설공사의 감리업무를 수행하는 자를 말한다.

5. "검사"란 측정, 시험 또는 계측 등을 활용한 관찰 및 판정에 따른 적합 여부 평가를 말한다.
6. "시험"이란 하나 또는 그 이상의 특성을 결정하는 것을 말한다.
7. "중점 품질관리(특별 프로세스)"란 품질관리가 소홀해지기 쉽거나 하자 발생빈도가 높으며, 부적합 공사로 판명될 경우 시정이 어렵고 많은 노력과 경비가 소요되는 공종 또는 부위에 대한 품질관리 활동을 말한다.
8. "프로세스"란 건설공사 수행 과정에서 발생되는 다양한 종류의 업무 또는 작업의 시작과 종료에 맞물려 의도된 결과를 만들어 내기 위해 입력을 사용하여 상호 관련되거나 상호 작용하는 활동의 집합을 말한다.
9. "품질관리규정"이란 케이에스 큐 아이에스오(KS Q ISO) 17025에 따라 시험업무처리 요령 및 인력·장비의 관리·운영에 필요한 방법 및 절차를 정한 문서를 말한다.
10. "품질검사의 적정성 평가"란 품질검사를 대행하는 건설기술용역사업자로 등록한 자에 대하여 평가기관이 「건설기술진흥법」 시행령(이하 "영"이라 한다) 별표 5(등록요건 및 업무범위) 및 시험·검사 실시에 따른 관련 자료를 법 제61조에 따른 평가기관이 조사하고 적합 또는 부적합을 판정하는 것을 말한다.
11. "적절성 확인"이란 발주청 또는 인·허가기관의 장 등이 건설사업자 또는 주택건설등록업자가 법 제55조에 따라 수립한 품질관리계획서 또는 품질시험계획서에 규정된 품질관리를 적절하게 수행하고 있는지 여부를 확인하는 것을 말한다.
12. "시험관리인력"이라 함은 「건설기술진흥법」 시행규칙(이하 "규칙"이라 한다) 별표5에 따라 건설공사 품질관리를 위해 배치되는 건설기술인 중에 최하위 등급자 또는 품질검사를 대행하는 건설기술용역사업자 및 국립·공립시험기관에서 품질시험·검사를 총괄 관리하는 사람을 말한다.
13. "시험인력"이라 함은 규칙 제50조에 따른 품질시험 및 검사를 실시하는 자를 말하며, 시험인력의 등급은 특급, 고급, 중급, 초급품질관리원으로 구분한다.
14. "공급원 승인권자"란 자재를 공급받아 사용하는 수요자가 신청한 자재공급원 승인요청에 대하여 승인 권한을 갖는 발주청 또는 공사감독자를 말한다.

15. “혼화재”란 혼화재료 중 사용량이 비교적 많아서 그 자체의 부피가 콘크리트 등의 비비기 용적에 계산되는 재료를 말하며, 이 지침에서는 플라이애시 또는 고로슬래그 미분말을 말한다.
16. “현장배치플랜트”란 시공자가 해당 건설공사에 사용되는 레미콘을 생산·공급하기 위하여 설치하는 고정식 또는 이동식 배치플랜트를 말한다.
17. “주변의 레미콘전문제조업자의 출하능력 여유분”이란 콘크리트를 비비기 시작하고 나서 90분 이내에 트럭믹서로 해당 건설공사 현장의 배출지점까지 운반이 가능한 거리 내에 있는 레미콘전문제조업자의 평균출하능력에서 평상시의 가동율을 뺀 나머지 출하능력을 말한다. 다만, 평상시의 가동율을 산출하기 곤란한 경우에는 전년도 3월부터 6월까지의 전국 레미콘전문제조업자의 평균가동율을 이용할 수 있다.
18. “레미콘 수요성수기”란 해당 건설공사의 착공시 신규 소요되는 레미콘의 일간(1일은 8시간으로 한다) 최대소요량이 주변의 레미콘전문제조업자의 출하능력 여유분으로 생산될 수 있는 일간 최대생산량을 초과하는 기간이 1주일이상 지속되는 경우를 말한다.
19. “대규모 구조물”이란 해당 구조물의 착공으로 신규 소요되는 레미콘의 일간 최대소요량이 주변의 레미콘전문제조업자의 출하능력 여유분으로 생산될 수 있는 일간 최대생산량을 초과하는 기간이 1주일이상 지속되는 경우를 말한다.
20. “철강구조물 제작 공장인증”이란 건설공사 현장에 철강구조물을 제작·납품하는 자의 신청을 받아 그 능력에 따라 철강구조물제작공장을 분야별로 등급화하는 것을 말한다.
21. “가설기자재”란 어떤 작업 또는 공사를 수행하기 위해서 설치했다가 그 작업이나 공사가 완료된 후에 해체하거나 철거하게 되는 가설구조물 또는 설비와 이들을 구성하는 부품, 재료를 말한다.
22. “공사시방서”란 표준시방서 및 전문시방서를 기본으로 하여 작성한 것으로, 공사의 특수성, 지역여건 및 공사방법 등을 고려하여 기본설계 및 실시설계도면에 구체적으로 표시할 수 없는 내용과 공사수행을 위한 시공방법, 자재의 성능·규격 및 공법, 품질시험 및 검사 등 품질관리, 안전관리, 환경관리 등에 관한

사항을 기술한 시공기준을 말한다.

23. "설계도서"란 규칙 제40조의 규정에 따라 건설공사의 설계 등 용역사업자가 작성한 설계도면, 설계명세서, 공사시방서 및 발주자가 특히 필요하다고 인정하여 요구한 부대도면 및 그 밖의 관련 서류를 말한다.

제3조(적용범위) ① 제2편제1장 및 제2장은 영 제89조에 따른 품질관리계획과 품질시험계획 수립대상 공사에 적용한다.

② 제2편제3장은 영 제44조제1항 제1호 또는 제3호에 따른 건설기술용역업의 등록과 법 제61조에 따른 품질검사의 대행에 대한 평가에 적용한다.

③ 제3편은 영 제95조 제2항에 따른 레디믹스트 콘크리트(이하 "레미콘"이라 한다), 포장용 가열 아스팔트 혼합물(이하 "아스콘"이라 한다)의 품질관리 및 영 제95조제2항제1호에 해당하는 건설공사 현장에 배치플랜트를 설치하는 경우에 적용한다.

④ 제4편은 법 제58조에 따른 철강구조물 제작공장 인증심사업무에 적용한다.

⑤ 제5편은 제1항의 적용 공사 현장에서 사용하는 가설 기자재 품질관리에 적용한다.

제2편 건설공사 품질관리

제1장 품질관리계획의 수립 및 관리

제4조(발주자의 역할) ① 발주자는 공사계약문서에 품질관리계획서의 내용, 제출시기 및 수량 등에 대한 다음 각호의 사항을 정하여야 한다.

1. 품질관리계획서 및 품질관리절차서, 지침서 등 품질관련 문서의 제출시기 및 수량
2. 품질관리계획서 등 품질관련 문서의 검토, 승인 시기
3. 하도급자의 품질관리계획 이행에 관한 시공자의 책임사항
4. 공사감독자 또는 건설사업관리기술인이 실시하는 품질관리계획 이행상태 확인

의 시기 및 방법

5. 품질관리계획 이행의 부적합 사항의 처리 및 기록

② 발주자가 영 제90조제1항에 따른 품질관리계획을 승인할 경우에는 공사감독자 또는 건설사업관리기술인의 검토결과를 확인할 뿐 아니라 영 제90조제2항에 따라 품질관리계획의 내용을 적정, 조건부 적정 또는 부적정으로 심사하고 결과를 확정하여 시공자, 공사감독자 및 건설사업관리기술인에게 서면으로 통보하여야 한다.

③ 발주자 중 발주청이 아닌 자는 시공자가 건설사업관리기술인의 검토를 받아 제출한 품질관리계획을 해당 건설공사의 인·허가 행정기관의 장에게 제출하여 검토 받아야 한다.

④ 발주자가 영 제90조제3항에 따라 품질관리계획을 승인하는 경우, 별지 제1호 서식의 품질관리계획서 검토·승인서에 따라 승인한다..

⑤ 발주자는 시공자가 품질관리계획서를 변경하는 경우, 변경된 품질관리계획서에 대하여 제1항부터 제4항까지의 조치를 하여야 한다.

⑥ 공동도급계약 방식으로 공사를 발주하는 경우 발주자는 공동수급체에 대한 품질관리계획 이행 요구사항을 공사계약문서에 명시하여야 한다.

⑦ 공동도급계약 방식의 공사인 경우 품질관리계획서 및 관련문서의 운영은 다음 각 호와 같이 할 수 있다.

1. 공동수급체가 통합조직을 구성하여 공사를 수행하는 경우 대표사가 통합품질관리계획을 수립, 이행할 수 있다. 이 경우 대표사는 수급인별로 품질관리계획서와 그 밖의 품질관련 문서의 준수를 위한 동의 서명을 받아야 한다. 다만, 내부심사, 경영검토 등은 수급인 각자가 별도로 수행할 필요가 없고 합동으로 실시하거나 어느 한 수급인이 통합조직에 대하여 수행할 수 있다.
2. 공동수급체가 각각의 조직별로 공사구간을 나누어 공사를 수행하는 경우는 각 수급인별로 품질관리계획을 독립적으로 수립, 이행하여야 한다.

제5조(공사감독자 또는 건설사업관리기술인의 역할) ① 공사감독자 또는 건설사업관리기술인는 시공자가 수립한 품질관리계획서의 적정여부를 별지 제1호 서식의 품

질관리계획서 검토·승인서에 따라 검토·확인하여야 한다.

② 공사감독자 또는 건설사업관리기술인은 품질관리계획서와 절차서, 지침서 등 이에 수반된 문서를 검토·확인하고 그 결과를 시공자에게 통보하여야 한다.

③ 공사감독자 또는 건설사업관리기술인은 검토·확인결과에 따라 시공자에게 시정 및 시정조치를 요구할 수 있으며, 조치를 요구받은 시공자는 이를 지체 없이 이행하여야 한다.

④ 공사감독자 또는 건설사업관리기술인은 발주자가 달리 지정하지 않는 한 품질관리계획이 승인되기 전까지는 시공자로 하여금 해당업무를 수행하게 하여서는 안된다.

⑤ 공사감독자 또는 건설사업관리기술인은 시공자가 품질관리계획서를 변경하는 경우 변경된 품질관리계획서에 대하여 제1항부터 제4항까지의 조치를 하여야 한다.

⑥ 공사감독자 또는 건설사업관리기술인은「건설공사 사업관리 방식 검토기준 및 업무수행지침서(국토교통부 고시)」제60조 및 제90조, 제139조제4항에 따라 시행하는 품질관리계획의 이행실태 확인을 체계적으로 수행하기 위해 다음 각 호의 사항을 포함한 이행상태 확인계획을 수립하고 이행하여야 한다.

1. 점검기준, 범위, 점검자 선정을 포함한 점검계획을 수립
2. 품질관리계획의 이행확인에 중점을 둔 점검표를 작성 및 점검 수행방법
3. 관련법령, 서류명 등 객관적인 증거의 기술을 포함한 품질관리계획의 이행여부 확인결과에 대한 기록 방법
4. 필요한 경우 시정 및 시정조치의 요구, 취해진 조치결과의 검증 방법

제6조(시공자의 역할) ① 시공자는 건설기술진흥법령 및 이 지침에서 정한 바에 따라 해당 건설공사의 여건을 종합적으로 고려한 품질관리계획을 수립하고 공사감독자 또는 건설사업관리기술인의 검토·확인을 받아 발주자의 승인을 받아야 한다.

② 시공자는 다음 각 호의 사항을 고려하여 품질관리계획서의 문서구성과 내용을 결정하여야 한다.

1. 건설공사의 규모 및 활동의 형태

2. 프로세스의 복잡성 및 그 상호작용

3. 조직 구성원의 학력, 교육훈련, 숙련도, 경험 등을 고려한 업무 수행능력

③ 시공자는 품질관리계획서를 변경하는 경우에도 공사감독자 또는 건설사업관리 기술인의 검토·확인을 받아 발주자의 승인을 받아야 한다.

제7조(품질관리계획서의 작성기준) 영 제89조제4항에 따른 품질관리계획서 작성기준은 별표 1과 같다.

제2장 품질시험기준 및 품질관리의 적절성 확인, 품질시험비 산출

제8조(품질시험기준) ① 건설공사의 종류별, 공종별 시험종목·방법 및 빈도 등 건설공사 품질시험기준은 별표 2와 같다.

② 별표 2의 건설공사 품질시험기준에 명시되지 아니한 공종이나 자재에 대해서는 시방서 등 설계도서에 제시된 시험종목·방법 및 빈도에 따른다.

③ 발주자가 공사의 종류·규모 및 중요성, 현지실정 등을 감안하여 특히 필요하다고 인정하면 별표 2의 건설공사 품질시험기준의 시험빈도를 조정할 수 있다.

제9조(품질시험기준의 반영 등) ① 발주자는 「산업표준화법」에 따른 한국산업표준, 법 제44조제1항 각 호에 따른 설계 및 시공기준과 별표 2의 건설공사 품질시험기준을 검토하여 설계도서에 반영하여야 한다.

② 발주자는 「산업표준화법」에 따른 한국산업표준, 법 제44조제1항 각 호에 따른 설계 및 시공기준과 별표 2의 건설공사 품질시험기준이 각기 다른 경우 공사의 종류, 구조물의 특성 등을 감안하여 적합한 기준을 선정하여 설계도서에 반영하여야 한다.

③ 신공법이나 신기술의 도입 등으로 국내 시험방법이 없는 경우 및 품질검사를 대행하는 건설기술용역사업자의 시험장비 기준상 시험이 곤란한 경우 등은 발주자가 설계자와 협의하여 품질을 확인할 수 있는 방법을 시방서에 명기하여야 하며, 시방서에 따라 품질을 확인하는 경우 법 제55조제2항에 따라 시험한 것으로

본다.

제10조(품질관리의 적절성 확인기준) ① 규칙 제52조에 따른 적절성확인 기준 및 요령은 별표 3와 같다.

② 발주자는 별표1에 따른 품질관리계획서 작성기준에 따라 시공자가 품질관리를 적절하게 하는지를 확인하기 위한 계획을 수립하고 이행하여야 한다.

③ 발주자가 제2항의 적절성 확인계획을 수립하는 경우에는 품질관리의 적절성 확인을 체계적으로 수행하기 위해 다음 각 호의 사항을 고려하여야 한다.

1. 품질관리계획과 관련된 교육 이수 등 전문지식을 보유한 적절성 확인자의 선정
2. 별표 1에 따라 시공자가 수립한 품질관리계획서의 내용 검토
3. 이미 발생된 지적 및 조치사항의 확인을 위한 기존 점검자료의 검도
4. 필요한 경우, 별지 제2호 서식에 따른 품질관리 적절성 확인점검 내용의 추가, 수정 또는 삭제

제11조(품질시험비 산출단위량 및 단가 적용) ① 품질시험비 산출시 소요되는 인건비 및 공공요금의 산출 단위량 기준은 별표 4와 같다.

② 관리인력의 산출 단위량은 법 제56조에 따른 품질시험비 산출시에는 적용하지 않으나, 법 제60조에 따른 국립·공립시험기관 및 품질검사를 대행하는 건설기술용역사업자의 품질시험비 산출시에는 적용한다.

③ 인력의 노임단가는 다음 각 호와 같다.

1. 시험관리인력의 등급별 노임단가는 한국엔지니어링협회가 통계법에 의하여 조사·공표한 노임단가로 한다.
2. 시험인력의 등급별 노임단가는 대한건설협회가 통계법에 의하여 조사·공표한 노임단가로 한다.

④ 공공요금의 단가는 다음 각 호와 같다.

1. "전력요금 단가"는 일반전력용(갑)의 저압전력에 대한 계절별 평균 전력량요금으로 소수점 이하를 절사한 값을 적용한다.
2. "수도 요금단가"라 함은 서울특별시 및 6개 광역시에서 조례로 정한 영업용 최

소사용량을 기준으로 한 상수도 및 하수도 요금단가의 평균값으로서 소수점 이하를 절사한 값을 적용하며, 영업용 단가가 없는 경우 일반용, 업무용, 가정용 순으로 적용한다.

3. “가스요금 단가”는 시·도별 도시가스 요금표의 일반용 1을 적용한다.

제12조(품질시험비 산정방법 등) ① 인건비 및 공공요금 산정 방법은 다음 각호와 같다.

1. 시험관리인력의 인건비는 별표4의 시험 종목별 산출단위량에 제11조제3항제1호의 노임단가를 곱하여 산정한다.
2. 시험인력의 인건비는 별표4의 시험종목별 산출단위량에 제11조제3항제2호의 노임단가를 곱하여 산정한다.
3. 전기요금은 별표4의 시험종목별 산출단위량에 제11조제4항제1호의 전력요금 단가를 곱하여 산정한다.
4. 수도요금은 별표4의 시험종목별 산출단위량에 제11조제4항제2호의 상·하수도요금 단가를 곱하여 산정한다.
5. 가스요금은 별도의 시험종목별 산출단위량에 제11조제4항제3호의 가스요금 단가를 곱하여 산정한다.
6. 공공요금 및 인건비의 산출단위량이 별표 4에 규정되지 아니하여 인건비 및 공공요금 산정이 어려워 품질시험비 산출이 곤란한 경우에는 발주자가 설계자와 협의하여 시장거래가격 또는 견적가격 등을 조사하여 설계도서에 반영할 수 있다.

② 재료비, 장비손료, 시설비용, 시험 및 검사기구의 검정·교정비는 규칙 별표 6에 따라 산정하며, 국립·공립시험기관 및 품질검사를 대행하는 건설기술용역사업자의 품질시험·검사대행비 산출시에도 적용한다.

제3장 품질검사를 대행하는 건설기술용역사업자의 등록 및 평가

제1절 품질관리규정 수립 및 시험장비의 보유기준

제13조(품질관리규정의 수립) 품질검사를 대행하는 건설기술용역사업자는 영 제44조제1항제1호 및 제3호에 따른 요건을 만족하기 위하여 별표 5에 따라 품질관리규정을 수립하여야 한다.

제14조(품질관리규정의 관리) 품질검사를 대행하는 건설기술용역사업자는 제13조에 따라 작성한 품질관리규정이 계속 실행되고 개선할 사항이 있는 지를 확인하기 위하여 매년 자체점검 등 품질관리를 하여야 한다.

제15조(기록유지) 품질검사를 대행하는 건설기술용역사업자는 제13조에 따라 수립한 품질관리규정을 실행한 증거를 기록하여 유지하여야 한다.

제16조(시험장비 보유기준) ① 품질검사를 대행하는 건설기술용역사업자는 세부분야별로 시험 및 검사를 실시하는 데에 필요한 필수 시험장비를 별표6의 기준에 따라 보유하여야 한다.

② 품질검사를 대행하는 건설기술용역사업자는 세부분야별로 별표6의 선택 시험장비를 보유한 경우에 한정하여 해당 시험을 수행하고 품질검사성적서를 발급할 수 있다.

제2절 품질검사를 대행하는 건설기술용역업의 등록에 관한 평가

제17조(평가의 의뢰) 등록 등 업무수탁기관의 장(영 제117조제3항에 따라 건설기술용역사업자의 등록·변경등록, 휴업·폐업의 신고, 영업양도·합병의 신고에 관한 업무를 위탁받은 기관의 장을 말한다. 이하 같다)은 다음 각 호의 어느 하나에 해당하는 경우에 평가기관의 장에게 품질검사를 대행하는 건설기술용역사업자에 대한 평가를 의뢰하여야 한다.

1. 규칙 제26조제1항에 따라 품질검사를 대행하는 건설기술용역업으로 등록신청을 받아 영 별표5의 등록요건을 갖추었는지 검토하는 경우

2. 규칙 제26조제1항에 따라 품질검사를 대행하는 건설기술용역사업자가 등록사항의 변경을 신고한 경우
3. <삭제>

제18조(평가서류의 검토) ① 등록 등 업무수탁기관의 장은 제17조에 따라 평가기관의 장에게 평가를 의뢰하고자 하는 경우 제출된 서류를 검토하고, 검토결과 미비한 것으로 판단되면 품질검사를 대행하는 건설기술용역업으로 등록하고자 하는 자 또는 품질검사를 대행하는 건설기술용역사업자(이하 "평가대상자"라 한다)에게 서류의 보완을 요구할 수 있다. 이 경우 평가대상자는 30일 이내에 보완을 완료하여야 한다.

② 등록 등 업무수탁기관의 장은 제1항에 따라 서류를 검토하여 적합한 경우 지체없이 평가기관의 장에게 평가를 의뢰하여야 한다.

③ 등록 등 업무수탁기관의 장은 제2항에 따라 서류를 검토한 결과, 법 제27조의 결격사유에 해당되는 경우에는 신청서를 반려하여야 한다.

④ 제2항에 따라 평가를 의뢰 받은 평가기관의 장은, 제출서류를 7일 이내에 검토하여야 하며 다음 각 호의 경우 등록 등 업무수탁기관의 장에게 제출서류 등의 보완을 요청할 수 있다.

1. 규칙 제21조에 따른 등록신청서 및 첨부서류의 일부 등이 제출되지 않은 경우
2. 규칙 제21조에 따른 등록신청서 및 첨부서류의 내용이 미비하거나 사실과 다른 문서를 제출한 경우
3. 그 밖에 평가기관의 장이 보완이 필요하다고 판단하는 경우

제19조(평가반 구성 및 평가계획 수립 등) ① 평가기관의 장은 제18조에 따라 평가서류의 검토가 완료되면 별표 7의 소요인원 및 평가일수에 적합하게 평가반을 구성하고 그 중 1명을 반장으로 지명한다.

② 평가기관의 장은 평가반장으로 하여금 별지 제3호 서식의 평가계획서를 작성하고 등록 등 업무수탁기관의 장 및 평가대상자, 지방국토관리청장에게 평가계획을 통보 하여야 한다.

③ 제2항에 따라 평가계획을 통보받은 지방국토관리청장은 소속 담당자로 하여금

평가에 참관하게 할 수 있다.

제20조(평가의 수행) ① 평가반장은 평가업무를 수행하기 전 시작회의를 개최하고 평가대상자에게 평가목적, 평가일정, 평가기준 및 방법, 평가내용, 청렴서약 및 이해관계확인 등을 설명하여야 한다.

② 영 제44조제1항에 따른 등록기준의 적합성을 평가하는 전문가(이하 "평가사"라 한다) 및 평가대상자는 별지 제4호 서식의 청렴서약 및 이해관계확인서에 쌍방간 서약 및 확인 서명 후 평가를 시작하여야 한다.

③ 평가사는 제19조제2항에 따른 평가계획서의 일정에 따라 다음 각 호의 사항에 대해 평가를 실시하여야 한다.

1. 품질책임자, 책임기술인, 시험·검사자 등 기술인력의 적합성 및 활용성
2. 시설 및 장비의 적합성 및 활용성
3. 품질관리규정의 적합성 및 이행성
4. 신청분야의 수행능력
5. 품질시험·검사의 수행 적합성(적정성 평가에 한함)

④ 평가사는 평가수행 중 관계법령 및 평가기준 등에 부적합한 사항을 발견하면 그 사항을 기록하고 유지하여야 한다.

⑤ 평가반장은 평가가 종결되면 종료회의를 개최하여 평가대상자에게 평가결과에 대한 강평을 실시하고 평가결과 처리방법, 평가결과에 대한 이의제기 방법 및 절차 등을 알려 주어야 한다.

제21조(평가보고서 작성) ① 평가반장은 평가 후 7일 이내에 별지 제5호 서식에 따른 평가보고서와 별지 제6호 서식에 따른 부적합보고서(평가결과가 부적합으로 판정되어 시정조치 사항이 있는 경우에만 해당한다)를 작성하여 평가기관의 장에게 제출하여야 한다.

② 평가기관의 장은 평가결과가 부적합한 경우 부적합한 내용을 평가대상자에게 통보하고 평가대상자에게 1개월의 조치기간을 정하여 시정조치를 요구하여야 한다.

③ 평가기관의 장은 평가대상자가 시정조치를 완료하고 재평가를 요청하면 14일 이내에 재평가를 실시하여야 한다.

④ 제2항에 따라 시정조치 요구를 받은 평가대상자는 1개월 이내에 시정조치의 이행이 곤란한 경우 한차례에 한하여 1개월 이내의 범위에서 그 이행기간의 연기를 평가기관의 장에게 신청할 수 있다.

⑤ 평가기관의 장은 제3항에 따라 재평가를 실시하면, 부적합사항의 조치결과를 확인하고 별지 제6호 서식에 확인 내용을 기재하며, 별지 제7호 서식에 따라 확인보고서를 작성하여야 한다.

제22조(평가결과 통보 및 처리) ① 평가기관의 장은 평가가 완료되면 즉시 제21조제1항에 따른 평가보고서와 제21조제5항에 따른 확인보고서(해당하는 경우에만 해당한다)를 등록 등 업무수탁기관의 장에게 통보하여야 한다.

② 등록 등 업무수탁기관의 장은 제1항에 따라 통보된 평가보고서 및 확인보고서를 검토하여 평가대상자가 등록기준에 적합한지 확인하고 등록, 시정조치 등 필요한 조치를 취하여야 한다.

제3절 품질검사의 적정성 평가

제23조(자체품질관리) 품질검사를 대행하는 건설기술용역사업자는 제20조제3항 각 호의 평가기준을 철저히 이행하고 그 기록을 유지하여야 하며, 평가기관의 장은 평가를 위하여 필요한 경우 해당 자료의 제출 또는 열람을 요청할 수 있다.

제24조(품질검사성적서 및 원시데이터의 관리) ① 품질검사를 대행하는 건설기술용역사업자는 법 제60조제3항에 따라 성적서를 발급한 날부터 7일 이내에 품질검사 성적서 및 품질검사 내용을 건설사업정보포털시스템(http://www.calspia.go.kr)에 입력하고 필요한 경우 수정 등 관리하여야 한다.

② 제1항에서 품질검사 내용이라 함은 다음의 각 호를 포함하는 것을 말한다.

1. 규칙 별지 제48호서식으로 작성된 품질검사 의뢰서
2. 법 제60조제2항에 따라 발주자 또는 건설사업관리를 수행하는 건설기술용역사

업자의 봉인 또는 확인을 거친 재료임이 확인되는 사진

3. 별표 5에 따라 작성되는 시료량을 기록한 내용, 시험·검사일지 및 시험·검사종목별로 시험·검사과정에 대한 전, 후 사진
4. 시험·검사시 수집된 수기 또는 전자적 기록
5. 시험·검사결과 분석기록
6. 그 밖에 시험·검사결과에 영향을 미치는 기록

③ 법 제60조에 따른 품질검사의 대행 이외의 다른 목적으로 품질검사 성적서를 발급할 경우에도 제1항 및 제2항에 따라 품질검사 성적서와 원시데이터를 관리하여야 한다.

제25조(계획의 수립 및 조사) ① 지방국토관리청장은 영 제97조제2항에 따라 품질검사를 대행하는 건설기술용역사업자로부터 제출받은 서류에 대한 적정성을 검토하고 평가기관의 장과 협의하여 품질검사의 적정성 평가계획을 수립하여 매년 2월 15일까지 홈페이지에 공고하여야 한다.

② 품질검사를 대행하는 건설기술용역사업자는 공고된 품질검사의 적정성 평가계획에 따라 평가기관으로부터 평가를 받아야 한다. 다만, 품질검사를 대행하는 건설기술용역사업자가 연기를 요청한 경우 한차례에 한정하여 2개월까지 연장할 수 있다.

③ 품질검사의 적정성 평가에 관한 세부절차는 제19조부터 제22조까지를 준용하며, 평가기관의 장은 적정성 평가결과를 지방국토관리청장에게 보고한다

④ 제3항에 따라 적정성 평가결과를 보고 받은 지방국토관리청장은 지적내용에 대하여 영 제115조제2항제4호에 따라 시정명령하거나 법 제31조에 따라 등록취소 등의 요청을 하여야 한다.

⑤ 지방국토관리청장은 제2항에 따른 적정성 평가에 필요한 경우, 소속 담당자를 참관하게 하여 지도·감독을 할 수 있다.

⑥ 지방국토관리청장은 품질검사를 대행하는 건설기술용역사업자에 대하여 영 제115조제2항제4호에 따라 품질검사를 적정하게 하는지 수시조사를 실시할 수 있다.

제4절 평가기관의 조직 및 운영

제26조(조직 및 업무 등) ① 평가기관은 한국건설기술연구원으로 한다.

② 평가기관의 장은 평가의 독립성을 확보하고 평가제도를 효율적으로 운영하기 위한 조직과 인력을 갖추어야 한다.

③ 평가기관의 장은 다음 각 호의 업무를 수행한다.

1. 평가시스템 구축 및 운영에 관한 사항
2. 자문위원회 구성 및 운영에 관한 사항
3. 품질검사를 대행하는 건설기술용역사업자의 등록에 대한 조사 및 평가에 관한 사항
4. 품질검사를 대행하는 건설기술용역사업자의 품질시험에 대한 적정성에 관한 사항
5. <삭제>
6. 그 밖에 평가기관의 업무수행에 필요한 사항

제27조(자문위원회 구성 및 운영 등) ① 평가기관의 장은 품질검사를 대행하는 건설기술용역사업자의 평가를 위하여 필요하면 영 제44조제1항제3호에 따른 세부분야에 따라 5인 이상 15인 이내의 전문가로 구성된 자문위원회를 구성하여 운영할 수 있다. 이 경우 자문위원회의 위원장은 평가기관의 장이 지정한다.

② 자문위원회는 다음 각 호의 사항에 대하여 자문한다.

1. 품질검사를 대행하는 건설기술용역사업자에 대한 조사결과 해석에 관한 사항
2. 이의 또는 불만처리의 최종해석 및 분쟁조정 사항
3. 그 밖에 평가기관의 장이 필요하다고 인정하는 사항

③ 평가기관의 장은 제2항의 자문결과에 따라 필요한 조치를 취하여야 한다.

④ 평가기관의 장은 자문위원에게 예산의 범위에서 소정의 수당을 지급할 수 있다.

제28조(평가인력의 관리) ① 평가기관의 장은 평가업무의 원활한 수행을 위하여 5인 이상의 평가사를 소속 직원으로 확보하여야 한다.

② 평가사의 자격기준은 별표 8에 따른다.

③ 평가기관의 장은 품질검사를 대행하는 건설기술용역사업자에 대한 기술적·전문적 평가를 위해 별표 8의 자격기준을 충족하는 외부인력을 평가사로 활용할 수 있다.

④ 평가기관의 장은 평가사를 등록 관리하여야 하며 인적정보를 최신상태로 유지하여야 한다.

제29조(교육훈련) 평가기관의 장은 품질검사를 대행하는 건설기술용역사업자의 기술력 향상을 위해 품질책임자, 책임기술인, 시험·검사자에게 교육 프로그램을 제공할 수 있다.

제30조(세부운영지침) ① 평가기관의 장은 품질검사를 대행하는 건설기술용역사업자 평가업무와 관련된 업무수행을 위하여 필요한 경우 세부운영지침을 작성·운영할 수 있다.

② 제1항에 따른 세부운영지침은 국토교통부장관의 승인을 받은 후 공고하여야 한다.

제3편 레미콘·아스콘 품질관리

제1장 생산공장 및 공사현장 품질관리

제31조(부실공사 방지를 위한 성실의무) ① 생산자는 부실공사를 방지하기 위하여 불량자재가 생산되지 않도록 품질관리를 하여야 하며, 발주청 등의 공장점검 등에 적극 협조하여야 한다.

② 수요자, 공급원 승인권자, 공사감독자는 불량자재가 반입되지 않도록 자재의 생산·공급 및 시공과정에 대하여 법령 등에서 정한 사항에 따라 성실하게 품질관리 업무를 이행하여 부실공사가 발생하지 않도록 하여야 한다.

③ 발주청은 자재의 품질확보를 위하여 공사감독자, 생산자, 수요자 및 공급원 승인권자를 대상으로 년 1회 이상 품질관리 교육을 실시할 수 있다.

제32조(자재공급원 승인 등) ① 수요자가 자재를 공급받고자 하는 공장(이하 "자재공급원"이라 한다.)을 선정하고자 할 때는 공급원 승인권자에게 자재공급원 승인 요청을 하여야 한다.

② 공급원 승인권자는 다음 각 호에 따라 자재공급원 승인 여부를 결정하여야 한다.

1. 제33조에 따른 사전점검 실시대상인 경우에는 공사감독자가 보고한 점검표의 내용을 검토·확인하여 적정한 품질관리가 가능한지 여부를 판단하고, 사전점검 시에는 골재시험 항목에 대하여 기록내용 확인을 위한 시험을 병행
2. 제33조에 따른 사전점검 실시대상이 아닌 경우에는 다음 각 목의 사항을 서면검토 후 적정한 품질관리가 가능한지 여부를 판단하고 필요한 경우에만 시험 또는 확인

가. KS규격 표시인증 공장여부 또는 적정 품질관리 가능 여부

나. 공장의 제조설비 및 기술인력, 시험장비 등 자재의 품질확보를 위해 필요한 사항

다. 현장까지의 운반거리 및 운반시간을 고려한 자재의 품질변화 가능성(초기경화 진행, 온도저하 등)

라. 사용 가능한 플랜트 믹서 및 운반차의 형식·용량·대수

마. 폐자재 재생설비 구비 또는 적정 처리계획 여부

바. 골재의 종류 및 규격별 품질시험 성적서 내용과 해당공사 시방규정과 부합여부

(1) 레미콘 : 밀도, 흡수율, 입도, 조립률, 0.08mm체 통과량, 입자모양판정 실적율, 안정성, 알칼리골재반응, 염분함유량(NaCl), 마모감량 등

(2) 아스콘 : 밀도, 흡수율, 입도, 마모율, 안정성, 편장석율 등

사. 레미콘·아스콘 공장에서 생산자재별로 다음에서 정하는 사항에 대하여 항상 품질확인 등이 가능한 지 여부.

(1) 레미콘 : 공기량, 슬럼프, 염화물이온량(Cl-), 일일 현장배합설계 등

(2) 아스콘 : 안정도, 흐름값, 공극률, 포화도, 역청함유량, 입자피막정도, 혼합물온도, 골재간극률, 일일 현장배합설계 등

아. 골재는 공급규격 및 품질, 공급가능 물량 등을 확인하여 해당공사 시방규정에 적합한 골재를 계속 사용 가능한지 여부

③ 수요자로부터 자재공급원 승인신청을 받은 공급원 승인권자는 제2항에 따른 사항이 확인되면 특별한 사유가 없는 한 10일 이내에 승인 여부를 회신하고, 그 결과를 발주청에 보고하여야 한다.

④ 공급원 승인권자는 다음의 경우에는 공급원 승인을 거부하거나 취소할 수 있다.

1. 공장 정기점검을 정당한 사유 없이 거부할 때
2. 공장 점검시 지적사항을 정당한 이유없이 계속 시정하지 아니하여 불량자재가 생산될 우려가 있을 때
3. 배합비 조작 등 자재공급원 승인내용과 실제 납품 사실이 다른 경우
4. 공급물량을 속여서 납품한 사실이 확인 된 경우
5. 최근 2년간「건설기술 진흥법」제57조 등 관계법령을 위반하여 불량자재를 공급한 사실이 있는 경우
6. 그 밖에 불량자재가 생산될 우려가 있다고 보는 정당한 사유가 있을 때

⑤ 자재공급원 승인이 곤란한 경우에는 그 사유를 명확히 하여 수요자에게 알려주어야 한다.

⑥ 공급원 승인권자는 자재공급원 승인과 관련하여 제출받은 내용을 공장별로 기록·정리하고 모니터링하여 사후 자재공급원 승인업무 등에 활용할 수 있다.

제33조(자재공급원의 사전점검) ① 수요자는 레미콘 총 설계량이 1천세제곱미터 이상이거나 아스콘의 총 설계량이 2천톤 이상인 건설공사에 대하여 자재공급원 승인요청을 하려면 공사감독자와 합동으로 사전점검을 실시하고 그 결과를 공급원 승인권자에게 보고하여야 한다

② 제1항에 따른 사전점검은 별지 제8호서식의 레미콘공장 사전점검표 또는 별지 제9호서식의 아스콘공장 사전점검표에 따라 실시한다.

제34조(자재공급원의 정기점검) ① 수요자는 발주청이 발주한 공사 중 레미콘 총 설계량이 3천세제곱미터 이상이거나 아스콘 총 설계량이 5천톤 이상인 건설공사에 대

하여 자재공급원을 정기 점검하여야 한다. 다만, 발주청이 자재 사용량과 구조물의 중요 여부를 판단하여 정기점검이 불필요하다고 판단한 때에는 생략할 수 있다.

② 수요자는 자재공급원에 대하여 별지 제8호서식의 레미콘공장 정기점검표 또는 별지 제9호서식의 아스콘공장 정기점검표에 따라 반기별 한 차례(자재사용시기가 특정 반기에 집중되어 있는 경우 년 한차례) 이상 정기점검을 실시하고 그 결과를 공사감독자에게 보고해야 한다.

③ 공사감독자는 제2항에 따라 보고받은 점검결과를 확인하여 발주청 및 공급원 승인권자에게 보고하여야 한다.

④ 발주청 또는 공급원 승인권자가 필요하다고 인정하는 때에는 제2항에 따른 정기점검 중 연 1회는 감독자 및 수요자와 합동으로 정기점검을 실시하게 할 수 있다.

⑤ 발주청 또는 공급원 승인권자는 점검결과를 공장별로 기록·정리하고 모니터링하여 사후 자재공급원 승인 또는 공장 지도점검 업무에 활용할 수 있다.

⑥ 지방국토관리청장은 제3항에 따라 공사감독자가 보고한 정기점검 결과를 자재공급원별로 정리하여 해당 반기가 끝나는 달의 다음달까지 별지 제10호 서식에 따라 국토교통부장관에게 보고하여야 한다.

제34조의2(자재공급원의 사전점검 및 정기점검 항목 제외) 제33조 및 제34조에 따른 점검에 있어 「산업표준화법」에 따른 사후관리를 위한 정기점검을 받은 지 3개월 이내이고, 별지 제8호 서식의 점검표의 점검항목이 「산업표준화법」에 따른 정기점검 항목과 중복되는 경우, 공사감독자가 품질관리 지장 여부를 판단하여 점검표의 점검 항목에서 제외할 수 있다

제35조(자재공급원의 특별점검) ① 발주청 또는 공급원 승인권자는 다음 각 호의 어느 하나에 해당하는 경우에 특별점검을 실시한다.

1. 수요자가 불량자재 공급 등으로 사회적 물의를 야기한 생산자로부터 자재를 공급받아야 하는 경우로서 발주청 또는 공급원 승인권자가 필요하다고 인정하는 경우

2. 공급원 승인권자가 감독자 또는 수요자로부터 생산자의 불량 자재 폐기 사실이 허위임을 통보받은 경우
3. 발주청이 자체공사에 대한 시공실태 점검결과 자재의 품질에 문제가 있다고 판단되는 등 특별점검이 필요하다고 인정되는 경우
4. 원자재 수급 곤란으로 불량자재 생산이 우려되어 특별점검이 필요하다고 인정되는 경우

② 발주청 또는 공급원 승인권자가 특별점검을 실시하는 경우에는 공사감독자, 수요자 등으로 점검반을 구성하여 운영한다.

③ 특별점검에 필요한 점검방법, 점검서식 등은 사전점검 및 정기점검을 준용할 수 있다

第36조(관급자재의 품질관리 등) 발주청 또는 공급원 승인권자는 사용될 자재가 관급인 경우에는 이 지침에 준하여 사전점검 및 정기점검 등 품질관리를 할 수 있으며, 다음 각 호의 어느 하나에 해당되는 경우 그 사유를 명시하여 조달청에 관급자재를 공급하는 생산자 변경 등 필요한 조치를 요청할 수 있다.

1. 제32조제4항 각 호의 어느 하나에 해당되는 때
2. 단, 구간 또는 단일 구조물에 사용되는 자재가 다수의 생산자로부터 자재를 공급받아 향후 하자관계가 불분명해 질 우려가 있을 때
3. 가까운 곳에 생산자가 있음에도 장거리 생산자로부터 자재를 공급받는 경우로서 품질관리에 지장을 초래하는 경우

第37조(자재공급원의 품질관리 확인) ① 공사감독자 또는 수요자는 불량자재 생산을 방지하기 위하여 생산 전, 생산 또는 공급과정에서 다음 각 호의 사항을 확인할 수 있다.

1. 골재(잔골재, 굵은골재) 등 원자재에 대한 품질의 적합성 여부
(골재의 품질시험과 일일 현장배합설계 등에 대한 확인 포함)
2. 시방규정에 적합한 골재(품질, 공급규격 등)를 계속 사용 가능한지 여부
3. 품질시험·검사를 할 수 있는 시험장비의 비치 및 관련자격을 소지한 기술인력의

상주 여부

② 공사감독자 또는 수요자가 제1항에 의한 공장품질관리 확인을 실시하여 품질확보에 문제가 있다고 판단되는 경우에는 시정을 요구할 수 있으며, 생산자는 정당한 사유가 없는 한 이에 따라야 한다.

③ 수요자는 생산자와 자재공급에 대한 계약을 하는 경우 공장품질관리 확인, 생산자 책임 및 의무 등 품질관리에 관한 제반사항을 자재공급계약서에 명시하여 분쟁이 발생되지 않도록 하여야 한다.

제38조(시공 품질관리 시험·검사 등) ① 레미콘 및 아스콘에 관한 다음 각 호의 사항에 대한 시험항목, 시험빈도(횟수) 및 방법 등에 관한 품질확인 방법은 이 업무지침, 한국산업표준, 「건설기술진흥법」 제44조에 따른 설계 및 시공기준 등을 검토하여 작성한 해당공사 시방규정에 따른다.

1. 레미콘 : 슬럼프, 공기량, 염화물이온량(Cl-), 강도 등
2. 아스콘 : 온도, 마샬 안정도, 흐름값, 공극률, 포화도, 역청함유량, 추출입도, 포설두께, 밀도 등

② 생산자가 고로슬래그 미분말, 플라이애시 중 한 종류의 혼화재를 단위결합재량 대비 10퍼센트를 초과 사용하여 레미콘을 제조하고자 하는 경우에는 별표 9에 따라 품질관리를 실시하여야 한다. 다만, 다음 각 호의 어느 하나에 해당하는 경우에는 해당 건설공사의 수요자와 생산자가 협의하여 품질관리기준을 달리 할 수 있다.

1. 고로슬래그 미분말, 플라이애시 이외에 실리카퓸 등의 혼화재를 사용하고자 하는 경우
2. 고로슬래그 시멘트, 플라이애시시멘트 등 혼합시멘트를 사용하고자 하는 경우
3. 다성분계 콘크리트를 제조하고자 하는 경우
4. 별표 9에서 규정한 혼화재 치환율의 범위 이외의 경우
5. 콘크리트표준시방서에서 규정하는 일반콘크리트 이외의 프리스트레스트 콘크리트·매스콘크리트·경량골재콘크리트·해양콘크리트·수중콘크리트·프리플레이스콘

크리트·숏크리트·철골철근콘크리트·포장콘크리트 등 특수콘크리트를 사용하고자 하는 경우

③ 공사감독자와 수요자는 자재가 현장에 반입되면 납품서에 다음 각 호의 사항을 확인 또는 기재하여야 한다.

1. 운반차 번호
2. 생산·도착시각 및 타설완료시각
3. 규격 및 용적
4. 인수자
5. 그 밖에 지정사항 등

④ 공사감독자와 수요자는 자재가 공사현장에 반입되어 시공완료가 될 때까지 별지 제11호서식의 레미콘 시공품질관리 점검표 또는 별지 제12호시식의 아스콘 시공품질관리 점검표를 기록, 비치하여야 한다.

⑤ 제1항부터 제3항까지에 따른 현장반입 자재의 모든 시험은 수요자가 직접 실시하거나 「건설기술진흥법」 제26조에 따른 품질검사를 대행하는 건설기술용역사업자에 의뢰하여 실시하여야 하며, 현장 시험과정에는 공사감독자가 입회하여 시료 채취 위치를 결정하고 시험방법의 적절성을 확인하여야 한다.

⑥ 품질시험·검사성과는 별지 제13호 서식에 따른 품질시험·검사대장 서식에 따라 기록 및 관리하여야 한다.

⑦ 수요자는 시공상세도에 따라 시공이음으로 경계가 구분되지 않거나 구획을 나누어 타설할 수 없는 경우를 제외하고는 공사감독자의 승인을 얻어 하나의 구조물 또는 부위에 2개 이상의 공장에서 생산한 레미콘을 혼용하여 타설할 수 있다.

제39조(점검결과에 대한 조치) ① 공급원 승인권자는 사전점검, 정기점검, 특별점검 및 자재공급원 품질관리 확인과정에서 지적된 사항에 대하여 생산자로 하여금 시정토록 요구하여야 한다.

② 공급원 승인권자는 생산자가 제1항에 따라 요구된 시정사항을 이행하지 않는 경우 품질에 영향을 미치는 정도를 감안하여 자재공급원 승인거부, 자재공급 일시

중단, 자재공급원 승인취소 등 적정한 조치를 취하여야 한다.

③ 공급원 승인권자는 제1항의 점검과정에서 지적된 내용이 KS표시인증 심사기준에 관련된 사항으로서 공급원 승인취소 사유에 해당되면 산업통상자원부 국가기술표준원에 통보하여야 한다.

제40조(기록물 보관 등) ① 공사감독자와 수요자는 자재의 시공과 관련된 다음 각 호의 서류를 건설공사 현장에 비치하고 발주청 또는 관계기관의 요구가 있는 경우 제출하여야 하며, 건설공사를 준공한 때는 감리전문회사 및 시공사가 이를 보관하여야 한다. 다만, 관계법령 및 계약내용 등에 서류의 비치 및 보관에 대하여 규정하고 있는 경우에는 그 내용에 따를 수 있다

1. 자재공급원 승인 관련 서류
2. 자재 시공품질관리 점검표
3. 자재 품질시험·검사대장

② 공사감독자와 수요자는 제1항 각 호의 서류를 「건설공사 사업관리방식 검토기준 및 업무 수행지침서」의 서류와 중복되는 경우 별도로 작성하지 아니할 수 있다.

③ 공사감독자와 수요자는 제1항의 서류가 건설공사 준공시 발주청에 인계할 문서의 목록에 포함할지 여부를 발주청과 협의하고 협의된 내용에 따라야 한다.

제41조(불량 자재의 처리 등) ① 공사감독자와 수요자는 다음 각 호의 어느 하나에 해당하는 불량자재가 발생한 경우 즉시 반품하여야 한다.

1. 슬럼프(Slump) 측정결과 해당공사 시방기준에 벗어나는 경우
2. 공기량 측정결과 해당공사 시방기준에 벗어나는 경우
3. 염화물이온량(Cl-) 측정결과 해당공사 시방기준에 벗어나는 경우
4. 레미콘 생산 후 해당공사 시방기준에 규정된 시간을 경과하는 경우
5. 아스콘 온도측정 결과 해당공사 시방기준 온도에 미달될 경우
6. 마샬 안정도 측정결과 해당공사 시방기준에 벗어나는 경우
7. 역청함유량 및 추출입도 측정결과 해당공사 시방기준에 벗어나는 경우

8. 재료 분리 등으로 사용이 불가능하다고 판단될 경우

9. 그 밖에 불량자재 사용으로 향후 하자발생이 예상되는 등 품질관리상 사용이 적정하지 않다고 판단될 경우

② 공사감독자와 수요자는 불량한 자재가 다른 현장에서 사용되지 않도록 별지 제14호 서식의 불량자재폐기 확약서를 생산자에게 징구하여 준공시까지 보관하여야 한다.

③ 생산자는 제2항에 따라 불량자재폐기 확약서를 제출한 경우에는 제출후 다음 각 호의 서류를 3년간 비치하고 불량자재가 유통되지 않도록 하여야 한다.

1. 불량자재폐기 확인 및 기록유지
2. 불량자재의 발생원인 분석, 재발방지 대책 및 기록

④ 공급원 승인권자는 생신자가 제3힝의 규징에 의한 불량자재폐기 확약서 내용을 이행하지 아니하여 민원 등 문제가 발생한 경우에는 산업통상자원부 국가기술표준원에 즉시 그 내용을 통보하여야 한다.

⑤ 불량자재가 사용되어 시공된 부위는 재시공함을 원칙으로 한다. 다만, 발주청의 승인을 받아 안전진단 등을 실시하고 구조물의 안전에 이상이 없다고 판명된 경우는 그 결과에 따를 수 있다.

⑥ 수요자의 사정으로 자재가 반품되어 다른 현장으로 전용(轉用)하여 사용할 경우, 제38조에 따른 시험·검사를 실시하여야 한다.

제2장 레미콘 현장배치플랜트 설치 및 관리

제42조(현장배치플랜트의 설치방법) 현장배치플랜트를 설치하려는 시공자는 「건축법」 제20조 및 같은 법 시행령 제15조에 따른 가설건축물 축조신고 등을 하여야 한다.

제43조(현장배치플랜트의 설치조건) ① 건설공사에 소요되는 레미콘을 레미콘 전문제조업자가 생산·공급할 수 없는 다음 각호에 해당하는 경우에는 해당 건설공사의 시공자는 현장배치플랜트 설치하여 레미콘소요량을 전량 공급할 수 있다. 이 경우 해당

레미콘전문제조업자의 중소기업자단체가 「대·중소기업 상생협력 촉진에 관한 법률」 제32조에 따라 사업조정을 신청하는 경우에는 관할지역의 시·도지사는 이를 기각한다.

1. 콘크리트를 비비기 시작하고 나서 90분 이내에 트럭믹서로 배출지점까지 운반이 불가능한 지역인 벽지지역·도서지역·교통체증지역 등
2. 압축강도가 40MPa이상이거나 슬럼프가 50㎜이하인 레미콘이 사용되는 경우
3. 콘크리트표준시방서에서 규정하는 일반콘크리트 이외의 프리스트레스트 콘크리트·매스콘크리트·경량골재콘크리트·해양콘크리트·수중콘크리트·프리팩트콘크리트·숏크리트·철골철근콘크리트등 특수콘크리트를 시공하는 경우
4. 공공공사의 발주기관의 장이 상기 각호의 경우 이외에 주변의 레미콘전문제조업자로부터 소요 품질의 레미콘을 공급받을 수 없어 레미콘의 품질확보를 위해서는 현장배치플랜트 설치가 불가피하다고 판단하여 계약서에 명시하는 경우

② 레미콘수요량이 급격히 증가하여 주변의 레미콘전문제조업자가 해당 건설공 사에 소요되는 량을 충분히 생산·공급할 수 없는 다음 각호에 해당하는 경우에는 해당 건설공사의 시공자는 현장배치플랜트를 설치하여 레미콘소요량의 일부를 공급할 수 있다. 이 경우 시공자는 「대·중소기업 상생협력 촉진에 관한 법률」 제32조에 따른 사업조정신청에 관계없이 제1항의 규정에 해당되지 않는 일반레미콘의 소요량의 2분의1을 주변의 레미콘전문제조업자가 공급할 수 있도록 협조하여야 한다.

1. 레미콘 수요성수기에 건설공사를 하는 경우
2. 대규모 구조물공사로 레미콘 수요량이 급격히 증가하는 경우

③ 현장배치플랜트에서 생산되는 레미콘은 해당 건설공사 현장이외의 장소로 반출하여 사용할 수 없다.

제44조(공동협력) ① 해당 건설공사의 발주자는 시공자가 제43조제2항에 따라 일반레미콘의 소요량의 50퍼센트를 주변의 레미콘전문제조업자로부터 공급받도록 최대한 협조하여야 한다.

② 관할 시·도지사는 레미콘전문제조업자의 중소기업자단체로부터 「대·중소기업

상생협력 촉진에 관한 법률」 제32조에 따른 사업조정신청을 받은 경우에는 해당 건설공사의 레미콘소요량의 50퍼센트를 주변의 레미콘전문제조업자가 공급하도록 즉시 조정하여 시공자의 해당건설공사 추진에 차질이 없도록 최대한 협조하여야 한다.

제45조(품질관리) ① 해당 건설공사에 소요되는 레미콘을 적기에 공급하기 위하여 시공자가 현장배치플랜트를 설치하는 경우 시공자는 영 제95조에 따라 실시하는 품질시험내용을 문서화하여 기록을 유지한다.

② 해당 건설공사의 발주자는 레미콘의 품질확보를 위하여 제1항에 따라 실시된 품질시험 내용을 점검하고 이에 대하여 지도할 수 있으며, 이 업무지침에 따라 품질관리를 할 수 있다.

제4편 철강구조물 제작공장 인증 세부기준 및 절차

제46조(공장인증 세부기준) ① 철강구조물제작공장 인증의 세부기준은 별표 10과 같다.

② 공장인증을 받은 철강구조물제작공장 실태조사 세부기준은 별표 11과 같다.

제47조(공장인증의 신청) 공장인증을 신청하고자 하는 자(이하 "신청자"라 한다)는 법 제58조 및 같은 규칙 제54조제1항 별지 제44호서식의 공장인증신청서를 작성하여 심사기관의 장에게 제출하여야 한다.

제48조(재심사) ① 신청자는 공장인증 심사결과 별표 10의 공장인증 세부기준 중에서 어느 하나가 부적합한 것으로 심사된 경우 이를 보완하여 심사기관의 장에게 재심사를 신청할 수 있다.

② 제1항에 따라 신청자가 재심사를 신청하면 심사기관의 장은 신청일로부터 14일 이내에 재심사하여 그 결과를 신청자에게 통지하고 국토교통부장관에게 보고하여야 한다.

③ 제1항에 따른 재심사 신청이 60일 이내에 이루어지지 않을 경우 심사기관의 장은 신청서를 반려한다.

제49조(실태조사) ① 공장인증을 받은 자는 영 제96조제7항에 따라 실태조사를 위하여 별지 제15호 서식인 실태조사신청서를 작성하여 심사기관의 장에게 신청하여야 한다.

② 심사기관의 장은 실태조사 신청을 받으면 조사반을 구성하여 그 중 한명을 조사반장으로 지명하고 실태조사를 실시한 후, 그 결과를 신청자에게 통지하고 영 제96조제7항에 따라 국토교통부장관에게 보고하여야 한다.

③ 실태조사 결과 부적합 사항이 발생한 경우, 심사기관의 장은 해당 공장에 보완요청하고 인증공장은 1개월 이내에 보완하여 그 결과를 심사기관의 장에게 제출하여야 한다.

④ 심사기관의 장은 14일 이내에 해당공장에 방문 또는 서면으로 확인조사를 실시하고 그 결과 적합한 경우 영 제96조제7항에 따라 국토교통부장관에게 보고하여야 한다. 확인조사 결과가 부적합인 경우 제3항에 따라 인증공장에 재보완 요청한다.

⑤ 인증공장이 보완을 거부하거나 또는 총 2회에 걸친 보완 결과가 부적합한 경우, 심사기관의 장은 국토교통부장관에게 보고하고 국토교통부장관은 법제58조제2항에 따라 시정에 필요한 조치를 명하여야 한다.

제50조(이의제기) ① 신청자가 공장인증 심사결과 및 실태조사 결과에 대하여 이의를 제기할 때에는 심사 및 조사결과를 통지받은 날로부터 14일 이내에 심사기관의 장에게 이의제기 사항을 서면으로 제출하여야 한다.

② 심사기관의 장은 이의제기가 된 사항에 대하여 타당성 여부를 검토하여 필요한 경우 현장방문 등 이의제기 사항에 대해 확인하고 이의제기 접수일로부터 20일 이내에 그 결과를 신청자에게 통지하고 국토교통부장관에게 보고하여야 한다.

제51조(공장심사 기준의 적용 등) ① 같은 공장이 교량 및 건축분야의 인증을 동시에

신청한 경우 별표 10의 공장인증 세부기준을 각각 구분하여 심사하되 공장개요, 기술인력, 제작 및 시험설비 부문의 심사기준이 동일한 경우에는 중복부분을 생략할 수 있다.

② 공장인증심사의 적합판정은 해당 공장이 신청한 분야 및 등급에 대하여 별표 10 공장인증 세부기준의 판정기준점과 항목별 필수점을 동시에 만족하는 경우로 한다.

③ 실태조사의 적합판정은 해당 공장이 신청한 분야 및 등급에 대하여 별표 11 철강구조물제작공장 인증의 실태조사 세부기준의 판정기준점과 항목별 필수점을 동시에 만족하는 경우로 한다

제52조(인력편성) 심사기관의 장은 철강구조물제작공장 인증업무 수행을 위하여 별표 12와 같이 인력을 편성하고 운영하여야 한다.

제52조의1(교육훈련) 심사기관의 장은 철강구조물 제작의 품질 향상을 위해 공장에 소속되어 품질관리 업무를 수행하는 건설기술인에게 교육프로그램을 제공할 수 있다.

제53조(세부운영지침) 심사기관의 장은 인증심사의 항목별 평가를 위한 세부지침, 공장인증, 실태조사 등에 따른 수수료 및 납부절차 등 전문·기술적 심사업무수행에 필요한 기준을 정하여 국토교통부장관의 승인을 받아 공고한다.

제5편 가설기자재 품질관리

제54조(부실공사 방지를 위한 성실의무) ①시공자, 공급원 승인권자, 공사감독자는 부실공사가 발생하지 않도록 불량자재 반입을 철저히 차단하는 등 성실하게 품질관리 업무를 이행하여야 한다.

② 가설기자재의 자재별(종별), 시험종목, 시험방법, 시험빈도는 별표2와 같다

③ 별표 2에서 명시되지 아니한 가설기자재에 대해서는 시방서 등 설계도서에 제시

된 시험종목·방법 및 빈도에 따른다.

④ 발주자가 공사의 종류·규모 및 중요성, 현지실정 등을 감안하여 특히 필요하다고 인정하면 별표2의 시험빈도를 조정할 수 있다.

제55조(재검토기한) 국토교통부장관은 「훈령·예규 등의 발령 및 관리에 관한 규정」에 따라 이 고시에 대하여 2020년 7월 1일 기준으로 매 3년이 되는 시점(매 3년째의 6월 30일까지를 말한다)마다 그 타당성을 검토하여 개선 등의 조치를 하여야 한다.

부 칙

제1조(시행일) 이 고시는 발령한 날부터 시행한다.

제2조(품질관리계획서의 적용례) 제7조 개정규정은 이 고시가 시행된 날 6개월 이후 입찰공고(발주자가 발주청이 아닌 경우에는 건설공사의 허가·인가·승인 등을 말한다)하는 건설공사부터 적용한다.

제3조(자재공급원 승인의 적용례) 제32조 제4항제5호의 개정규정은 이 고시가 시행된 날 2년 이후 입찰공고(발주자가 발주청이 아닌 경우에는 건설공사의 허가·인가·승인 등을 말한다)하는 건설공사부터 적용한다.

【별표 1】

품질관리계획서 작성기준(제7조제1항 관련)

항목	내용
1. 일반사항	○품질관리계획서의 작성 근거(영 제89조 제1항의 각 호 등)를 명시하여야 한다. ○품질관리계획서의 제정 및 개정현황 등을 작성하여야 한다. ○그 밖에 필요한 사항
2. 적용범위 및 인용표준	○건설공사의 현장 특성 때문에 이 작성기준의 일부를 적용할 수 없는 경우에는 상세한 사유를 명시하여야 한다. ○KS Q ISO 9001:2015(품질경영시스템-요구사항)를 참조하여 작성하여야 한다.
3. 용어 정의	○품질관리계획서 작성에 사용하는 용어는 건설공사 품질관리 업무지침 제2조 및 KS Q ISO 9000:2015(품질경영시스템-기본사항과 용어)를 참조하여 작성하여야 한다.
4. 조직 상황 4.1 건설공사의 정보	○건설공사의 정보는 다음 각 호의 사항을 포함하여 문서화된 정보로 유지하여야 한다. 1. 공사명, 공사금액, 공사기간, 공사위치, 관련주체, 공종 현황, 계약 특이사항 등 계약 일반현황에 관한 요약 정보
4.2 이해관계자의 요구와 기대관리	○건설공사 요구사항과 적용되는 법적 및 규제적 요구사항을 충족하는 공사목적물을 완성하기 위하여 이해관계자 및 이해관계자 요구사항을 파악하고 관리 하여야 한다. ○이해관계자의 요구와 기대관리절차에는 다음 각 호의 사항을 포함하여 문서화된 정보를 유지하고 보유하여야 한다. 1. 건설공사와 관련되는 이해관계자 파악 2. 건설공사와 관련되는 이해관계자의 요구사항 파악 3. 이해관계자 및 이해관계자와 관련되는 요구사항에 대한 정보를 모니터링 하고 검토 관리하는 방법 ※ 이해관계자란 의사결정 또는 활동에 영향을 줄 수 있거나, 영향을 받을 수 있거나 또는 영향을 받는다고 생각하는 사람 또는 조직을 말한다.
4.3 프로세스 관리	○건설공사 전반의 프로세스를 파악하여 프로세스의 순서와 상호작용을 결정하고 문서화된 정보로 유지하여야 한다. (예 : 프로세스 맵핑) ○건설공사 수행을 위하여 결정한 프로세스에 대하여 다음 각 호의 사항을 실행하여야 한다. 1. 요구되는 입력과 프로세스로부터 기대되는 출력의 결정 2. 프로세스의 효과적 운용과 관리를 위하여 필요한 기준과 방법의 결정과 적용(모니터링, 측정 및 관련 성과지표를 포함) 3. 프로세스에 필요한 자원의 결정과 자원의 가용성 보장 4. 프로세스에 대한 책임과 권한의 부여 5. 파악된 리스크와 기회의 조치

항목	내용
	6. 프로세스의 평가, 프로세스의 결과 달성을 위한 모든 변경사항의 실행 7. 프로세스의 개선 8. 그 밖에 필요한 사항
5. 리더십 5.1 품질방침	○현장 최고책임자는 건설공사의 목적과 발주자의 기대 및 요구에 적절한 현장의 품질 방침을 정하고, 이용 가능하도록 문서화된 정보로 유지하여야 한다. ○품질방침은 다음 각 호의 사항에 대한 의지표명을 포함하여야 한다. 1. 건설공사 요구사항과 적용되는 법적 및 규제적 요구사항 충족시킴. 2. 리스크와 기회를 결정하고 처리. 3. 필요한 자원 지원 및 인원을 적극 참여시키고, 지휘하고 지원. 4. 고객만족을 위해 노력. 5. 품질확보를 위한 지속적 개선 6. 그 밖에 필요한 사항 ○품질방침은 공사수행 구성원에게 의사소통 및 이해되며 적용하고 있다는 것을 문서화된 정보로 보유하여야 한다.
5.2 책임 및 권한	○품질관리계획을 수립, 실행 및 유지할 수 있도록 본사 조직과 연계된 현장 조직을 구성하여야 한다. ○현장 단위조직 및 공사수행 구성원의 책임과 권한은 다음 각 호의 사항을 포함하여 문서화된 정보로 유지하여야 한다. 1. 품질관리, 공사, 공무, 관리 등 개별 단위조직에 대한 활동의 계획, 실행 및 유지, 모니터링 2. 건설공사에 영향을 미치는 발주자, 공사감독자 또는 건설사업관리기술자, 하도급자 등 모든 조직과의 의사소통, 그리고 공사 관련자간 공유영역에서 일어나는 문제의 해결 3. 내.외부 점검 및 결과 조치(내부심사, 품질관리 적절성 확인 등) 4. 시정조치의 관리 5. 그 밖에 필요한 사항 ○책임과 권한은 단위 조직 및 구성원들에게 의사소통 및 이해되고 있다는 것을 문서화된 정보로 보유하여야 한다.
6. 기획 6.1 리스크 및 기회관리	○발주자 및 건설공사 요구사항, 적용되는 법적 및 규제요구사항, 이해관계자의 이슈 등을 고려하여 리스크와 기회를 결정하여야 한다. ○리스크 관리 절차에는 다음 각 호의 사항을 포함하여 문서화된 정보로 유지 하고 보유하여야 한다. 1. 리스크와 기회 파악 2. 파악된 리스크와 기회를 조치하고 효과성 평가 3. 그 밖에 필요한 사항

항목	내용
6.2 품질목표관리	◦건설공사 요구사항과 발주자의 기대 및 요구사항을 달성하기 위하여 현장의 품질목표를 수립하고 관리하여야 한다. ◦품질목표관리 절차에는 다음 각 호의 사항을 포함하여 문서화된 정보를 유지 하고 보유하여야 한다. 1. 품질목표 일반사항 가. 현장 품질방침과 일관성이 있어야 함. 나. 측정 가능해야 함. 다. 적용되는 요구사항이 고려되어야 함. 라. 공사목적물의 적합성과 고객만족 증진과 관련되어야 함. 마. 모니터링 되어야 함. 바. 의사소통 되어야 함. 사. 필요에 따라 갱신되어야 함. 아. 지속적 개선 결과를 반영 함. 2. 품질목표 추진계획의 수립 가. 품질목표 달성대상 결정과 달성을 위한 일정계획 나. 품질목표 달성을 위한 필요한 자원, 책임자 지정, 완료시기 다. 달성도 확인 주기 및 결과 평가방법 라. 그 밖에 필요한 사항 3. 그 밖에 필요한 사항
6.3 품질관리계획의 변경관리	◦현장 내부심사 및 경영검토, 지속적 개선 등의 결과로 품질관리계획의 변경이 필요한 경우에는 계획적인 방식으로 수행되어야 한다. ◦품질관리계획의 변경관리절차에는 다음 각 호의 사항을 고려하여 수행하고 문서화된 정보를 유지하고 보유하여야 한다. 1. 변경의 목적과 잠재적결과 2. 품질관리계획서 작성기준 3. 자원의 사용 가능성 4. 책임과 권한의 부여 또는 재부여 5. 그 밖에 필요한 사항
7. 지원 7.1 자원관리	◦품질관리계획서 및 건설공사 요구사항을 충족시키기 위하여 필요한 자원을 확보하여야 한다. ◦자원관리 절차에는 다음 각 호의 사항을 포함하여 문서화된 정보를 유지하고 보유하여야 한다. 1. 인적자원의 관리 가. 품질관리계획서의 효과적인 실행, 프로세스의 운용과 관리에 필요한 인원(관련 법령, 발주자 요구 등)의 결정 및 관리에 관한 사항 나. 그 밖에 필요한 사항

항목	내용
	2. 기반구조 및 작업환경의 관리 가. 건설공사의 성공적인 수행을 위한 기반구조와 작업환경의 확보 및 유지관리에 관한 사항 나. 필요한 성능의 지속적인 유지관리 사항 다. 그 밖에 필요한 사항 ※ 기반구조란 건물 및 연관된 유틸리티, 장비(하드웨어, 소프트웨어 포함), 운송자원, 정보통신기술 등을 말한다.
7.2 모니터링 자원 및 측정자원의 관리	◦공사 목적물이 건설공사 요구사항에 적합한지를 검증하기 위해 필요한 모니 터링 자원 및 측정자원을 관리하여야 한다. ◦모니터링 자원 및 측정자원의 관리절차에는 다음 각 호의 사항을 포함하여 문서화된 정보를 유지하고 보유하여야 한다. 1. 필요한 검사 및 시험, 모니터링에 사용될 장비 및 각 장비의 관리기준(정밀 •정확도) 결정과 확보에 관한 사항 2. 규정된 주기 또는 사용전에 교정 실시, 교정성적서의 검토와 사용 여부의 판단, 교정 상태의 식별 표시 방법 3. 장비별 고유의 식별, 취급, 유지보전 및 보관방법 4. 성능저하를 발견하기 위한 적정한 점검주기, 점검기준 및 점검방법 5. 장비가 장비의 관리기준에서 벗어난 것으로 판명된 경우 이전의 검사 및 시험과 모니터링 결과에 대한 유효성 평가 및 필요한 경우 적절한 조치방법 6. 그 밖에 필요한 사항
7.3 조직의 지식관리	◦공사 목적물 완성에 필요한 건설공사 요구사항과 적용되는 법적 및 규제적 요구사항 등의 필요한 지식을 정하고 관리하여야 한다. ◦지식관리절차에는 다음 각 호의 사항을 포함하여 문서화된 정보를 유지하고 보유하여야 한다. 1. 필요한 지식의 파악 및 결정 2. 정해진 지식(내부 및 외부)의 유지관리 및 이용 가능한 방법. 3. 신규 지식 및 요구 지식이 적용될 경우 입수 또는 이용방법 4. 그 밖에 필요한 사항 ※ 지식이란 건설공사 수행을 위하여 활용되고 공유되는 정보이다(예: 계약서, 시방서, 적용 코드 및 표준, 사내표준, 적용 법규, 공법, 유사공사들의 우수/실패 사례 등)
7.4 역량/적격성 관리	◦품질관리계획서 및 건설공사 요구사항을 수행하는 인원에 대하여 필요한 역량 /적격성을 결정하고 제공하여야 한다. ◦역량/적격성관리절차에는 다음 각 호의 사항을 포함하여 문서화된 정보를 유지하고 보유하여야 한다.

항목	내용
	1. 해당 업무수행에 요구되는 적절한 학력, 교육훈련, 숙련도, 경험, 관련법령 등의 역량/적격성 결정 및 관리에 관한 사항 2. 결정된 역량/적격성이 있음을 보장하는 방법에 관한 사항 3. 역량/적격성이 보장된 인원의 배치에 관한 사항 4. 그 밖에 필요한 사항 ◦교육훈련관리 절차에는 다음 각 호의 사항을 포함하여 문서화된 정보를 유지 하고 보유하여야 한다. 1. 교육훈련의 필요성 파악 가. 건설공사 수행과 관련된 법령 및 품질관리계획의 요구사항 나. 작업방법 및 절차, 검사 및 시험방법, 측량기법, 적용되는 신기술 또는 신공법 다. 품질관리에 관한 사항 라. 그 밖에 필요한 사항 2. 자체교육, 위탁교육 등 교육훈련계획의 수립 3. 교육훈련의 실시 4. 교육훈련결과의 보고 5. 교육훈련의 효과성 평가 6. 그 밖에 필요한 사항
7.5 의사소통관리	◦품질관리계획의 이행과 건설공사 운영과 관련하여 다음 각 호의 사항을 위한 내부 및 외부에서의 효과적인 의사소통방안을 결정하여 실행하여야 한다. 1. 건설공사와 관련된 요구사항 및 정보의 교환 2. 공사 관계자간의 조직적 및 기술적 연계성 3. 부적합 사항, 부적합 공사 등 당면한 문제의 해결 4. 민원, 발주자, 공사감독자 또는 건설사업관리기술인를 포함한 건설공사 관계자의 불평 해결, 이에 대한 후속활동 5. 비상시 대비 및 대응 6. 공사관련자 회의체 구성 7. 그 밖에 필요한 사항 ◦의사소통관리절차에는 다음 각 호의 사항을 포함하여 문서화된 정보를 유지 하고 보유하여야 한다. 1. 의사소통 내용 2. 의사소통 시기 3. 의사소통 대상 4. 의사소통 방법 5. 의사소통 담당자 6. 그 밖에 필요한 사항

항목	내용
7.6 문서화된 정보 및 정보의 관리	○건설공사 요구사항과 적용되는 법적 및 규제적 요구사항, 품질관리계획서를 충족시키고 적합성 증거로 제공하기 위하여 다음 각 호의 문서화된 정보를 작성하거나 보유 및 관리하여야 한다. 1. 품질관리계획서, 시공계획서, 작업절차서 등 내부의 문서화된 정보 2. 계약문서, 설계도서, 법규, 기술시방 등 외부의 문서화된 정보 3. 적합하다는 증거로 작성되는 문서화된 정보 4. 그 밖에 필요한 문서화된 정보 ○문서화된 정보절차에는 다음 각 호의 사항을 포함하여 문서화된 정보를 유지 하고 보유하여야 한다. 1. 작성, 검토, 승인, 식별 및 내용(예: 제목, 날짜, 작성자, 문서번호 등) 2. 형식(예: 언어, 소프트웨어 버전, 그래픽) 3. 매체(예: 종이, 전자 매체) 4. 그 밖에 필요한 사항 ○문서화된 정보관리절차에는 다음 각 호의 사항을 포함하여 문서화된 정보를 유지하고 보유하여야 한다. 1. 배포, 접근, 검색 및 사용에 관한 방법 2. 가독성 보존을 포함하는 보관 및 보존방법 3. 변경관리(예: 버전관리) 방법 4. 법적 및 규제 요구사항을 충족하는 보유 및 폐기방법 5. 외부의 문서화된 정보 식별 및 관리방법 6. 의도하지 않은 수정으로부터 보호방법 7. 그 밖에 필요한 사항
8. 운용 8.1 건설공사 요구사항 검토 및 준비	○계약문서, 설계도서, 관련된 법규정 등에 따른 건설공사 요구사항을 검토하고 건설공사 수행을 준비하여야 한다. ○건설공사 요구사항 검토 및 준비절차에는 다음 각 호의 사항을 포함하여 문서화된 정보를 유지하고 보유하여야 한다. 1. 건설공사 요구사항의 검토 가. 검토시기, 방법 및 책임자 지정 나. 상충되거나 모호한 요구사항, 현장 실정과 부합되지 않는 요구사항의 해결방법 다. 그 밖에 필요한 사항 2. 사전 준비 가. 건설공사와 관련된 인허가계획 및 이행 나. 건설공사와 관련된 표지판 설치계획 및 이행 다. 측량기준점 보호 및 확인측량(필요한 경우에만 해당한다)

항목	내용
	라. 가설시설물 설치계획 및 이행 마. 현지여건 조사 바. 그 밖에 필요한 사항
8.2 건설공사 요구사항 변경	○설계변경을 포함한 계약변경 사항을 관리하여야 한다. ○건설공사 요구사항 변경관리 절차에는 다음 각 호의 사항을 포함하여 문서화 된 정보를 유지하고 보유하여야 한다. 1. 계약변경의 요청 및 처리방법 2. 관련 문서화된 정보의 수정과 관련 인원의 변경 요구사항 인식 방법 3. 그 밖에 필요한 사항
8.3 설계관리	○설계시공 일괄입찰 등의 건설공사에 대해 설계책임이 있는 경우에 한정하여 설계를 관리하여야 한다. ○설계관리 절차에는 다음 각 호의 사항을 포함하여 문서화된 정보를 유지하고 보유하여야 한다. 1. 설계계획의 수립 및 관리 2. 설계입력 요구사항의 결정 3. 설계관리(검토, 검증, 실현성 확인)의 수행 4. 설계출력의 입력 요구사항 충족 5. 설계변경의 식별, 검토 및 관리 6. 그 밖에 필요한 사항
8.4 기자재 구매관리	○품질 요구사항을 충족하는 주요 기자재가 건설공사 진행에 따라 적기에 투입 되도록 관리하여야 한다. ○기자재 구매관리 절차에는 다음 각 호의 사항을 포함하여 문서화된 정보를 보유하고 유지하여야 한다. 1. 기자재 수급계획 수립 2. 구매할 기자재명, 규격, 납기, 검사기준 및 관련 구매정보를 포함한 발주서 작성 방법 3. 발주 방법 4. 구매한 기자재의 검사 및 시험, 또는 검증, 유지관리 방법 5. 부적합 기자재의 처리 방법 6. 제작품 구매의 경우, 검증방법 및 출하방법을 발주서에 명시 7. 그 밖에 필요한 사항
8.5 외부에서 제공되는 프로세스관리	○건설공사 요구사항에 적합성에 영향을 미치는 공종의 일부 또는 전부를 하도급 처리할 경우, 하도급 공종의 품질을 보장하기 위한 관리를 하여야 한다. ○하도급 공종을 관리하기 위한 절차에는 다음 각 호의 사항을 포함하여 문서화된 정보를 유지하고 보유하여야 한다. 1. 하도급 계획 수립

항목	내용
	2. 하도급 계약 요구사항을 충족시킬 능력을 근거로 한 하도급업체의 평가 및 선정 (필요한 경우) 3. 하도급 계약과 관련된 요구사항의 결정(요구되는 절차, 사용되는 기자재와 장비에 관련된 보고 및 승인에 대한 사항, 인력의 자격 인정에 대한 사항 및 그 밖의 필요한 사항) 4. 하도급 계약체결 방법(필요한 경우) 5. 하도급자에게 제공하는 교육훈련, 품질관련 절차서, 기자재, 정보 등 하도 급자에 대한 지원업무 범위 6. 하도급된 공종에 대한 검사 및 시험, 검증과 모니터링 방법 7. 필요한 기록의 종류, 기록의 제출 시기 및 방법 8. 그 밖에 필요한 사항
8.6 공사관리	○ 공사 목적물이 건설공사 요구사항을 충족하도록 건설공사 전반에 대해 계획을 수립하고 관리하여야 한다. ○ 건설공사관리 절차에는 다음 각 호의 사항을 포함하여 문서화된 정보를 유지 하고 보유하여야 한다. 1. 시공관리(시공계획을 포함한다) 2. 필요한 경우 작업절차 또는 작업지침의 수립 3. 공사진도관리(필요한 경우 부진공정 만회대책 및 수정공정계획을 포함한다) 4. 시공상세도, 준공도의 관리 5. 요구되는 자격 및 역량 있는 인원 선정관리 6. 그 밖에 필요한 사항
8.7 중점품질 관리	○ 품질관리가 소홀해지기 쉽거나 하자 발생빈도가 높으며, 부적합 공사로 판명될 경우 시정이 어렵고 많은 노력과 경비가 소요되는 공종 또는 부위에 대하여 중점 품질관리를 하여야 한다. ○ 중점 품질관리 절차에는 다음 각 호의 사항을 포함하여 문서화된 정보를 유지하고 보유하여야 한다. 1. 중점 품질관리 대상의 결정 2. 작업에 이용되는 장비에 대한 기준 및 승인 3. 작업자에 대한 자격기준 및 자격인정 4. 작업방법 결정 및 모니터링 방법 5. 그 밖에 필요한 사항
8.8 식별 및 추적관리	○ 건설공사 수행의 모든 단계에서 기자재와 공사 목적물에 대한 식별 및 추적이 가능하도록 관리하여야 한다. ○ 식별 및 추적관리 절차에는 다음 각 호의 사항을 포함하여 문서화된 정보를 유지하고 보유하여야 한다.

항목	내용
	1. 식별 대상의 결정 및 식별방법 2. 추적 요구사항을 고려한 추적 대상의 파악, 추적의 범위, 정도 및 방법 3. 기자재와 공사 목적물에 대한 검사 및 시험 상태의 식별방법 4. 그 밖에 필요한 사항
8.9 고객 또는 외부공급자의 재산관리	○건설공사에 투입되는 고객 또는 외부공급자의 재산이 있는 경우 재산이 건설 공사 진행에 따라 적기에 투입되도록 관리하여야 한다. ○고객 또는 외부공급자의 재산관리 절차에는 다음 각 호의 사항을 포함하여 문서화된 정보를 유지하고 보유하여야 한다. 1. 재산의 파악 및 수급계획 2. 재산의 검사 및 시험 방법과 검증결과 부적합한 경우 처리하기 위한 방법 3. 보관시 재산의 손상, 분실되거나 사용하기에 부적절한 것으로 판명된 경우, 보고를 포함한 처리 방법 4. 재산의 입체 또는 대체 사용이 필요한 경우, 그 처리방법 5. 잉여 재산의 처리방법 6. 그 밖에 필요한 사항 ※ 고객 또는 외부공급자의 재산은 고객 또는 조직의 일부분이 아닌 공급자가 지급하는 재산(예: 자재, 부품, 공구 및 장비, 고객 부동산, 지적 소유권 및 개인정보 등)
8.10 보존관리	○건설공사를 수행할 때부터 공사 목적물을 인계할 때까지 기자재 및 공사 목적물이 분실, 손상 또는 열화되지 않도록 보존 관리하여야 한다. ○기자재 및 공사 목적물 보존관리 절차에는 다음 각 호의 사항을 포함하여 문서화된 정보를 유지하고 보유하여야 한다. 1. 기자재의 운반 및 투입에 있어 필요한 특별한 취급방법 2. 기자재의 고유한 특성의 유지를 위한 보관장소 및 보관방법, 반입과 반출방법 3. 공사 목적물의 인계전까지 품질보호를 위한 보호방안 4. 화재 및 보안관리 사항 5. 그 밖에 필요한 사항
8.11 검사 및 시험, 모니터링	○공사 목적물이 건설공사 요구사항을 충족하고 있다는 것을 검증하기 위하여 투입되는 자재, 시공공정 및 공사 목적물과 관련된 특성을 검사, 시험 및 모니터링하여야 한다. ○검사, 시험 및 모니터링관리 절차에는 다음 각 호의 사항을 포함하여 문서화 된 정보를 유지하고 보유하여야 한다. 1. 적절한 공정단계에서 검사 및 시험 계획(ITP)의 수립 2. 각 단계에서의 검사 및 시험 항목, 합격판정기준, 빈도, 사용되는 장비 및 기법, 책임자 역할 3. 검증시기, 장소 및 방법

항목	내용
	4. 발주자, 공사감독자 또는 건설사업관리기술인의 입회시기, 방법 등(필요한 경우에 만 해당한다) 5. 검사 및 시험, 모니터링의 실시 및 결과 보고 방법 6. 검사 또는 시험을 외부에 의뢰하는 방법 및 결과 검토 방법 7. 그 밖에 필요한 사항
8.12 부적합 공사의 관리	○의도하지 않은 자재의 사용이나 의도하지 않은 후속공정의 진행 및 공사 목적물의 인계를 방지하기 위하여 품질기준에 적합하지 않은 부적합 공사를 관리하여야 한다. ○부적합 공사의 관리 절차에는 다음 각 호의 사항을 포함하여 문서화된 정보를 유지하고 보유하여야 한다. 1. 부적합 공사 특성에 따른 식별방법 2. 부적합 공사의 상태에 대한 문서화 3. 부적합의 검토와 분석, 부적합 원인의 결정 4. 유사한 부적합의 존재 여부 또는 잠재적인 발생 여부 결정 5. 현상사용, 보완시공 또는 재시공 등 부적합 공사에 대한 조치의 결정 및 실행 6. 부적합 공사의 처리방안 결정시 발주자, 공사감독자 또는 건설사업관리기술인 등 관련된 권한을 가진 자의 승인 방법 7. 보완시공 및 재시공시 품질 요구사항에 따른 재검사의 실시 방법 8. 취해진 모든 조치의 효과성 검토 9. 그 밖에 필요한 사항
8.13 공사준공 및 인계	○발주자 요구사항, 법적 규제적 요구사항, 품질관리계획서 및 기타 계약 요구 사항을 충족하여 공사 목적물이 완공되었음을 입증하는데 필요한 문서화된 정보를 파악, 확보하여 준공검사를 신청하여야 하며, 공사 준공시 완공된 시설물과 함께 인계할 준비를 하여야 한다. ○공사준공 및 인계 절차에는 다음 각 호의 사항을 포함하여 문서화된 정보를 유지하고 보유하여야 한다. 1. 공사준공의 관리 가. 필요시 시운전을 위한 계획 및 시운전 절차 수립 나. 준공검사의 신청 다. 부적합공사에 대한 처리(해당하는 경우에 한한다) 라. 준공도면의 검토 및 제출 마. 준공표지의 설치 바. 그 밖에 필요한 사항 2. 시설물 및 공사관련 문서 및 기록의 인계 관리 가. 시설물 인계 계획의 수립 나. 본사로 이관될 현장문서 및 기록의 파악 및 인계

항목	내용
	다. 건설사업관리기술인 또는 발주자에게 인계할 현장문서 및 기록의 파악 및 인계 라. 그 밖에 필요한 사항
9. 성과관리 9.1 고객만족	○발주자 및 이해관계자의 요구 및 기대가 어느 정도 충족되었는지에 대한 인식을 모니터링하여야 한다. ○요구 및 기대관리 절차에는 다음 각 호의 사항을 포함하여 문서화된 정보를 유지하고 보유하여야 한다. 1. 정보 수집 방법 2. 모니터링(설문조사, 피드백, 미팅, 칭찬, 클레임 등) 및 검토 방법 3. 그 밖에 필요한 사항
9.2 분석 및 평가	○품질관리계획의 적절성 및 효과성을 실증하고 품질관리계획을 지속적으로 개선하기 위하여 필요한 데이터를 선정하여 분석하고 평가하여야 한다. ○분석 및 평가 절차에는 다음 각 호의 사항을 포함하여 분석하고 평가한 문서화된 정보를 유지하고 보유하여야 한다. 1. 건설공사 수행과 관련된 발주자와 이해관계자의 만족도 조사 2. 주요자재의 품질경향 3. 부적합 공사의 발생 빈도 및 특성 4. 내부심사 결과 및 품질관리 적절성 확인 등의 결과 5. 그 밖에 필요한 사항
9.3 내부심사	○품질관리계획의 적합성, 이행성, 효과성을 결정하기 위하여 년 1회 이상 건설공사 수행에 대한 내부심사를 현장 자체적으로 수행하여야 한다. ○내부심사 절차에는 다음 각 호의 사항을 포함하여 문서화된 정보를 유지하고 보유하여야 한다. 1. 심사주기, 심사범위, 심사기준, 역량/적격성에 적합한 심사자 선정을 포함한 심사계획의 수립 2. 심사 수행방법 및 심사결과 보고 3. 필요한 경우 부적합 사항의 시정조치 수행 4. 취해진 후속조치의 검증 및 검증결과의 보고 5. 그 밖에 필요한 사항
9.4 경영검토	○품질관리계획의 적절성, 충족성 및 효과성을 실증하고 건설공사 운영과 관련 된 개선사항의 결정과 조치를 위하여 년 1회 이상 건설공사 운영성과를 현장 자체적으로 검토하여야 한다. ○경영검토 절차에는 다음 각 호의 사항을 포함하여 문서화된 정보를 유지하고 보유하여야 한다. 1. 전년도 건설공사 경영검토에 따른 조치 결과(해당되는 경우)

항목	내용
	2. 건설공사 수행에 영향을 줄 수 있는 외부 및 내부 이슈의 변경사항 3. 자원의 충족성 4. 파악된 리스크와 관련하여 취해진 조치의 효과성 5. 문제점, 애로사항의 개선 사항 6. 품질관리계획의 성과 및 효과성 정보 가. 고객 만족 및 발주자와 관련 이해관계자로부터의 피드백(불만사항 포함) 나. 현장 품질목표의 달성 정도 다. 부적합 공사의 발생 빈도 및 특성과 시정조치 사항 라. 검사 및 시험, 모니터링 및 측정결과 마. 현장 내부심사 및 품질관리 적절성 확인 등 내•외부의 결과 바. 외부공급자의 성과 7. 검토결과에 따른 후속조치 방법 8. 그 밖에 필요한 사항
10. 개선 10.1 부적합 및 시정조치	○ 건설공사 운영성과 검토 결과에 따라 근본 원인을 제거할 필요가 있는 부적합 또는 잠재적인 부적합을 발견한 경우, 재발방지를 목적으로 시정조치를 취하여야 한다. ○ 부적합 및 시정조치관리 절차에는 다음 각 호의 사항을 포함하여 문서화된 정보를 유지하고 보유하여야 한다. 1. 부적합 공사, 발수자 및 이해관계자의 불만 등 부적합의 검토와 분석 2. 부적합 원인의 결정 3. 유사한 부적합의 존재 여부 또는 잠재적인 발생 여부 결정 4. 필요한 모든 조치의 결정 및 실행 5. 취해진 모든 시정조치의 효과성 검토 6. 필요한 경우, 결정된 리스크와 기회 갱신 7. 필요한 경우, 품질관리계획의 변경 8. 그 밖에 필요한 사항
10.2 지속적 개선	○ 품질관리계획의 적절성, 충족성, 효과성을 지속적으로 개선하여야 한다. ○ 지속적 개선관리 절차에는 요구 또는 기회를 결정하기 위하여 다음 각 호의 사항을 고려하여 문서화된 정보를 유지하고 보유하여야 한다. 1. 분석 및 평가의 결과 2. 건설공사 경영검토 결과 3. 그 밖에 필요한 사항

【별표 2】

건설공사 품질시험기준(제8조제1항 관련)

1. 공 통

가. 토공사 및 기초공사

<table>
<tr><th>종별</th><th colspan="3">시험종목</th><th>시험방법</th><th>시험빈도</th><th>비고</th></tr>
<tr><td rowspan="12">성토용 흙</td><td colspan="3">함수비</td><td>KS F 2306</td><td rowspan="7">·토취장마다
·재질변화시마다</td><td rowspan="9"></td></tr>
<tr><td colspan="3">입도</td><td>KS F 2302</td></tr>
<tr><td colspan="3">세립토 비율</td><td>KS F 2309</td></tr>
<tr><td colspan="3">밀 도</td><td>KS F 2308</td></tr>
<tr><td colspan="3">액성한계·소성한계</td><td>KS F 2303</td></tr>
<tr><td colspan="3">노상토지지력비(CBR)</td><td>KS F 2320</td></tr>
<tr><td colspan="3">다짐</td><td>KS F 2312</td></tr>
<tr><td colspan="3">유기물 함량</td><td>KS F 2104</td><td rowspan="2">·필요시</td></tr>
<tr><td colspan="3">토질조사</td><td>보링 등</td></tr>
<tr><td colspan="3">투수</td><td>KS F 2322</td><td rowspan="3">·토취장마다
·재질변화시마다</td><td rowspan="3">·흙댐, 용수로, 배수로용 일반성토 및 표토
·공종에 따라</td></tr>
<tr><td colspan="3">직접전단</td><td>KS F 2343</td></tr>
<tr><td colspan="3">3축압축</td><td>KS F 2346</td></tr>
<tr><td rowspan="4">터파기</td><td colspan="3">토질조사</td><td>보링 등</td><td>·필요시</td><td></td></tr>
<tr><td rowspan="3">지지력</td><td colspan="2">확대기초</td><td>KS F 2444</td><td rowspan="3">·필요시</td><td rowspan="3"></td></tr>
<tr><td rowspan="2">말뚝 기초</td><td>정재하</td><td>KS F 2445</td></tr>
<tr><td>동재하</td><td>KS F 2591</td></tr>
<tr><td rowspan="9">지반조사
(연약지반등)</td><td colspan="3">토질조사</td><td>보링 등</td><td rowspan="6">·1개지구마다 3개소 이상</td><td rowspan="9"></td></tr>
<tr><td colspan="3">함수비</td><td>KS F 2306</td></tr>
<tr><td colspan="3">입도</td><td>KS F 2302</td></tr>
<tr><td colspan="3">밀 도</td><td>KS F 2308</td></tr>
<tr><td colspan="3">액성한계·소성한계</td><td>KS F 2303</td></tr>
<tr><td colspan="3">세립토 비율</td><td>KS F 2309</td></tr>
<tr><td colspan="3">흙의 압밀시험</td><td>KS F 2316</td><td rowspan="3">·보링개소마다</td></tr>
<tr><td colspan="3">1축 압축강도</td><td>KS F 2314</td></tr>
<tr><td colspan="3">3축 압축시험</td><td>KS F 2346</td></tr>
</table>

종별	시험종목	시험방법	시험빈도	비고
	표준관입시험	KS F 2307		
	흙의 투수시험	KS F 2322	·필요시	
	점성토의 현장베인전단시험	KS F 2342		
	압밀배수조건하의 직접전단시험	KS F 2343		
	동적콘관입시험	KS F 2592		
	유기물 함량	KS F 2104		
되메우기 및 구조물 뒷채움	다짐	KS F 2312	·재질 변화시마다	
	현장밀도	KS F 2311	·독립구조물 : 개소별 3층마다 ·연속구조물 : 3층마다, 50미터마다 ·관로매설물 : 3층마다, 100미터마다	
	평판재하	KS F 2310	·현장밀도시험불가능시	
	입도	KS F 2302	·토질변화시마다	
	함수비	KS F 2306 또는 급속함수량 측정방법	·현장밀도시험의 빈도	
말뚝 콘크리트 널말뚝 (KS F 4208)	겉모양 및 모양	KS F 4208	·제조회사마다 ·1,000개 마다	
	치수			
	굽힘강도			
말뚝 원심력 콘크리트 말뚝 (KS F 4301)	겉모양 및 모양	KS F 4301	·제조회사마다 ·200개 마다	
	치수			
	몸체 및 이음부의 휨강도			
	철근의 배치			
말뚝 프리텐션 방식 원심력PC 말뚝 (KS F 4303)	겉모양 및 모양	KS F 4303	·제조회사마다 ·200개 마다	
	치수			
	몸체 및 이음부의 휨강도			
	PC강재 및 철근배치			

<table>
<tr><th colspan="2">종별</th><th>시험종목</th><th>시험방법</th><th>시험빈도</th><th>비고</th></tr>
<tr><td rowspan="24"></td><td rowspan="6">프리텐션방식 원심력고강도 콘크리트말뚝 (KS F 4306)</td><td>겉모양 및 모양</td><td rowspan="6">KS F 4306</td><td rowspan="6">·제조회사마다
·200개 마다</td><td rowspan="6"></td></tr>
<tr><td>치수</td></tr>
<tr><td>몸체 및 이음부의 휨강도</td></tr>
<tr><td>몸체의 축력 휨강도</td></tr>
<tr><td>몸체의 전단 강도</td></tr>
<tr><td>PC강재 및 철근 배치</td></tr>
<tr><td rowspan="4">프리텐션 방식 진동PC말뚝 (KS F 4307)</td><td>겉모양 및 모양</td><td rowspan="4">KS F 4307</td><td rowspan="4">·제조회사마다
·200개마다</td><td rowspan="4"></td></tr>
<tr><td>치수</td></tr>
<tr><td>몸체 및 이음부의 휨강도</td></tr>
<tr><td>PC강재 및 철근 배치</td></tr>
<tr><td rowspan="5">강관말뚝 (KS F 4602)</td><td>화학성분</td><td rowspan="2">KS F 4602</td><td rowspan="4">·제조회사마다
·200개마다</td><td rowspan="4"></td></tr>
<tr><td>모양,치수,질량</td></tr>
<tr><td>인장시험</td><td>KS B 0802</td></tr>
<tr><td>편평시험</td><td>KS F 4602</td></tr>
<tr><td>용접부의 비파괴검사</td><td>KS B 0845 또는 KS B 0817</td><td>·10이음당 1회</td><td></td></tr>
<tr><td rowspan="5">H형강 말뚝 (KS F 4603)</td><td>화학성분</td><td rowspan="2">KS F 4603</td><td rowspan="5">·제조회사마다
·200개마다</td><td rowspan="5"></td></tr>
<tr><td>탄소당량</td></tr>
<tr><td>항복점 또는 항복강도,인장 강도 및 연신율</td><td>KS B 0802</td></tr>
<tr><td>샤르피 흡수에너지</td><td>KS B 0810</td></tr>
<tr><td>모양,치수,질량</td><td>KS F 4603</td></tr>
<tr><td rowspan="4">열간 압연강 널말뚝 (KS F 4604)</td><td>화학성분</td><td>KS F 4604</td><td rowspan="4">·제조회사마다
·1,000개 마다</td><td rowspan="4"></td></tr>
<tr><td>항복점 또는 내력,인장강도 및 연신율</td><td rowspan="2">KS B 0802</td></tr>
<tr><td>이음인장강도(직선형 강 널말뚝)</td></tr>
<tr><td>모양,치수, 단위질량</td><td>KS F 4604</td></tr>
<tr><td colspan="2" rowspan="2">샌드매트 및 샌드 드레인용 모래</td><td>투수계수</td><td>KS F 2322</td><td rowspan="2">·골재원마다
·1,000세제곱미터마다</td><td rowspan="2">D15, D85는 입경가적곡선에</td></tr>
<tr><td>0.08밀리미터 통과량</td><td>KS F 2502</td></tr>
</table>

<table>
<tr><th>종별</th><th>시험종목</th><th>시험방법</th><th>시험빈도</th><th>비고</th></tr>
<tr><td rowspan="2"></td><td>D15</td><td>KS F 2502</td><td rowspan="2"></td><td rowspan="2">서 통과백분율이 15%, 85%에 해당되는 입경을 말함.</td></tr>
<tr><td>D85</td><td>KS F 2502</td></tr>
<tr><td rowspan="8">케이슨
채움재용 철강슬래그
(KS F 2579)</td><td>겉모양</td><td>KS F 2579</td><td rowspan="8">· 제조회사별
· 케이슨 1개마다</td><td rowspan="8"></td></tr>
<tr><td>발색판정
(고로슬래그 사용시)</td><td>KS F 2535</td></tr>
<tr><td>수침팽창비
(제강슬래그 사용시)</td><td>KS F 2580</td></tr>
<tr><td>입도</td><td>KS F 2502</td></tr>
<tr><td>표건밀도</td><td>KS F 2503</td></tr>
<tr><td>단위용적질량</td><td rowspan="2">KS F 2505</td></tr>
<tr><td>수중단위용적질량</td></tr>
</table>

나. 철근콘크리트공사

<table>
<tr><th>종별</th><th>시험종목</th><th>시험방법</th><th>시험빈도</th><th>비고</th></tr>
<tr><td rowspan="10">콘크리트용 골재
(KS F 2527)</td><td>절대 건조 밀도 및 흡수율</td><td>KS F 2503, 2504</td><td rowspan="5">·골재원마다
·1,000세제곱미터마다</td><td rowspan="8">순환골재
포함</td></tr>
<tr><td>입도, 조립률</td><td>KS F 2502, 2527</td></tr>
<tr><td>0.08밀리미터 체 통과량</td><td>KS F 2511</td></tr>
<tr><td>입자모양판정 실적률</td><td>KS F 2505</td></tr>
<tr><td>굵은 골재의 마모율</td><td>KS F 2508</td></tr>
<tr><td>알칼리 골재 반응</td><td>KS F 2545
또는
KS F 2546</td><td>·골재원마다
·6개월 1회 이상</td></tr>
<tr><td>석탄 및 갈탄 함유량</td><td>KS F 2513</td><td>·골재원마다
·1년 1회 이상</td></tr>
<tr><td>안정성</td><td>KS F 2507</td><td>·골재원마다
·1년 1회 이상</td></tr>
<tr><td>염화물 함유량</td><td>KS F 2515</td><td>·공급회사별
·1일 3회이상</td><td>바다모래인 경우</td></tr>
<tr><td>잔골재의 표면수량</td><td>KS F 2509</td><td>·1일 1회이상</td><td></td></tr>
<tr><td rowspan="3">콘크리트용 순환골재 (KS F 2573)</td><td></td><td></td><td rowspan="3"></td><td rowspan="3"></td></tr>
<tr><td></td><td></td></tr>
<tr><td></td><td></td></tr>
</table>

종별	시험종목	시험방법	시험빈도	비고
	<삭 제>			
도자기질 타일시멘트 (KS L 1592)	위치교정도	KS L 1592	·제조회사별 ·300톤마다 ·제조일부터 3월이 되어 재질의 변화가 있다고 인정되는 때	
	개방시간			
	압축강도			
	흡수율			
	전단접착강도			
	길이변화율			
	보수율			
	실내공기 오염물질 방출량 (총휘발성유기화합물, 톨루엔, 폼알데하이드)	KS M 1998 또는 실내공기질 공정시험기준 (환경부고시)	·필요시	실내에 시공되는 타일 시멘트 2종에 한함.
포틀랜드 시멘트 (KS L 5201)	화학성분	KS L 5120	·제조회사별 ·300톤마다 ·제조일부터 3월이 되어 재질의 변화가 있다고 인정되는 때	수화열의 경우 1,3,5종은 제외
	분말도	KS L 5106		
	안정도	KS L 5107		
	응결 시간	KS L 5108		
	압축강도	KS L 5105		
	수화열	KS L 5121		
백색 포틀랜드 시멘트 (KS L 5204)	화학분석	KS L 5120	·제조회사별 ·300톤마다 ·제조일부터 3월이 되어 재질의 변화가 있다고 인정되는 때	
	분말도	KS L 5106		
	안정도	KS L 5107		
	응결시간	KS L 5108		
	압축강도	KS L ISO 679		
	백색도	KS L 5113		
고로 슬래그 시멘트 (KS L 5210)	화학 분석	KS L 5120	·제조회사별 ·300톤마다 ·제조일부터 3월이 되어 재질의 변화가 있다고 인정되는 때	
	분말도	KS L 5106		
	안정도	KS L 5107		
	응결시간	KS L 5108		
	압축강도	KS L ISO 679		
메이슨리 시멘트 (KS L 5219)	분말도	KS L 5112	·제조회사별 ·300톤마다 ·제조일부터 3월이 되어	
	안정도	KS L 5107		
	응결시간	KS L ISO 9597		

종별	시험종목	시험방법	시험빈도	비고
	압축강도	KS L 5219	재질의 변화가 있다고 인정되는 때	
	모르타르 공기량			
	보수성			
	오염			
플라이애시 시멘트 (KS L 5211)	비표면적	KS L 5106	·제조회사별 ·300톤마다 ·제조일부터 3월이 되어 재질의 변화가 있다고 인정되는 때	
	응결	KS L ISO 9597		
	안정도	KS L 5107또는 KS L ISO 9597		
	압축 강도	KS L ISO 679		
	화학성분	KS L 5120		
포틀랜드 포졸란 시멘트 (KS L 5401)	화학분석	KS L 5120	·제조회사별 ·300톤마다 ·제조일부터 3월이 되어 재질의 변화가 있다고 인정되는 때	
	비표면적	KS L 5106		
	안정도	KS L 5107		
	응결시간	KS L 5108		
	압축강도	KS L ISO 679		
물 (수질검사)	현탁 물질의 양	KS F 4009 부속서 A,B	·음용수가 아닌 경우 ·취수원이 달라질 때마다 ·수질변화시	상수돗물 이외의 물
	용해성 증발 잔류물의 양			
	염소이온량			
	시멘트 응결시간의 차			
	모르타르의 압축강도비			
	염소이온량			회수수
	시멘트 응결시간의 차			
	모르타르의 압축강도비			
	슬러지수의 농도		· 생산개시전 일 1회 이상	
콘크리트용 화학 혼화제 (KS F 2560)	감수율	KS F 2560	·제조회사별 ·제품규격별 ·3개월이상 저장하여 재질의 변화가 있다고 인정되는 때마다	동결융해시험 및 길이 변화 시험은 필요시
	블리딩양의 비	KS F 2414		
	응결시간의 차	KS F 2560		
	압축강도의 비	KS F 2405		
	길이변화비	KS F 2424		
	동결융해에 대한 저항성	KS F 2456		
	경시변화량	KS F 2560		
	전체 알칼리량	KS I 3206 또는 KS F 2560		
	적외선 흡수스펙트럼	KS M 0024		
철근콘크리트용 방청제 (KS F 2561)	부식상황	KS F 2561	·제조회사별 ·3개월이상 저장하여 재질의 변화가 있다고 인	
	방청률			
	콘크리트의 응결시간차			

<table>
<tr><th>종별</th><th>시험종목</th><th>시험방법</th><th>시험빈도</th><th>비고</th></tr>
<tr><td></td><td>콘크리트의 압축강도비</td><td></td><td>정되는 때마다</td><td></td></tr>
<tr><td rowspan="5">콘크리트 양생용 액상피막 형성제 (KS F 2540)</td><td>피막의 성질</td><td rowspan="5">KS F 2540</td><td rowspan="5">·제조회사별
·3개월이상 저장하여 재질의 변화가 있다고 인정되는 때마다</td><td rowspan="5"></td></tr>
<tr><td>컨시스턴시</td></tr>
<tr><td>저장안정도</td></tr>
<tr><td>건조시간</td></tr>
<tr><td>습기유지</td></tr>
<tr><td rowspan="6">콘크리트용 팽창재 (KS F 2562)</td><td>산화마그네슘, 강열감량</td><td>KS L 5120</td><td rowspan="6">·제조회사별
·3개월이상 저장하여 재질의 변화가 있다고 인정되는 때마다</td><td rowspan="6"></td></tr>
<tr><td>비표면적</td><td>KS L 5207</td></tr>
<tr><td>1.2밀리미터체 잔류율</td><td>KS F 2562</td></tr>
<tr><td>응결</td><td>KS L 5207</td></tr>
<tr><td>팽창성(길이변화율)</td><td>KS F 2562</td></tr>
<tr><td>압축강도</td><td>KS F 2562</td></tr>
<tr><td rowspan="9">콘크리트 혼입용 방수재 (KS F 4926)</td><td>응결 시간 차</td><td rowspan="9">KS F 4926</td><td rowspan="9">·제조회사별
·3개월이상 저장하여 재질의 변화가 있다고 인정되는 때마다</td><td rowspan="9"></td></tr>
<tr><td>경시변화에 따른 공기량변화</td></tr>
<tr><td>길이 변화율</td></tr>
<tr><td>동결 융해에 대한 저항성</td></tr>
<tr><td>탄산화 깊이비</td></tr>
<tr><td>압축 강도비</td></tr>
<tr><td>물흡수 계수비</td></tr>
<tr><td>투수비</td></tr>
<tr><td>염소이온 침투깊이</td></tr>
<tr><td rowspan="2">숏크리트용 급결제 (KS F 2782)</td><td>압축강도</td><td rowspan="2">KS F 2782</td><td rowspan="2">·제조회사별
·3개월이상 저장하여 재질의 변화가 있다고 인정되는 때마다</td><td rowspan="2"></td></tr>
<tr><td>응결시간</td></tr>
<tr><td rowspan="5">콘크리트용 강섬유 (KS F 2564)</td><td>치수(형상비, 허용오차)</td><td rowspan="2">KS F 2564</td><td rowspan="5">·제조회사별
·제품규격별</td><td rowspan="5"></td></tr>
<tr><td>겉모양</td></tr>
<tr><td>인장강도</td><td>KS F 2565</td></tr>
<tr><td>분산성</td><td rowspan="2">KS F 2564</td></tr>
<tr><td>굽힘정도</td></tr>
<tr><td rowspan="6">플라이 애시 (KS L 5405)</td><td>이산화규소</td><td rowspan="3">KS L 5405</td><td rowspan="6">·제조회사별
·3개월이상 저장하여 재질의 변화가 있다고 인정되는 때마다</td><td rowspan="6"></td></tr>
<tr><td>수분</td></tr>
<tr><td>강열 감량</td></tr>
<tr><td>밀도</td><td>KS L 5110</td></tr>
<tr><td>분말도</td><td rowspan="2">KS L 5405</td></tr>
<tr><td>플로값 비</td></tr>
</table>

<table>
<tr><th>종별</th><th>시험종목</th><th>시험방법</th><th>시험빈도</th><th>비고</th></tr>
<tr><td></td><td>활성도 지수</td><td></td><td></td><td></td></tr>
<tr><td rowspan="8">콘크리트용 고로 슬래그 미분말 (KS F 2563)</td><td>밀도</td><td>KS L 5110</td><td rowspan="8">·제조회사별
·3개월이상 저장하여 재질의 변화가 있다고 인정되는 때마다</td><td rowspan="8"></td></tr>
<tr><td>비표면적</td><td>KS L 5106</td></tr>
<tr><td>활성도 지수</td><td rowspan="2">KS F 2563
부속서 A</td></tr>
<tr><td>플로값 비</td></tr>
<tr><td>산화마그네슘(MgO)</td><td rowspan="3">KS L 5120</td></tr>
<tr><td>삼산화황 정량방법(SO3)</td></tr>
<tr><td>강열 감량</td></tr>
<tr><td>염화물 이온</td><td>KS F 2515</td></tr>
<tr><td rowspan="8">콘크리트용 실리카 퓸 (KS F 2567)</td><td>비표면적</td><td>KS A 0094</td><td rowspan="8">·제조회사별
·3개월이상 저장하여 재질의 변화가 있다고 인정되는 때마다</td><td rowspan="8"></td></tr>
<tr><td>활성도지수</td><td>KS F 2567</td></tr>
<tr><td>이산화규소(SiO2)</td><td rowspan="5">KS L 5120</td></tr>
<tr><td>산화마그네슘(MgO)</td></tr>
<tr><td>삼산화황(SO3)</td></tr>
<tr><td>염화물 이온</td></tr>
<tr><td>강열 감량</td></tr>
<tr><td>45μm체에 남은 양</td><td>KS L 5112</td></tr>
<tr><td rowspan="7">굳지 아니한 콘크리트 (레미콘포함)</td><td>배합설계</td><td>콘크리트표준시방서</td><td>·재료가 다른 각 배합마다</td><td rowspan="2"></td></tr>
<tr><td>현장배합수정</td><td></td><td>·작업개시전 1회</td></tr>
<tr><td>온도</td><td>온도계에 의함</td><td>·150세제곱미터마다</td><td></td></tr>
<tr><td>슬럼프 또는 슬럼프플로</td><td>KS F 2402
또는 KS F 2594</td><td rowspan="3">·배합이 다를 때마다
·콘크리트 1일 타설량이 150세제곱미터 미만인 경우 : 1일 타설량마다
·콘크리트 1일 타설량이 150세제곱미터 이상인 경우 : 150세제곱미터마다</td><td rowspan="3"></td></tr>
<tr><td>공기량</td><td>KS F 2421
또는 KS F 2409
또는 KS F 2449</td></tr>
<tr><td>염화물 함유량</td><td>KS F 4009
부속서 A</td></tr>
<tr><td>단위수량</td><td>한국콘크리트학회 제규격 (KCI-RM101)</td><td>·필요시</td><td>정전용량법 또는 단위용적질량법 또는 고주파가열법</td></tr>
<tr><td>굳은 콘크리트 (레미콘포함)</td><td>압축 강도</td><td>KS F 2403
KS F 2405
콘크리트표준시</td><td>·배합이 다를 때마다
·레미콘은 KS F 4009, 레미콘이 아닌 콘크리</td><td></td></tr>
</table>

<table>
<tr><th>종별</th><th>시험종목</th><th>시험방법</th><th>시험빈도</th><th>비고</th></tr>
<tr><td rowspan="2"></td><td></td><td>방서</td><td rowspan="2">트는 KCS 14 20 10</td><td></td></tr>
<tr><td>휨 강도</td><td>KS F 2408</td><td>콘크리트포장</td></tr>
<tr><td rowspan="7">철근콘크리트용 봉강
(KS D 3504)</td><td>화학성분</td><td rowspan="7">KS D 3504</td><td rowspan="6">·제조회사별
·제품규격별 50톤마다</td><td rowspan="6"></td></tr>
<tr><td>항복점 또는 항복강도</td></tr>
<tr><td>인장강도</td></tr>
<tr><td>연신율</td></tr>
<tr><td>굽힘성</td></tr>
<tr><td>겉모양, 치수, 무게</td></tr>
<tr><td>탄소당량</td><td>·제조회사별
·제품규격별 50톤마다</td><td>용접용 경우</td></tr>
<tr><td rowspan="5">철근콘크리트용 재생봉강
(KS D 3527)</td><td>항복점 또는 항복강도</td><td rowspan="5">KS D 3527</td><td rowspan="5">·제조회사별
·제품규격별 10톤마다</td><td rowspan="5"></td></tr>
<tr><td>인장강도</td></tr>
<tr><td>연신율</td></tr>
<tr><td>굽힘성</td></tr>
<tr><td>겉모양, 치수, 무게</td></tr>
<tr><td rowspan="6">에폭시 피복철근
(KS D 3629)</td><td>피복두께</td><td rowspan="6">KS D 3629</td><td rowspan="6">·제조회사별
·제품규격별 50톤마다</td><td rowspan="6">철근은 KS D 3504의 이형철근에 따름</td></tr>
<tr><td>핀홀</td></tr>
<tr><td>굽힘성</td></tr>
<tr><td>열특성(피복경화)</td></tr>
<tr><td>콘크리트에 대한 부착력</td></tr>
<tr><td>겉모양, 치수, 무게</td></tr>
<tr><td rowspan="6">철근콘크리트용 아연 도금 봉강
(KS D 3613)</td><td>항복점 또는 항복강도</td><td rowspan="5">KS D 3613</td><td rowspan="6">·제조회사별
·제품규격별 50톤마다</td><td rowspan="6"></td></tr>
<tr><td>인장강도</td></tr>
<tr><td>연신율</td></tr>
<tr><td>굽힘성</td></tr>
<tr><td>겉모양, 치수, 무게</td></tr>
<tr><td>아연도금 부착량</td><td>KS D 0201</td></tr>
<tr><td rowspan="5">PC강선 및 PC강연선
(KS D 7002)</td><td>겉모양 및 치수</td><td rowspan="5">KS D 7002</td><td rowspan="5">·제조회사별</td><td rowspan="5"></td></tr>
<tr><td>0.2% 영구연신율에 대한 하중</td></tr>
<tr><td>인장하중</td></tr>
<tr><td>연신율</td></tr>
<tr><td>릴랙세이션</td></tr>
<tr><td rowspan="2">PC 강봉
(KS D 3505)</td><td>겉모양 및 치수</td><td rowspan="2">KS D 3505</td><td rowspan="2">·제조회사별</td><td rowspan="2"></td></tr>
<tr><td>화학성분(P,S,Cu)</td></tr>
</table>

<table>
<tr><th>종별</th><th colspan="2">시험종목</th><th>시험방법</th><th>시험빈도</th><th>비고</th></tr>
<tr><td rowspan="4"></td><td colspan="2">0.2% 항복강도</td><td rowspan="4"></td><td rowspan="4"></td><td rowspan="4"></td></tr>
<tr><td colspan="2">인장강도</td></tr>
<tr><td colspan="2">연신율</td></tr>
<tr><td colspan="2">릴랙세이션</td></tr>
<tr><td rowspan="5">PC경강선
(KS D 7009)</td><td colspan="2">겉모양 및 치수</td><td rowspan="5">KS D 7009</td><td rowspan="5">·제조회사별</td><td rowspan="5"></td></tr>
<tr><td colspan="2">0.2% 영구연신율에 대한 하중</td></tr>
<tr><td colspan="2">인장하중</td></tr>
<tr><td colspan="2">연신율</td></tr>
<tr><td colspan="2">릴랙세이션</td></tr>
<tr><td rowspan="6">경강선
(KS D 3510)</td><td colspan="2">겉모양</td><td rowspan="6">KS D 3510</td><td rowspan="6">·제조회사별</td><td rowspan="6"></td></tr>
<tr><td colspan="2">지름</td></tr>
<tr><td colspan="2">인장강도</td></tr>
<tr><td colspan="2">감기성능</td></tr>
<tr><td colspan="2">비틀림 특성</td></tr>
<tr><td colspan="2">굽힘성</td></tr>
<tr><td rowspan="3">연강선재
(KS D 3554)</td><td colspan="2">겉모양</td><td rowspan="3">KS D 3554</td><td rowspan="3">·제조회사별</td><td rowspan="3"></td></tr>
<tr><td colspan="2">치수</td></tr>
<tr><td colspan="2">화학성분</td></tr>
<tr><td rowspan="8">용접철망 및 철근격자</td><td colspan="2">겉모양, 치수, 무게</td><td rowspan="8">KS D 7017</td><td rowspan="8">·제조회사별</td><td rowspan="8">단면수축율은 철근격자일 경우</td></tr>
<tr><td colspan="2">항복점 또는 0.2%항복강도</td></tr>
<tr><td colspan="2">인장강도</td></tr>
<tr><td colspan="2">연신율</td></tr>
<tr><td colspan="2">단면수축율</td></tr>
<tr><td colspan="2">굽힙성</td></tr>
<tr><td colspan="2">용접점 전단강도</td></tr>
<tr><td colspan="2">용접점의 박리</td></tr>
<tr><td rowspan="6">철근 이음</td><td rowspan="2">겹침
이음</td><td>위치</td><td rowspan="2">육안관찰 및 스케일에 의한 측정</td><td rowspan="2">가공 및 조립시</td><td rowspan="2"></td></tr>
<tr><td>이음길이</td></tr>
<tr><td rowspan="4">가스
압접
이음</td><td>위치</td><td rowspan="2">육안관찰 및 스케일에 의한 측정</td><td rowspan="2">·전체 개소</td><td rowspan="4">1검사 로트는 1조의 작업반이 하루에 시공하는 압접개소의 수량</td></tr>
<tr><td>외관검사</td></tr>
<tr><td>초음파탐사검사</td><td>KS B 0839</td><td>·1검사 로트에 30개소 이상</td></tr>
<tr><td>일방향 인장시험</td><td>KS B 0554</td><td>·1검사 로트에 3개 이상</td></tr>
</table>

종별	시험종목		시험방법	시험빈도	비고
		굽힘시험		·제품규격별 1,000개소마다(단, 1,000개 미만은 1회)	
		저사이클반복시험		·제품규격마다	
		고사이클반복시험		·제품규격마다	
	기계적 이음	위치	육안 관찰, 필요에 따라 스케일, 버니어켈리퍼스 등에 의한 측정	·전체 개소	
		외관검사			
		인장응력 (일방향 인장 시험)	KS D 0249	·제조회사별 ·제품 규격별 1,000개소 1회 : 2개채취	철근체결 후 시험
		잔류변형량 (정적 내력시험)		·제품규격별 ·제조회사별	
	용접 이음	외관검사	육안관찰 및 스케일에 의한 측정	·모든 이음마다	
		용접부 내부결함	KS B 0845 또는 KS B 0896	·500개소 마다	
		인장시험	KS B 0802, 0833		
배치플랜트	계량기의 눈금점검, 자동계량장치점검		영점검사와 눈금의 정상작동 여부	·공사시작 전 및 공사 중 1회/6개월 이상	
	믹서성능 시험	가경식믹서	KS F 2455, KS B ISO 18650-2		
		강제혼합믹서	KS F 2455, KS B ISO 18650-2		
그라우트	컨시스턴시		KS F 2432	· 당일 작업개시전, 1회/일 이상 · 품질변화가 인정될 때	· 비팽창성 타입은 팽창률 시험 생략 ·염화물함유량은 프리스트레스트 콘크리트(PSC)에 한함.
	압축강도		KS F 2426		
	염화물함유량		KS F 4009 부속서 A 또는 KS F 2715		
	블리딩률 및 팽창률		KS F 2433	· 공종개시전 1회	

<table>
<tr><th>종별</th><th colspan="2">시험종목</th><th>시험방법</th><th>시험빈도</th><th>비고</th></tr>
<tr><td></td><td colspan="2"></td><td></td><td>· 재료·배합의 변경시 마다
· 품질변화가 인정될 때</td><td></td></tr>
<tr><td rowspan="7">수경성시멘트 무수축 그라우트 (KS F 4044)</td><td colspan="2">유하시간</td><td rowspan="7">KS F 4044</td><td rowspan="7">·제조회사별</td><td rowspan="7"></td></tr>
<tr><td colspan="2">플로</td></tr>
<tr><td colspan="2">응결시간</td></tr>
<tr><td colspan="2">블리딩률</td></tr>
<tr><td colspan="2">팽창 높이</td></tr>
<tr><td colspan="2">압축 강도</td></tr>
<tr><td colspan="2">염화물 함유량</td></tr>
<tr><td rowspan="7">조립용 콘크리트 벽판 (KS F 4722)</td><td colspan="2">겉모양, 치수</td><td rowspan="7">KS F 4722</td><td rowspan="7">·제조회사별
·제품규격별</td><td rowspan="7"></td></tr>
<tr><td colspan="2">단열성</td></tr>
<tr><td colspan="2">차음성</td></tr>
<tr><td colspan="2">방수성</td></tr>
<tr><td colspan="2">면내 전단 강도</td></tr>
<tr><td colspan="2">내화성</td></tr>
<tr><td colspan="2">콘크리트 강도</td></tr>
<tr><td rowspan="7">조립용 콘크리트 바닥판 (KS F 4726)</td><td colspan="2">겉모양, 치수</td><td rowspan="7">KS F 4726</td><td rowspan="7">·제조회사별
·제품규격별</td><td rowspan="7"></td></tr>
<tr><td colspan="2">단열성</td></tr>
<tr><td colspan="2">차음성</td></tr>
<tr><td colspan="2">방수성</td></tr>
<tr><td colspan="2">내분포압성</td></tr>
<tr><td colspan="2">내국압성</td></tr>
<tr><td colspan="2">콘크리트 강도</td></tr>
<tr><td rowspan="7">조립용 콘크리트 지붕판 (KS F 4729)</td><td colspan="2">겉모양,치수</td><td rowspan="7">KS F 4729</td><td rowspan="7">·제조회사별
·제품규격별</td><td rowspan="7"></td></tr>
<tr><td colspan="2">단열성</td></tr>
<tr><td colspan="2">차음성</td></tr>
<tr><td colspan="2">방수성</td></tr>
<tr><td colspan="2">내분포압성</td></tr>
<tr><td colspan="2">내국압성</td></tr>
<tr><td colspan="2">콘크리트 강도</td></tr>
<tr><td rowspan="7">경량기포 콘크리트 패널 (ALC패널) (KS F 4914)</td><td rowspan="3">ALC</td><td>절건밀도</td><td rowspan="7">KS F 4914</td><td rowspan="7">·제조회사별
·제품규격별</td><td rowspan="7"></td></tr>
<tr><td>압축강도</td></tr>
<tr><td>길이변화율</td></tr>
<tr><td>방청제</td><td>방청성능</td></tr>
<tr><td rowspan="3">패널</td><td>겉모양, 치수</td></tr>
<tr><td>굽힘강도</td></tr>
<tr><td>단열성</td></tr>
<tr><td>PC조립식 구조접합부</td><td colspan="2">접합부 결함 (초음파 탐상)</td><td>해당 공사시방서</td><td>·층별 5개소</td><td></td></tr>
</table>

다. 철강구조물공사

<table>
<tr><th>종별</th><th colspan="2">시험종목</th><th>시험방법</th><th>시험빈도</th><th>비고</th></tr>
<tr><td rowspan="6">강재(용접부반입검사)</td><td colspan="2" rowspan="2">용접부의 내부결함</td><td>KS B 0845</td><td>·맞이음부재 총연장의 5/100 또는 10이음에 대하여 1장</td><td rowspan="5"></td></tr>
<tr><td>KS B 0896</td><td>·완전 용입부위의 20개소에 대하여 1개소</td></tr>
<tr><td colspan="2">표면결함검사</td><td>육안검사</td><td>·전용접부위에 대하여 무작위 추출하여 10% 이상</td></tr>
<tr><td colspan="2" rowspan="3">스터드용접부의 검사</td><td>용접후 마무리 높이 및 기울기 검사(금속제 곧은자, 한계게이지, 콘벡스롤)</td><td>·100개 또는 주요부재 1개에 용접한 숫자 중 작은 쪽을 1개 검사로트로 하여 1개 검사로트마다 1개씩 검사</td></tr>
<tr><td rowspan="2">타격구부림검사</td><td rowspan="2">·100개 또는 주요부재 1개에 용접한 숫자중 작은 쪽을 1개 검사로트로 하여 1개 검사로트마다 1개씩 검사</td></tr>
<tr><td>스터드가 기울어져 있는 경우에는 축에서 축길이를 측정함</td></tr>
<tr><td rowspan="3">강교용접</td><td colspan="2">맞이음의 내부 결함(위상배열 초음파 탐상검사,방사선투과검사, 초음파탐상검사)</td><td>KS B 0845
KS B 08096
KS B
ISO 135888</td><td>·인장, 교번부 : 시·종점부에 대해 300mm 이상 위상배열 초음파 탐상검사 또는 각각 1매의 방사선투과검사, 나머지부 초음파탐상검사
·압축부, 전단부 : 용접길이의 50% 초음파탐상검사</td><td rowspan="3"></td></tr>
<tr><td rowspan="2">필렛 용접</td><td>균열(자분탐상법 또는 침투액탐상법)</td><td>KS D 0213
KS B 0816</td><td>·매용접길이 3미터당 300밀리미터</td></tr>
<tr><td>용접비이드의 외관 및 형상</td><td>육안검사 등</td><td>·주부재의 이음마다</td></tr>
<tr><td>일반 구조용 압연 강재 (KS D 3503)</td><td colspan="2">모양, 치수, 무게, 겉모양</td><td>KS D 3051
KS D 3052
KS D 3500
KS D 3502</td><td>·제조회사별
·제품규격별 50톤마다</td><td></td></tr>
</table>

종별	시험종목	시험방법	시험빈도	비고
	화학성분	KS D 3503		
	항복점 또는 항복강도			
	인장강도			
	연신율			
	굽힘성			
용접 구조용 압연 강재 (KS D 3515)	겉모양, 치수, 무게	KS D 3052 KS D 3500 KS D 3502	·제조회사별 ·제품규격별 50톤마다	
	화학성분	KS D 3515		
	탄소당량 또는 용접균열감수성			
	항복점 또는 항복강도			
	인장강도			
	연신율			
	샤르피 흡수에너지			
용접구조용 내후성 열간압연 강재 (KS D 3529)	겉모양, 모양, 치수, 무게	KS D 3502 KS D 3500	·제조회사별 ·제품규격별 50톤마다	
	화학성분	KS D 3529		
	탄소당량 또는 용접균열감수성			
	항복점 또는 항복강도			
	인장강도			
	연신율			
	샤르피 흡수에너지			
일반구조용 경량 형강 (KS D 3530)	겉모양, 치수, 무게	KS D 3530	·제조회사별 ·제품규격별 50톤마다	
	화학성분			
	항복점			
	인장강도			
	연신			
열간 압연 연강판 및 강대 (KS D 3501)	겉모양, 치수, 무게	KS D 3501	·제조회사별 ·제품규격별 50톤마다	
	화학성분			
	인장강도			
	연신율			
	굽힘성			
일반구조용 용접 경량 H형강 (KS D 3558)	겉모양, 치수	KS D 3558	·제조회사별 ·제품규격별 50톤마다	
	화학성분			
	인장강도			

<table>
<tr><th>종별</th><th>시험종목</th><th>시험방법</th><th>시험빈도</th><th>비고</th></tr>
<tr><td rowspan="2"></td><td>항복점</td><td rowspan="2"></td><td rowspan="2"></td><td rowspan="2"></td></tr>
<tr><td>연신율</td></tr>
<tr><td rowspan="8">일반 구조용
탄소강관
(KS D 3566)</td><td>겉모양, 치수, 무게</td><td rowspan="8">KS D 3566</td><td rowspan="8">·제조회사별
·제품규격별 100톤마다
또는 KS D 3566</td><td rowspan="8"></td></tr>
<tr><td>화학성분</td></tr>
<tr><td>인장강도</td></tr>
<tr><td>항복점 또는 항복강도</td></tr>
<tr><td>연신율</td></tr>
<tr><td>굽힘성</td></tr>
<tr><td>평평성</td></tr>
<tr><td>용접부 인장강도</td></tr>
<tr><td rowspan="6">일반구조용
각형강관
(KS D 3568)</td><td>겉모양, 치수, 무게</td><td rowspan="6">KS D 3568</td><td rowspan="6">·제조회사별
·제품규격별 100톤마다
또는 KS D 3568</td><td rowspan="6">굽힘성 시험은 필요시</td></tr>
<tr><td>화학성분</td></tr>
<tr><td>인장강도</td></tr>
<tr><td>항복점 또는 항복강도</td></tr>
<tr><td>연신율</td></tr>
<tr><td>굽힘성</td></tr>
<tr><td rowspan="10">건축구조용
탄소 강관
(KS D 3632)</td><td>겉모양, 치수, 무게</td><td rowspan="10">KS D 3632</td><td rowspan="10">·제조회사별
·제품규격별 100톤마다
또는 KS D 3632</td><td rowspan="10"></td></tr>
<tr><td>화학성분</td></tr>
<tr><td>탄소당량 또는 용접균열감수성</td></tr>
<tr><td>인장강도</td></tr>
<tr><td>항복점 또는 내력</td></tr>
<tr><td>항복비</td></tr>
<tr><td>연신율</td></tr>
<tr><td>편평성</td></tr>
<tr><td>샤르피 흡수에너지</td></tr>
<tr><td>용접부 인장강도</td></tr>
<tr><td rowspan="9">건축구조용
압연강재
(KS D 3861)</td><td>겉모양, 모양, 치수, 무게</td><td rowspan="8">KS D 3861</td><td rowspan="9">·제조회사별
·제품규격별 50톤마다</td><td rowspan="9"></td></tr>
<tr><td>화학성분</td></tr>
<tr><td>탄소당량 또는 용접균열감수성</td></tr>
<tr><td>항복점 또는 내력</td></tr>
<tr><td>인장강도</td></tr>
<tr><td>항복비</td></tr>
<tr><td>연신율</td></tr>
<tr><td>샤르피 흡수에너지</td></tr>
<tr><td>두께 방향 특성</td><td>KS D 0276</td></tr>
</table>

종별	시험종목	시험방법	시험빈도	비고
	초음파 탐상	KS D 0040		
교량구조용 압연강재 (KSD 3868)	겉모양, 모양, 치수, 무게	KS D 3500	·제조회사별 ·제품규격별 50톤마다	
	화학성분	KS D 3868		
	탄소당량 또는 용접 균열 감수성			
	항복점 또는 항복 강도			
	인장강도			
	연신율			
	샤르피 흡수에너지			
건축구조용 고성능 압연강재 (KS D 5994)	겉모양, 모양, 치수, 무게	KS D 3500	·제조회사별 ·제품규격별 50톤마다	
	화학성분	KS D 5994		
	탄소당량 또는 용접 균열 감수성			
	항복점 또는 항복 강도			
	인장 강도			
	연신율			
	샤르피 흡수 에너지			
	두께방향특성	KS D 0276		
	초음파 탐상	KS D 0040		
용접구조용 고항복점 강판 (KS D 3611)	겉모양, 모양, 치수, 무게	KS D 3611	·제조회사별 ·제품규격별 50톤마다	
	화학성분			
	탄소당량 또는 용접 균열 감수성			
	내력			
	인장강도			
	연신율			
	굽힘성			
	샤르피 흡수 에너지			
압력용기용 강판 (KS D 3521)	겉모양	KS D 3500	·제조회사별 ·제품규격별 50톤마다	
	모양, 치수, 무게	KS D 3521		
	화학성분			
	탄소당량 또는 용접 균열 감수성			
	항복점 또는 항복강도			
	인장 강도			
	연신율			
	굽힘성			

종별	시험종목	시험방법	시험빈도	비고
	샤르피 흡수 에너지			
압력용기용 강판 (제1부:두꺼운 판재) (KS D 3853)	겉모양	KS D 3500	·제조회사별 ·제품규격별 50톤마다	
	모양, 치수, 질량	KS D 3853		
	화학성분			
	탄소당량 또는 용접 균열 감수성			
	항복점 또는 내력			
	인장 강도			
	연신율			
	굽힘성			
	샤르피 흡수 에너지			
저온 압력 용기용 탄소강 강판 (KS D 3541)	겉모양, 모양, 치수, 무게	KS D 3500	·제조회사별 ·제품규격별 50톤마다	
	화학 성분	KS D 3541		
	항복점 또는 항복 강도			
	인장 강도			
	연신율			
	굽힘성			
	샤르피 흡수 에너지			
고내후성 압연강재 (KS D 3542)	겉모양, 치수, 무게	KS D 3542	·제조회사별 ·제품규격별 50톤마다	
	화학성분			
	인장시험			
	굽힘성			
조립용 형강 (KS D 3593)	겉모양, 치수	KS D 3593	·제조회사별 ·제품규격별 15톤마다	
	화학성분			
	인장강도			
	항복점			
	0.2% 항복강도			
	연신율			
건축 구조용 표면 처리 경량형강 (KS D 3854)	겉모양, 치수, 무게	KS D 3854	·제조회사별 ·제품규격별 50톤마다	
	화학성분			
	항복점			
	인장강도			
	연신율			
	도금의 부착량			
구조용 고장력 탄소강 및 저합금강 주강품	겉모양, 치수	KS D 0402	·제조회사별 ·제품규격별 100톤마다	
	화학성분	KS D 0401		
	항복점 또는 내구력			

<table>
<tr><th>종별</th><th colspan="2">시험종목</th><th>시험방법</th><th>시험빈도</th><th>비고</th></tr>
<tr><td rowspan="5">(KS D 4102)</td><td colspan="2">인장강도</td><td rowspan="5"></td><td rowspan="4"></td><td rowspan="5"></td></tr>
<tr><td colspan="2">연신율</td></tr>
<tr><td colspan="2">단면수축률</td></tr>
<tr><td colspan="2">경도</td></tr>
<tr><td colspan="2">건전성</td><td>·필요시</td></tr>
<tr><td rowspan="12">마찰접합용 고장력 6각볼트, 6각너트, 평와셔의 세트 (KS B 1010)</td><td colspan="2">겉모양, 치수</td><td rowspan="12">KS B 1010</td><td rowspan="12">·제조회사별
·제품규격마다</td><td rowspan="12"></td></tr>
<tr><td colspan="2">나사</td></tr>
<tr><td rowspan="4">볼트 시험편</td><td>항복강도</td></tr>
<tr><td>인장강도</td></tr>
<tr><td>연신율</td></tr>
<tr><td>단면 수축률</td></tr>
<tr><td rowspan="2">볼트 제품</td><td>최소 인장하중</td></tr>
<tr><td>경도</td></tr>
<tr><td rowspan="2">너트</td><td>경도</td></tr>
<tr><td>보증하중</td></tr>
<tr><td>와셔</td><td>경도</td></tr>
<tr><td>세트</td><td>토크계수값</td></tr>
<tr><td rowspan="12">구조물용 토크-전단형 고장력 볼트, 6각너트, 평와셔의 세트 (KS B 2819)</td><td colspan="2">겉모양, 치수</td><td rowspan="12">KS B 2819</td><td rowspan="12">·제조회사별
·제품규격마다</td><td rowspan="12"></td></tr>
<tr><td colspan="2">나사</td></tr>
<tr><td rowspan="4">볼트 시험편</td><td>항복강도</td></tr>
<tr><td>인장강도</td></tr>
<tr><td>연신율</td></tr>
<tr><td>단면 수축률</td></tr>
<tr><td rowspan="2">볼트 제품</td><td>최소 인장하중</td></tr>
<tr><td>경도</td></tr>
<tr><td rowspan="2">너트</td><td>경도</td></tr>
<tr><td>보증하중</td></tr>
<tr><td>와셔</td><td>경도</td></tr>
<tr><td>세트</td><td>체결 축력</td></tr>
</table>

라. 가설기자재

<table>
<tr><th colspan="2">종별</th><th>시험종목</th><th>시험방법</th><th>시험빈도</th><th>비고</th></tr>
<tr><td colspan="2">강재 파이프서포트</td><td>평누름에 의한 압축 하중</td><td>KS F 8001 또는 산업안전보건법에 따른 안전인증기준</td><td>·제품규격마다(3개)
·공급자마다</td><td>최대사용 길이가 4000mm를 초과하는 제품과 알루미늄합금재 제품은 「방호장치 안전인증 고시」의 시험방법 적용</td></tr>
<tr><td rowspan="4">강관 비계용 부재</td><td>비계용 강관</td><td>인장 하중</td><td rowspan="4">KS F 8002</td><td rowspan="4">·제품규격마다(3개)
·공급자마다</td><td rowspan="4"></td></tr>
<tr><td rowspan="3">강관 조인트</td><td>휨 하중</td></tr>
<tr><td>인장 하중</td></tr>
<tr><td>압축 하중</td></tr>
<tr><td rowspan="6">조립형 비계 및 동바리 부재</td><td>수직재</td><td>압축 하중</td><td rowspan="6">KS F 8021 또는 산업안전보건법에 따른 안전인증기준</td><td rowspan="6">·제품규격마다(3개)
·공급자마다</td><td rowspan="6">안전인증기준의 종별 명칭은 시스템비계 또는 시스템동바리 임</td></tr>
<tr><td>수평재</td><td>휨 하중</td></tr>
<tr><td>가새재</td><td>압축 하중</td></tr>
<tr><td>트러스</td><td>휨 하중</td></tr>
<tr><td rowspan="2">연결 조인트</td><td>압축 하중</td></tr>
<tr><td>인장 하중</td></tr>
<tr><td colspan="2" rowspan="4">일반 구조용 압연 강재
(KS D 3503)
* 흙막이용 자재로 제한</td><td>치수</td><td rowspan="4">KS D 3503</td><td rowspan="4">·제품규격마다
·공급자마다</td><td rowspan="4">·공사시방서(또는 설계도서)에 명시된 제품과 동등 이상 여부 확인
·치수는 두께만 시험</td></tr>
<tr><td>인장 강도</td></tr>
<tr><td>항복 강도</td></tr>
<tr><td>연신율</td></tr>
<tr><td colspan="2" rowspan="4">용접 구조용 압연강재
(KS D 3515)
* 흙막이용 자재로 제한</td><td>겉모양, 치수, 무게</td><td rowspan="4">KS D 3515</td><td rowspan="4">·제품규격마다
·공급자마다</td><td rowspan="4">·공사시방서(또는 설계도서)에 명시된 제품과 동등 이상 여부 확인
·치수는 두께만 시험</td></tr>
<tr><td>항복점 또는 항복강도</td></tr>
<tr><td>인장강도</td></tr>
<tr><td>연신율</td></tr>
<tr><td colspan="2" rowspan="4">일반구조용 용접 경량 H형강
(KS D 3558)
* 흙막이용 자재로 제한</td><td>치수</td><td rowspan="4">KS D 3558</td><td rowspan="4">·제품규격마다
·공급자마다</td><td rowspan="4">·공사시방서(또는 설계도서)에 명시된 제품과 동등 이상 여부 확인
·치수는 평판부분의 두께만 시험</td></tr>
<tr><td>인장 강도</td></tr>
<tr><td>항복 강도</td></tr>
<tr><td>연신율</td></tr>
<tr><td colspan="2" rowspan="2">일반구조용 각형강관
(KS D 3568)</td><td>치수</td><td rowspan="2">KS D 3568</td><td rowspan="2">·제품규격마다
·공급자마다</td><td rowspan="2">·공사시방서(또는 설계도서)에 명시된 제품과 동등 이상 여부 확인</td></tr>
<tr><td>인장 강도</td></tr>
</table>

종별	시험종목	시험방법	시험빈도	비고
* 거푸집 및 동바리 구조물에 사용하는 멍에 또는 장선용 자재로 제한	항복 강도			·치수는 평판부분의 두께만 시험
	연신율			
열간압연강 널말뚝 (KS F 4604)	인장 강도	KS F 4604	·제품규격마다 ·공급자마다	·치수는 평판부분의 두께만 시험
	항복 강도			
	연신율			
	모양, 치수, 단위질량			
복공판	외관상태 및 성능	공사시방서에 따름	·제품규격별 200개 마다(단, 200개 미만은 1회) ·공급자마다 ·설치후 1년이내마다	·국가건설기준 코드의 설계하중 기준에 만족
콘크리트 거푸집용 합판 (KS F 3110)	겉모양 및 치수	KS F 3110	. 제품규격별	강재틀 합판 거푸집(KS F 8006)제외
	휨강성 변형량			
	도막 및 피복재와 바탕합판의 접착성 (표면가공 거푸집용 합판에 한함)			
	함수율	KS F 3110	·필요시	
	밀도			
	접착성			
	폼알데하이드방출량	KS M 1998		

마. 기타

종별	시험종목		시험방법	시험빈도	비고
석재	밀도 및 흡수율		KS F 2518	·골재원마다 ·재질 변화시마다	
	압축강도		KS F 2519		
	<삭제>		<삭제>		
토목섬유 매트	지반 보강용	인장강도, 인장변형률	KS K ISO 10319	·제조회사별 ·제품규격마다 ·20,000제곱미터마다	기타 용도의 지오텍스타일 및 관련제품은 KS K 0920, 0922, 0923, 0924, 0926, 0938 참조
		수직 투수계수	KS K ISO 11058		
		봉합강도	KS K ISO 10321		
	배수용	인장강도	KS K ISO 10319		
		수직 투수계수	KS K ISO 11058		
토목섬유 (배수용)	인장강도, 신도		KS K ISO 10319	·제조회사별 ·제품규격마다 ·20,000제곱미터마다	
	투수계수		KS K ISO 11058		
	유효구멍크기		KS K ISO 12956		
	내약품성(액체저항성)		KS K ISO TR 12960	· 흙의 pH가 4 미만 또는 9를 초과하는 경우	시험후 인장강도≥50%
토목용 부직포 섬유 (KS K 2630)	겉모양		KS K 2630	·제조회사별 ·제품규격마다 ·20,000제곱미터마다	시험방법은 국가기술표준원에서 개정 검토중으로 개정 이후 개정된 시험방법에 따름
	무게		KS K ISO 9864		
	인장강도 및 신도		KS K 0743		
	봉합강도		KS K ISO 13935-2		
	투수계수		KS K ISO 11058		
	나비		KS K ISO 22198		
	길이		KS K ISO 22198		
	두께		KS K ISO 9863-1		
	조성섬유		KS K 0210		
드레인보드 (Drain Board)	인장강도 및 신도		KS K ISO 10319	·제조회사별 ·제품규격마다 ·20,000제곱미터마다	
	배수성능		KS K ISO 11058 또는 KS K ISO12958		
	질량		KS K ISO 9864		
	유효구멍크기		KS K 0754 또는 KS K ISO 12956		
	내약품성(액체저항성)		KS K ISO TR 12960 또는 해당 공사시방서	· 흙의 pH가 4 미만 또는 9를 초과하는 경우	시험후 인장강도≥50%
상수도용 도복장 강관 (KS D 3565)	치수, 무게		KS D 3565	·제조회사별 ·제품규격마다	상수도용관
	화학성분				
	인장강도				

종별	시험종목		시험방법	시험빈도	비고
	항복점 또는 항복강도				
	연신율				
	편평성				
	비파괴 검사특성 또는 수압 시험특성				
	도복장 및 그 방법				
수도용 플라스틱 배관 (KS M 3408-2)	내압시험		KS M 3408-2	·제조회사별 ·제품규격마다	상수도용관
	용해시험				
	파단점 신장률				
	종축 복귀성				
	산화유도시간				
	용융질량흐름지수				
수도용 경질폴리 염화비닐관 (KS M 3401)	겉모양, 치수		KS M 3401	·제조회사별 ·제품규격마다	상수도용관
	경질 (VP)	인장항복강도	KS M 3401		
		내수압성			
		편평성			
		비카트 연화온도			
		열간내압크리프성	KS M ISO 1167		
		용출성	KS M 3401		
		불투명성	KS M ISO 7686		
	경질 (IWVP, ISO 4422-2)	내수압성	KS M 3401		
		비카트 연화온도			
		열간내압 크리프성	KS M ISO 1167		
		용출성	KS M 3401		
		불투명성	KS M ISO 7686		
		외부 충격 내구성	KS M 3401		
		종축 복귀성	KS M ISO 2505-1, KS M ISO 2505-2		
		파괴인성	KS M ISO 11673		
	내 충 격 경질 (HIVP)	인장항복강도	KS M 3401		
		내수압성			
		편평성			
		내충격성			
		비카트 연화온도			
		열간내압크리프성	KS M ISO 1167		

종별	시험종목		시험방법	시험빈도	비고
		용출성	KS M 3401		
일반용 경질폴리 염화비닐관 (KS M 3404)	겉모양, 치수		KS M 3404	·제조회사별 ·제품규격마다	하수도용관
	경질 (VG1, VG2)	인장항복강도	KS M 3404		
		내수압성			
		접합부 내수압성			
		편평성			
		침지성			
		비카트연화온도			
		정량(납)	KS M 3211		
	건물내 배수용 경질 (IDVP)	비카트연화온도	KS M 3404		
		수밀성			
		기밀성			
		냉열반복유하성			
		외부충격내구성 (회전법)			
		외부충격내구성 (계단법)			
		종축복귀성	KS M ISO 2505-1, KS M ISO 2505-2		
		디클로로메탄 저항성	KS M ISO 9852		
	매설 하배수관용 경질 (ISVP)	비카트연화온도	KS M 3404		
		편평 밀봉성			
		곡관 밀봉성			
		열간 내압 내크리프성			
		외부충격내구성 (회전법)			
		종축복귀성	KS M ISO 2505-1, KS M ISO 2505-2		
		디클로로메탄 저항성	KS M ISO 9852		
	물 수송용 경질 (IWVP)	비카트연화온도	KS M 3404		
		열간 내압 내크리프성			
		외부충격내구성 (회전법)			
		종축복귀성	KS M ISO 2505-1,		

<table>
<tr><th>종별</th><th colspan="2">시험종목</th><th>시험방법</th><th>시험빈도</th><th>비고</th></tr>
<tr><td rowspan="2"></td><td rowspan="2"></td><td></td><td>KS M ISO 2505-2</td><td rowspan="2"></td><td rowspan="2"></td></tr>
<tr><td>파괴인성</td><td>KS M ISO 11673</td></tr>
<tr><td rowspan="5">일반용 폴리에틸렌 관
(KS M 3407)</td><td colspan="2">치수</td><td rowspan="5">KS M 3407</td><td rowspan="5">·제조회사별
·제품규격마다</td><td rowspan="5">하수도용관</td></tr>
<tr><td colspan="2">인장시험</td></tr>
<tr><td colspan="2">수압시험</td></tr>
<tr><td colspan="2">침지시험</td></tr>
<tr><td colspan="2">회분 시험</td></tr>
<tr><td rowspan="5">철근콘크리트관
(KS F 4402)</td><td colspan="2">겉모양 및 모양</td><td rowspan="5">KS F 4402</td><td>·모든 제품마다</td><td rowspan="5">하수도용관</td></tr>
<tr><td colspan="2">치수</td><td rowspan="4">·제조회사별
·종류 및 호칭별 200개 또는 그 단수마다</td></tr>
<tr><td colspan="2">외압강도</td></tr>
<tr><td colspan="2">내압강도</td></tr>
<tr><td colspan="2">수밀성</td></tr>
<tr><td rowspan="5">원심력 철근콘크리트관
(KS F 4403)</td><td colspan="2">겉모양 및 모양</td><td rowspan="5">KS F 4403</td><td>·모든 제품마다</td><td rowspan="5">하수도용관</td></tr>
<tr><td colspan="2">치수</td><td rowspan="3">·제조회사별
·제품규격마다</td></tr>
<tr><td colspan="2">외압강도</td></tr>
<tr><td colspan="2">내압강도</td></tr>
<tr><td colspan="2">방균성능(방균관)</td><td>·12개월마다</td></tr>
<tr><td rowspan="4">코어식 프리스트레스트 콘크리트관 (KS F 4405)</td><td colspan="2">겉모양 및 모양</td><td rowspan="4">KS F 4405</td><td>·모든 제품마다</td><td rowspan="4">하수도용관</td></tr>
<tr><td colspan="2">치수</td><td rowspan="3">·제조회사별
·종류 및 호칭별 50개 또는 그 단수마다</td></tr>
<tr><td colspan="2">내압강도(압력관)</td></tr>
<tr><td colspan="2">외압강도(압력관)</td></tr>
<tr><td rowspan="3">프리스트레스트 콘크리트 실린더관 (KS F 4406)</td><td colspan="2">겉모양 및 모양</td><td rowspan="3">KS F 4406</td><td>·모든 제품마다</td><td rowspan="3">하수도용관</td></tr>
<tr><td colspan="2">치수</td><td rowspan="2">·제조회사별
·제품규격마다</td></tr>
<tr><td colspan="2">내압강도</td></tr>
<tr><td rowspan="6">하수도용 콘크리트 맨홀 블록
(KS F 4012)</td><td colspan="2">겉모양 및 모양</td><td>KS F 4012</td><td>·모든 제품마다</td><td rowspan="6"></td></tr>
<tr><td colspan="2">치수</td><td></td><td rowspan="5">·제조회사별
·종류 및 호칭별 200개 또는 그 단수마다</td></tr>
<tr><td colspan="2">연결부위 모양</td><td>KS F 4012</td></tr>
<tr><td colspan="2">압축강도</td><td>KS F 2405</td></tr>
<tr><td colspan="2">맨홀 연직구체의 외압강도</td><td>KS F 4012</td></tr>
<tr><td colspan="2">수밀성</td><td>KS F 4012</td></tr>
<tr><td rowspan="8">수도용 경질 폴리염화비닐 이음관
(KS M 3402)</td><td colspan="2">겉모양, 모양 및 치수</td><td>KS M 3402</td><td rowspan="8">·제조회사별
·제품규격마다</td><td rowspan="8"></td></tr>
<tr><td rowspan="5">경질
(TS)</td><td>인장항복강도</td><td rowspan="3">KS M 3402</td></tr>
<tr><td>내수압성</td></tr>
<tr><td>편평성</td></tr>
<tr><td>비카트연화온도</td><td>KS M ISO 2507-1,
KS M ISO 2507-2</td></tr>
<tr><td>용출성</td><td>KS M 3402</td></tr>
<tr><td rowspan="2">경질
(IWPS,</td><td>인장항복강도</td><td rowspan="2">KS M 3402</td></tr>
<tr><td>내수압성</td></tr>
</table>

종별	시험종목		시험방법	시험빈도	비고
	ISO 4422-3)	비카트연화온도	KS M ISO 2507-1, KS M ISO 2507-2		
		용출성	KS M 3402		
		압착성	KS M ISO 9853		
		열간내압크리프성	KS M 3402		
		열이완성	KS M ISO 580		
	내충격성 경질 (HITS)	인장항복강도	KS M 3402		
		내수압성			
		편평성			
		내충격성			
		비카트연화온도	KS M ISO 2507-1, KS M ISO 2507-2		
		용출성	KS M 3402		
배수용 경질 염화비닐 이음관 (KS M 3410)	겉모양, 모양 및 치수		KS M 3410	·제조회사별 ·제품규격마다	
	DV	인장항복강도	KS M 3410		
		내수압성			
		편평성			
		침지성			
		비카트연화온도	KS M ISO 2507-1, KS M ISO 2507-2		
		정량(납)	KS C IEC 62321		
	IDDV (ISO 3633)	비카트연화온도	KS M ISO 2507-1, KS M ISO 2507-2		
		수밀성	KS M 3410		
		열이완성	KS M ISO 580		
상수도용 도복장 강관 이형관 (KS D 3578)	겉모양, 치수		KS D 3578	·제조회사별 ·제품규격마다	
	용접부 품질(방사선 투과)		KS B 0845		
	내면도장의 용출성능		KS I 3225		
수도용 폴리에틸렌 분체라이닝 강관 (KS D 3619)	겉모양, 모양 및 치수		KS D 3619	·제조회사별 ·제품규격마다	
	피막 및 피막 두께				
	핀홀시험				
	당김강도시험				
	굽힘시험				
	편평시험				
	충격시험				
	내식성시험				
	용출시험				
발포 중심층을	겉모양, 모양, 치수, 색		KS M 3413	·제조회사별	

종별	시험종목	시험방법	시험빈도	비고
갖는 공압출 염화비닐관 (KS M 3413)	편평시험		·제품규격마다	
	낙추충격			
	내열성시험			
	내전압시험			
	내연성시험			
	마찰계수시험			
	내약품성시험			
	아세톤침적시험			
경질 폴리염화비닐 시트 (KS M 3501)	겉모양, 치수	KS M ISO 11833-1	·제조회사별 ·제품규격마다	
	인장항복응력	KS M ISO 527-2		
	인장 파괴시 변형			
	인장 탄성률	KS M ISO 527-1,2		
	노치있는 시험편의 샤르피 충격강도	KS M ISO 179-1		
	비카트 연화온도	KS M ISO 306		
	가열치수 변화, 적층성	KS M 3501		
	전광선 투과율	KS M ISO 13468-1		
	내약품성	KS M ISO 11833-1		
	노치없는 시험편의 샤르피 충격강도	KS M ISO 179-1	·필요시	
	하중변형온도	KS M ISO 75-2		
	크리프 탄성율	KS M ISO 899-2		
	굴곡강도	KS M ISO 178		
	볼압입강도	ISO 2039-1		
	체적저항률	IEC 60093		
수도용 고무 (KS M 6613)	겉모양, 치수	KS M 6613	·제조회사별 ·제품규격마다	
	경도	KS M 6784		
	인장시험	KS M 6782		
	영구 신장률	KS M 6518		
	노화시험	KS M 6788		
	영구 압축 줄음률	KS M 6791		
	용해 시험	KS M 6613		
	유리황 분석	KS M 6519		
	내구성 시험	KS M 6613	·필요시	
철선 (KS D 3552)	겉모양, 치수, 무게	KS D 3552	·제조회사별 ·제품규격마다	
	굽힘시험(용접철망용)			
	비틀림시험			
	인장시험	KS B 0802		
염화비닐	겉모양	KS D 7036	·제조회사별	

종별	시험종목	시험방법	시험빈도	비고
피복철선 (KS D 7036)	인장강도	KS B 0802	·제품규격마다	
	내후성	KS F 2274		
	감기성	KS D 0201		
	박리시험	KS D 7036		
	지름, 최소피막두께			
연강용 피복아크 용접봉 (KS D 7004)	인장, 충격시험(용착금속)	KS B 0821	·제조회사별 ·제품규격마다	
	수소량(용착금속)	KS D 0064		
	굽힘시험 (용접이음쇠) 표면굽힘	KS B 0832		
	굽힘시험 (용접이음쇠) 뒷면굽힘			
체인링크 철망 (KS D 7018)	겉모양, 치수	KS D 7018	·제조회사별 ·제품규격마다	
	아연 부착량	KS D 0201		
	알루미늄 부착량	KS D 0229		
	알루미늄 피복최소두께			
	피복의 밀착성	KS D 7036		
콘크리트 구조물 보수용 폴리머시멘트모르타르 (KS F 4042)	시멘트 혼화용 폴리머 고형분	KS F 4916	·제조회사별 ·제조일부터 3월이 되어 재질의 변화가 있다고 인정되는 때 ·300톤마다	
	휨, 압축, 부착강도	KS F 4041		
	내알칼리성			
	중성화 저항성			
	투수량	KS F 4916		
	물흡수 계수	KS F 2609		
	습기투과 저항성	KS F 4716		
	염화물 이온 침투 저항성	KS F 2711		
	길이변화율	KS F 2424		
콘크리트 구조물 보수용 에폭시 수지 모르타르 (KS F 4043)	겉모양	KS F 4043	·제조회사별 ·제조일부터 3월이 되어 재질의 변화가 있다고 인정되는 때 ·300톤마다	
	휨, 압축, 부착강도	KS F 4043		
	투수	KS F 4043, F 2451		
	염화물 이온 침투저항성	KS F 2711		
	길이변화율	KS F 2424		
콘크리트 구조물 보수용 에폭시수지 (KS F 4923)	점성 점도	KS M 3705	·제조회사별 ·제품규격마다	
	점성 틱소트로픽 인덱스			
	점성 슬럼프	KS F 4923		
	접착강도	KS F 4923		
	경화수축률 액비중	KS M 3705		
	경화수축률 고체비중	KS M ISO 1183-3		
	경화수축률 경화수축률	KS F 4923		
	가열변화	KS F 4923		
	인장강도	KS M ISO 527-1		
	인장파괴시 신장률			

<table>
<tr><th>종별</th><th colspan="2">시험종목</th><th>시험방법</th><th>시험빈도</th><th>비고</th></tr>
<tr><td></td><td colspan="2">압축강도
(경질형 에폭시수지)</td><td>KS M ISO 844</td><td></td><td></td></tr>
<tr><td rowspan="10">콘크리트 보호용 도막재
(KS F 4936)</td><td rowspan="4">도막형
성후의
겉모양</td><td>촉진내후성
시험 후</td><td rowspan="3">KS F 4936</td><td rowspan="10">·제조회사별
·제품규격마다</td><td rowspan="10"></td></tr>
<tr><td>내알칼리성
시험 후</td></tr>
<tr><td>내염수성시험 후</td></tr>
<tr><td>온·냉반복
시험 후</td><td>KS F 4715</td></tr>
<tr><td colspan="2">염화물 이온 침투저항성</td><td>KS F 4936
KS F 2711</td></tr>
<tr><td colspan="2">중성화 깊이</td><td rowspan="5">KS F 4936</td></tr>
<tr><td colspan="2">투습도</td></tr>
<tr><td colspan="2">내투수성</td></tr>
<tr><td colspan="2">부착강도</td></tr>
<tr><td colspan="2">균열대응성</td></tr>
<tr><td rowspan="7">알루미늄 및
알루미늄 합금
압출형재
(KS D 6759)</td><td colspan="2">겉모양 및 치수</td><td>KS D 6759</td><td rowspan="7">.제조회사별
.제품규격마다
.1m당 3kg이하 : 1톤 또는 그 끝수마다
.1m당 3kg초과 : 2톤 또는 그 끝수마다</td><td rowspan="7"></td></tr>
<tr><td colspan="2">굽힘시험</td><td>KS B 0804</td></tr>
<tr><td colspan="2">인장강도</td><td rowspan="3">KS B 0802</td></tr>
<tr><td colspan="2">항복강도</td></tr>
<tr><td colspan="2">연신율</td></tr>
<tr><td colspan="2">경도</td><td>KS B 0811</td></tr>
<tr><td colspan="2">도전율</td><td>KS D 0240</td></tr>
<tr><td rowspan="6">알루미늄 및 알루미늄 합금 봉 및 선(KS D 6763)</td><td colspan="2">치수</td><td rowspan="2">KS D 6763</td><td rowspan="6">.제조회사별
.제품규격마다
.1m당 3kg이하 : 1톤 또는 그 끝수마다
.1m당 3kg초과 : 2톤 또는 그 끝수마다</td><td rowspan="6"></td></tr>
<tr><td colspan="2">압축시험(세로)</td></tr>
<tr><td colspan="2">인장강도</td><td rowspan="3">KS B 0802</td></tr>
<tr><td colspan="2">항복강도</td></tr>
<tr><td colspan="2">연신율</td></tr>
<tr><td colspan="2">굽힘시험(밀착굽힘)</td><td>KS B 0804</td></tr>
</table>

2. 토 목

가. 도로공사

(1) 흙 및 혼합골재

종별	시험종목	시험방법	시험빈도	비고
노체	다짐	KS F 2312	·토질변화시마다	급속함수량측정기 사용불가
	함수비	KS F 2306 또는 급속함수량 측정 방법	·포설후 다짐전 2,000세제곱미터마다	
	현장밀도	KS F 2311	·2000세제곱미터마다(폭이 넓은 광활한 지역의 성토작업시) ·층별 450미터마다(층다짐시 : 2차로기준)	급속함수량측정기 사용가능
	평판재하	KS F 2310	·3층 포설후 150미터마다(층다짐시 : 2차로기준) ·2,000세제곱미터마다(폭이 넓은 광활한 지역의 성토작업시	·재료최대치수가 37.5미리m 이상인 경우 ·현장밀도시험 불가능시
노상	다짐	KS F 2312	·토질변화시마다	급속함수량측정기 사용불가
	함수비	KS F 2306 또는 급속함수량 측정 방법	·포설 후 다짐 전 1,000세제곱미터마다	
	현장밀도	KS F 2311	·1,000세제곱미터마다(폭이 넓은 광활한 지역의 성토작업시) ·층별 400미터마다	급속함수량측정기 사용가능
	평판재하	KS F 2310	·2층 포설 후 200미터마다(층다짐시 : 2차로기준) ·1,000세제곱미터마다(폭이 넓은 광활한 지역의 성토작업시)	·재료 최대치수가 37.5㎜ 이상인 경우 ·현장밀도시험불가능시
	프루프롤링 (Proof rolling)	5톤 이상의 복륜하중(타이어접지압 0.55MPa	·노상완성 후 전구간에 걸쳐 3회 이상	

종별	시험종목	시험방법	시험빈도	비고
		(5.6kg/㎠ 이상) 통과		
동상방지층 및 보조기층	골재의 0.08밀리미터체 통과량	KS F 2511	·골재원마다 ·재질변화시마다	
	골재의 밀도 및 흡수율	KS F 2503		
	마모	KS F 2508		
	노상토지지력비(CBR)	KS F 2320		
	다짐	KS F 2312	·골재원마다 ·재질변화시마다	급속함수량시험기 사용불가
	체가름	KS F 2502	·골재원마다 ·1,000세제곱미터마다	
	두께	KS F 2367	·1일 1회 이상	
	함수비	KS F 2306 또는 급속함수량 측정방법	·골재원마다 ·포설 후 다짐 전 500세제곱미터마다	
	현장밀도	KS F 2311	·500세제곱미터마다(폭이 넓은 광활한 지역의 성토작업시) ·층별 200미터마다 : 2차로기준	급속함수량측정기 사용가능
	평판재하	KS F 2310	·선택층 및 보조기층 완성 후 100미터마다 : 2차로기준 ·500세제곱미터마다(폭이 넓은 광활한 지역의 성토작업시)	현장밀도시험 불가능시
	모래당량시험	KS F 2340	·골재원마다 ·재질변화시마다	
	프루프롤링(Proof rolling)	5톤 이상의 복륜하중(타이어접지압 0.55MPa (5.6kg/㎠ 이상)통과	·완성 후 전구간에 걸쳐 3회 이상	
시멘트안정처리기층	체가름	KS F 2502	·골재원마다 ·재질변화시마다	급속함수량측정기 사용불가
	밀도 및 흡수율 - 굵은골재	KS F 2503		
	밀도 및 흡수율 - 잔골재	KS F 2504		

종별	시험종목	시험방법	시험빈도	비고
	안정성	KS F 2507		
	마모	KS F 2508		
	연석량	KS F 2516		
	점토덩어리 함유량	KS F 2512		
	0.08밀리미터체 통과량	KS F 2511		
	모래당량	KS F 2340		
	배합설계	시방규정	·재료가 다른 배합마다	
	다짐	KS F 2312	·재질변화시마다	
	시멘트 함유량	KS F 2327		
	압축강도	KS F 2328	·1일 1회 이상	
	함수비	KS F 2306	·골재원마다 ·재질변화시마다 ·500세제곱미터마다(폭이 넓은 광활한 지역의 성토작업시)	500세제곱미터마다 하는 경우에는 급속함수량측정기 사용가능
	현장밀도	KS F 2311	·층별 200미터마다 : 2차로기준 ·500세제곱미터마다(폭이 넓은 광활한 지역의 성토작업시)	급속함수량측정기 사용가능
입도조정기층	밀도	KS F 2308	·골재원마다 ·재질변화시마다	흙
	밀도 및 흡수율	KS F 2503		굵은 골재
	안정성	KS F 2507	·골재원마다 ·재질변화시마다	급속함수량측정기 사용불가
	마모	KS F 2508		
	노상토지지력비 (CBR)	KS F 2320		
	다짐	KS F 2312		
	모래당량	KS F 2340		
	체가름	KS F 2502	·골재원마다 ·재질변화시마다 ·1,000세제곱미터마다	
	0.08밀리미터체통과량	KS F 2511		
	함수비	KS F 2306 또는 급속함수량 측정방법	·골재원마다 ·재질변화시마다 ·포설 후 다짐 전 500세제곱미터마다	
	현장밀도	KS F 2311	·500세제곱미터마다(폭이 넓은 광활한 지역의 성토작업시) ·층별 200미터마다 : 2차로기준	급속함수량측정기 사용가능

종별	시험종목	시험방법	시험빈도	비고
	평판재하	KS F 2310	·500세제곱미터마다(폭이 넓은 광활한 지역의 성토작업시) ·층별 200미터마다 : 2차로기준	현장밀도시험 불가능시
	프루프롤링 (Proof rolling)	5톤 이상의 복륜하중(타이어접지압 0.55MPa (5.6kg/㎠ 이상) 통과	·기층완성 후 전구간에 걸쳐 3회 이상	

(2) 아스팔트 포장

종별	시험종목		시험방법	시험빈도	비고
아스팔트 혼합물용 골재 (KS F 2357)	부순굵은 골재	입도	KS F 2502	·골재원마다 ·재질이 변할 때마다 ·공사개시전 1회	
		절건 밀도	KS F 2503		
		흡수율			
		안정성	KS F 2507		
		편장석률	KS F 2575		
		마모율	KS F 2507		
		파쇄면 비율	KS F 2357		
	잔골재	입도	KS F 2502		
		절건 밀도	KS F 2504		
		흡수율			
		안정성	KS F 2507		
		모래당량	KS F 2340		
		잔골재 공극률	KS F 2384		
아스팔트 콘크리트용 순환골재 (KS F 2572)	구재 아스팔트 함량		KS F 2354	·제조회사마다 ·500톤마다	
	씻기시험에서 손실되는 양		KS F 2511		
	구재 아스팔트 침입도		KS F 2381 KS M 2252		
플랜트	계량기의 눈금점검, 자동계량장치 점검		영점검사와 눈금의 정상 작동여부	·작업개시전 1회 ·필요시마다	
	아스팔트의 온도		KS F 2356	·1시간에 1회 이상	가열시
	골재의 온도				가열후
	골재의 체가름		KS F 2502	·1일 1회 이상	가열 전·후
아스팔트 포장용 채움재 (KS F 3501)	수분 함량		KS F 3501	·제조회사마다 ·반입시마다	
	입도				

<table>
<tr><th>종별</th><th colspan="2">시험종목</th><th>시험방법</th><th>시험빈도</th><th>비고</th></tr>
<tr><td rowspan="4"></td><td colspan="2">소성지수</td><td>KS F 2303</td><td rowspan="4"></td><td rowspan="4"></td></tr>
<tr><td colspan="2">흐름시험</td><td>KS F 3501</td></tr>
<tr><td colspan="2">침수팽창</td><td>KS F 3501</td></tr>
<tr><td colspan="2">박리 저항성</td><td>KS F 3501</td></tr>
<tr><td rowspan="10">도로포장용
아스팔트
(KS M 2201)</td><td colspan="2">침입도</td><td>KS M 2252</td><td rowspan="10">·2,000톤마다
·장기저장으로 재질의 변화가 있다고 판단되는 때
·제조회사별</td><td rowspan="10"></td></tr>
<tr><td colspan="2">연화점</td><td>KS M 2250</td></tr>
<tr><td colspan="2">신도</td><td>KS M 2254</td></tr>
<tr><td colspan="2">톨루엔가용분</td><td>KS M 2201</td></tr>
<tr><td colspan="2">인화점</td><td>KS M 2010</td></tr>
<tr><td rowspan="2">박막가열</td><td>질량 변화율</td><td rowspan="5">KS M 2258</td></tr>
<tr><td>침입도 잔류율</td></tr>
<tr><td rowspan="2">증발</td><td>질량 변화율</td></tr>
<tr><td>후의 침입도비</td></tr>
<tr><td colspan="2">밀도</td></tr>
<tr><td rowspan="6">컷백
아스팔트
(KS M 2202)</td><td colspan="2">인화점</td><td>KS M ISO 2592</td><td rowspan="6">·제조회사별
·제품규격마다
·반입시마다</td><td rowspan="6"></td></tr>
<tr><td colspan="2">점도</td><td>KS M 2013</td></tr>
<tr><td colspan="2">증류 시험, 증류 찌끼</td><td>KS M 2257</td></tr>
<tr><td rowspan="3">증류찌끼
시험</td><td>침입도</td><td>KS M 2257</td></tr>
<tr><td>신도</td><td>KS M 2254</td></tr>
<tr><td>톨루엔가용분</td><td>KS M 2201</td></tr>
<tr><td rowspan="7">블론 아스팔트
(KS M 2204)</td><td colspan="2">침입도</td><td>KS M 2252</td><td rowspan="7">·제조회사별
·제품규격마다
·반입시마다</td><td rowspan="7"></td></tr>
<tr><td colspan="2">연화점</td><td>KS M 2250</td></tr>
<tr><td colspan="2">신도</td><td>KS M 2254</td></tr>
<tr><td colspan="2">증발질량 변화율</td><td>KS M 2255</td></tr>
<tr><td colspan="2">침입도지수</td><td>KS M 2252</td></tr>
<tr><td colspan="2">톨루엔 가용분</td><td>KS M 2204</td></tr>
<tr><td colspan="2">인화점</td><td>KS M 2010</td></tr>
<tr><td rowspan="12">유화
아스팔트
(KS M 2203)</td><td colspan="2">앵글러도(점도)</td><td rowspan="12">KS M 2203</td><td rowspan="12">·제조회사별
·제품규격마다
·반입시마다</td><td rowspan="12">종류, 용도별 구분적용</td></tr>
<tr><td colspan="2">체잔류분 질량</td></tr>
<tr><td colspan="2">부착도</td></tr>
<tr><td colspan="2">골재 피막도</td></tr>
<tr><td colspan="2">조립도 골재혼합성</td></tr>
<tr><td colspan="2">밀입도 골재 혼합성</td></tr>
<tr><td colspan="2">흙덩어리 골재 혼합성 질량</td></tr>
<tr><td colspan="2">시멘트 혼합성 질량</td></tr>
<tr><td colspan="2">입자의 전하</td></tr>
<tr><td colspan="2">증발잔류분 질량</td></tr>
<tr><td rowspan="2">증발
잔류물</td><td>침입도</td></tr>
<tr><td>신도</td></tr>
</table>

종별	시험종목		시험방법	시험빈도	비고
		톨루엔 가용분 질량			
	저장안정도				
	동결안정도				
플랜트혼합물	혼합물 온도		온도계에 의함	·운반차량마다	
	역청함유량		KS F 2354	·1일 1회 이상	
	체가름		KS F 2502		
	마샬안정도		KS F 2337		
	피막박리		KS F 2355	·필요시마다	
혼합물의 포설	밀도		KS F 2353	·1일 1회 이상 ·포설 1층당 30아르마다	
	두께		KS F 2367		
	평탄성	종방향	KS F 2373	·차로마다 전구간	7.6m 측정기
			3.0m 측정기	·차로마다 전구간	7.6m 측정기사용 불가능시
		횡방향	직선자	·200미터마다	측정기사용 불가능시

(3) 기　타

종별	시험종목		시험방법	시험빈 도	비고
콘크리트포장	평탄성	종방향	KS F 2373	·차로마다 전구간	7.6m 측정기 또는 IRI
			3.0m 측정기	·차로마다 전구간	7.6m 측정기 사용 불가능시
		횡방향	직선자	·200미터마다	측정기사용 불가능시
미끄럼방지 포장용 골재	흡수율		KS F 2503	·골재원마다 ·재질이 변할 때마다	
	입도		KS F 2502		
	마모율		KS F 2508		
	유해물 함유량		KS F 2515		
	점토,점토괴,연한석편				
미끄럼방지 포장(수지)	프라이머	밀도(23℃)	KS M ISO 2811-1	·제조회사별 ·제품규격마다	
		점도(25℃)	KS M ISO 2555		
		VOC 함량			
		가사시간(25℃)	AASHTO T237		

종별	시험종목		시험방법	시험빈 도	비고
	레진	밀도(23°C)	KS M ISO 2811-1		
		점도(25°C)	KS M ISO 2555		
		VOC 함량			
		건조시간(경화,25°C)	KS M 5000		
		가사시간(25°C)	AASHTO T237		
		인장강도	KS M ISO 527-1		
		신율			
		촉진내후성(300시간)	KS M 5000		
	슬러리	흡수율	KS F 2476		
		마모율(50만회)	EN 1436, EN 13197		
		미끄럼저항	ASTM E303		
		건조시간(고화,25°C)	KS M 5000		
		압축강도(24시간)	ASTM C109		
		접착강도(20°C)	KS F 2476		
콘크리트 포장용 신축이음 채움재 (줄눈판) (KS F 2538)	치수, 단위무게		KS F 2471	·제조회사별 ·제품규격마다	
	압축력				
	돌출				
	돌출의 회복				
	흡수율				
	아스팔트 함유량				
	노화시험				
콘크리트 포장용 주입줄눈재	아스팔트계	콘침입도	ASTM D 6690	·제조회사별 ·제품규격마다	
		흐름성			
		접착성			
		원상회복률			
		노화시험후회복률			
		아스팔트 호환성			
	실리콘계	유동성	ASTM D 2202		
		성형율	ASTM C 1183		
		불 점착성	ASTM C 679		
		접착성	ASTM D 5893		
		경도	ASTM C 661		
		흐름성	ASTM D 5893		
		최대신장율	ASTM D 412(C)		
		인장력			
		촉진내후성	ASTM C 793		
		복원력	ASTM D 5893		
		줄눈움직임허용치	ASTM C 7 19-93		

종별	시험종목		시험방법	시험빈 도	비고
포장용 콘크리트 평판 (KS F 4001)	모르타르 층 평판	모양 및 치수	KS F 4001	·제조회사별 ·종류 및 호칭을 달리할 때 1,000개 또는 그 단수마다	
		휨강도 하중			
		휨강도			
		흡수율			
		투수계수			
		표면층 두께			
	인조석 층평판	모양 및 치수			
		휨강도 하중			
		휨강도			
		흡수율			
		표면층 두께			
투수성 아스팔트 혼합물 (KS F 2385)	안정도		KS F 2385	·제조회사별 ·1일 1회 이상	
	흐름값				
	공극률				
	투수계수				
보·차도용 콘크리트 인터로킹 블록 (KS F 4419)	보통 블록	겉모양 및 치수	KS F 4419	·제조회사별 ·10,000개 미만 :5개 ·10,000개 이상 100,000개 미만:10개 ·100,000개 초과 :50,000개마다 5개씩 추가	
		휨강도			
		흡수율			
		유색층 두께			
	투수성 블록	겉모양 및 치수			
		휨강도			
		투수계수			
		유색층 두께			
보차도 포장용 판석 (KS F 2530-1)	겉모양, 모양 및 치수		KS F 2530-1	·제조회사별 ·10,000개 미만 :5개 ·10,000개 이상 100,000개 미만 :10개 ·100,000개 초과 :50,000개마다 5개씩 추가	
	휨강도				
	흡수율				
콘크리트 경계블록 (보·차도용) (KS F 4006)	겉모양, 모양 및 치수		KS F 4006	·제조회사별 ·호칭 및 길이를 달리할 때 1,000매 또는 그 단수마다	
	휨강도				
	흡수율				
	표면층 두께				

종별	시험종목		시험방법	시험빈 도	비고
도로표지용 도료 (KS M 6080)	1종 (상온형), 2종 (수용성), 3종 (가열형)	용기내에서의 상태	KS M 5000-2011	·제조회사별 ·제품규격마다	
		불점착 건조성	KS M 6080		
		열안정성			
		도막의 겉모양			
		45도,0도 확산반사율			
		은폐율			
		블리딩성,내마모성			
		촉진 내후성			
		내수성,내알칼리성			
		냉동안정성			
		비휘발분	KS M ISO 3251		
		안료분	KS M 5000-2111		
		내세척성	KS M 5000-3351		
		색상	KS M 5000-3011		
		납, 카드뮴	KS M 6080		
	4종 (융착식)	밀도, 연화점	KS M 6080		
		불점착 건조성			
		도막의 겉모양			
		황색도	KS M 5000-3211		
		45도,0도 확산반사율	KS M 5000-3121		
		내마모성,압축강도	KS M 6080		
		내알칼리성			
		비휘발분	KS M ISO 3251		
		촉진내후성	KS M 6080		
		납, 카드뮴			
		비휘발전색제분			
		색상	KS M 5000-3011		
		열안정성	KS M 6080		
		유리알 함유량			
		유리알 겉모양, 모양			
도로표지 도료용 유리알 (KS L 2521)	밀도, 입도		KS F 4419	·제조회사별 ·제품규격마다	
	겉모양				
	굴절률, 내구성				
교량지지용 탄성받침 (KS F 4420)	재료	인장강도	KS M 6518	·제조회사별 ·제품규격마다	
		파단신장률			
		인열저항	KS M ISO 34-1,2		
		영구압축줄음	KS M 6518		
		촉진노화			
		오존저항			

종별	시험종목			시험방법	시험빈 도	비고
	완제품	전단 응력	대기온도	KS F 4420		
			저온			
			노화후			
		전단 부착	대기온도			
			노화후			
		압축강도				
		반복압축재하				
		정적 회전	복원모멘트			
			편심재하			
		오존저항				
교량 지지용 포트받침 (KS F 4424)	고무판	인장강도		KS F 4424	·제조회사별 ·제품규격마다	
		신장률				
		경도				
		노화후	경도변화			
			인장강도변화율			
			신장률 변화율			
		압축영구줄음율				
		오존균열시험				
	PTPE 판	인장강도				
		신장률				
		밀도				
	완제품	재하시험				
		내구성시험				
교량용 신축 이음장치	고무	인장시험		KS F 4425	·제조회사별 ·제품규격마다	
		경도시험				
		인열시험				
		노화시험				
		압축영구 줄음율 시험				
		오존균열 시험				
	강재	항복점 또는 내력		KS D 3503		
		인장강도				
		연신율				
		굽힘성				
	제품	수축신장시험		KS F 4425		
		피로반복시험				
PC콘	인장 및 압축			해당 공사시방서	·제조회사별 ·제품규격마다	

<table>
<tr><th>종별</th><th colspan="2">시험종목</th><th>시험방법</th><th>시험빈 도</th><th>비고</th></tr>
<tr><td rowspan="7">폴리염화비닐 지수판
(KS M 3805)</td><td colspan="2">겉모양, 치수</td><td rowspan="7">KS M 3805</td><td rowspan="7">·제조회사별
·제품규격마다</td><td rowspan="7"></td></tr>
<tr><td colspan="2">밀도</td></tr>
<tr><td colspan="2">경도</td></tr>
<tr><td colspan="2">인장강도 및 인장변형</td></tr>
<tr><td colspan="2">노화성</td></tr>
<tr><td colspan="2">내약품성</td></tr>
<tr><td colspan="2">유연온도</td></tr>
<tr><td rowspan="5">이중벽 고밀도 폴리에틸렌관
(KS M 3500)</td><td colspan="2">겉모양, 치수</td><td rowspan="5">KS M 3500</td><td rowspan="5">·제조회사별
·제품규격마다</td><td rowspan="5"></td></tr>
<tr><td colspan="2">원강성계수</td></tr>
<tr><td colspan="2">편평시험</td></tr>
<tr><td colspan="2">연결부 수밀시험</td></tr>
<tr><td colspan="2">회분</td></tr>
<tr><td rowspan="21">터널용 방수시트</td><td rowspan="9">합성고분자계</td><td>겉모양, 치수</td><td rowspan="9">KS F 4911</td><td rowspan="21">·제조회사별
·제품규격마다
·7,000제곱미터마다
·재질변화시마다</td><td rowspan="9"></td></tr>
<tr><td>인장성능</td></tr>
<tr><td>인열성능</td></tr>
<tr><td>온도 의존성</td></tr>
<tr><td>가열신축성상</td></tr>
<tr><td>열화처리후의 인장성능</td></tr>
<tr><td>신장시의 열화성상</td></tr>
<tr><td>접합성상</td></tr>
<tr><td>접합인장성능
(복합시트 경우)</td></tr>
<tr><td rowspan="12">개량아스팔트</td><td>겉모양</td><td rowspan="12">KS F 4917</td><td rowspan="12"></td></tr>
<tr><td>치수 및 제품의 단위 면적무게</td></tr>
<tr><td>인장강도</td></tr>
<tr><td>신장률</td></tr>
<tr><td>항장적</td></tr>
<tr><td>인열성능</td></tr>
<tr><td>내열성능</td></tr>
<tr><td>내피로성능</td></tr>
<tr><td>치수안정성</td></tr>
<tr><td>접합성능</td></tr>
<tr><td>내움푹패임 성능</td></tr>
<tr><td>굴곡성능(무처리,가열후)</td></tr>
<tr><td rowspan="3">교면용 방수시트(KS F 4931)</td><td colspan="2">전단 접착 성능</td><td rowspan="3">KS F 4931</td><td rowspan="3">·제조회사별
·제품규격별</td><td rowspan="3"></td></tr>
<tr><td colspan="2">인장 접착 강도</td></tr>
<tr><td colspan="2">내투수성</td></tr>
</table>

종별	시험종목	시험방법	시험빈 도	비고
	내열 치수 안정성			
	저온 굴곡성			
	접합 강도			
	내피로성			
	내균열성			
	염화 이온 침투	KS F 2711		
	인장 성능	KS F 4917		
	내움푹 패임 성능			
	치수			
교면용 도막 방수재 (KS F 4932)	겉모양	KS F 4932	·제조회사별 ·제품규격별	
	전단 접착 성능			
	인장 접착 강도			
	내투수성			
	내열 치수 안정성			
	내피로성			
	내균열성			
	작업성	KS M 5000-2421		
	불휘발분	KS M ISO 3251		
	지촉 건조 시간	KS M 5000-2511		
	인장 성능	KS F 3211		
	염화 이온 침투 저항성	KS F 2711		
	내움푹 패임 성능	KS F 4917		

나. 수공구조물공사

종별	시험종목	시험방법	시험빈도	비고
흙댐, 용수로, 배수로용 일반 성토 및 표토	함수비	KS F 2306 또는 급속함수량 측정 방법	·함수량 변화시마다	
	다짐	KS F 2312	·토질변화시마다	급속함수량 측정기 사용 불가
	현장밀도	KS F 2311	·토량 10,000세제곱미터마다 ·매층마다 ·용·배수로의 간선은 길이 200미터마다	급속함수량 측정기 사용 가능

<table>
<tr><th>종별</th><th>시험종목</th><th>시험방법</th><th>시험빈도</th><th>비고</th></tr>
<tr><td></td><td>투수</td><td>KS F 2322</td><td>·토질변화시마다</td><td></td></tr>
<tr><td rowspan="5">축제성토공</td><td>다짐</td><td>KS F 2312</td><td>·재질변화시마다</td><td>급속함수량 측정기 사용 불가</td></tr>
<tr><td>현장밀도 또는 포화도(점질토)</td><td>KS F 2311</td><td>·각 층별 1회 이상
·층별 500미터마다. 다만, 토량이 1,000세제곱미터 미만인 공사는 1회 이상</td><td>급속함수량 측정기 사용 가능</td></tr>
<tr><td>함수비</td><td>KS F 2306 또는 급속함수량 측정방법</td><td>·강우 후 또는 함수량 변화시마다</td><td></td></tr>
<tr><td>투수</td><td>KS F 2322</td><td>·토질변화시마다</td><td></td></tr>
<tr style="display:none"></tr>
<tr><td rowspan="4">흙댐의 중심점토</td><td>함수비</td><td>KS F 2306 또는 급속함수량 측정방법</td><td>·토량 300세제곱미터마다</td><td></td></tr>
<tr><td>다짐</td><td>KS F 2312</td><td>·토질변화시마다</td><td>급속함수량 측정기 사용 불가</td></tr>
<tr><td>현장밀도</td><td>KS F 2311</td><td>·토량 300세제곱미터마다
·매층마다</td><td>급속함수량 측정기 사용 가능</td></tr>
<tr><td>투수</td><td>KS F 2322</td><td>·토질변화시마다</td><td></td></tr>
<tr><td>호안용 블록(콘크리트 및 모르터)</td><td>압축강도</td><td>KS F 2405 또는 시편제작</td><td>·5,000매마다</td><td>·시편을 채취하여 시험(1:1:1비율로 제작)</td></tr>
<tr><td rowspan="4">아연도 철선(돌망태 포함)</td><td>모양, 치수</td><td rowspan="4">해당 공사시방서</td><td rowspan="4">·제조회사별
·제품규격별 10톤마다</td><td rowspan="4"></td></tr>
<tr><td>겉모양</td></tr>
<tr><td>아연 부착량</td></tr>
<tr><td>알루미늄 피복 두께</td></tr>
</table>

3. 건 축

가. 조적공사

종별	시험종목	시험방법	시험빈도	비고
콘크리트벽돌 (KS F 4004)	겉모양	KS F 4004	·제품 100,000매당	
	치수			
	기건 비중			
	압축 강도			
	흡수율			
점토벽돌 (KS L 4201)	겉모양	KS L 4201	·제품 50,000매당	
	치수			
	흡수율			
	압축강도			
내화 점토질 벽돌 (KS L 3201)	모양, 치수	KS L 3104	·제품 30,000매당	
	내화도	KS L 3113		
	압축 강도	KS L 3115-1		
	잔존 선팽창 수축률	KS L 3117		
	하중 연화점	KS L 3119		
고알루미나질 내화벽돌 (KS L 3205)	모양, 치수	KS L 3104	·제품 30,000매당	
	내화도	KS L 3113		
	압축 강도	KS L 3115-1		
	잔존 선팽창 수축률	KS L 3117		
	화학 성분	KS L ISO 26845		
내화단열벽돌 (KS L 3301)	열전도율	KS L 3121	·제품 30,000매당	
	겉모양	KS L 3301		
	재가열수축률 2%를 초과하지 않는 온도	KS L 3303		
	부피비중	KS L 3304		
	압축강도	KS L 3305		
연소재벽돌 (KS L 8520)	겉모양 및 치수	KS L 8520	·제품 10,000매당	
	압축강도			
	흡수율			
속빈콘크리트블록 (KS F 4002)	겉모양 및 치수	KS F 4002	·제품 10,000매당	
	기건비중			
	압축 강도			
	흡수율			
치장콘크리트	겉모양 및 치수	KS F 4038	·제품 3,000매당	

종별	시험종목	시험방법	시험빈도	비고
블록 (KS F 4038)	압축강도			
	흡수율			
	투수성			
경량기포 콘크리트블록 (KS F 2701)	겉모양 및 치수	KS F 2701	·제품 1,000매당	
	절건비중			
	압축강도			
	단열성 시험	KS F 2277		
속빈유리블록 (KS F 4903)	겉모양 및 치수	KS F 4903	·제품 1,000매당	
	비틀림			
	압축강도			
	열 충격성			
	알칼리 용출량	KS L 2301		
	열관류 저항	KS F 2277		

나. 방수공사

종별	시험종목	시험방법	시험빈도	비고
시멘트계 액체형 방수제 (KS F 4925)	안정성	KS F 4925	·제조회사별 ·제품규격별	
	투수비			
	부착 강도			
	물흡수 계수	KS F 2609		
	응결 시간	KS L 5103		
	압축 강도	KS L 5105		
건설용 도막방수재 (KS F 3211)	인장성능	KS F 3211	·제조회사별 ·제품규격별	
	인열 성능			
	온도 의존성			
	가열 신축 성상			
	열화 처리 후 인장성능			
	신장시 열화 성상			
	부착 성능			
	내피로 성능			
	흘러내림 저항			
	고형분			
폴리우레아 수지 도막 방수재	도포 작업성, 지촉 건조 시간	KS F 4922	·제조회사별 ·제품규격별	
	겉모양			
	인장 성능			

종별	시험종목	시험방법	시험빈도	비고
(KS F 4922)	인열 성능			
	온도 의존성			
	가열 신축 성상			
	열화 처리 후 인장성능			
	신장시 열화 성상			
	부착 성능			
	내피로성			
	고형분	KS M ISO 3251		
아스팔트 펠트 (KS F 4901)	겉모양, 치수 및 질량	KS F 4901	·제조회사별 ·제품규격별	
	제품 단위면적질량			
	원지 단위면적질량			
	원지에 대한 아스팔트 침투율			
	인장 성능			
	굴곡 성능			
	아스팔트 침투 상황			
	가열 감량			
아스팔트 루 핑 (KS F 4902)	겉모양, 치수 및 질량	KS F 4902	·제조회사별 ·제품규격별	
	제품 단위면적질량			
	원지 단위면적질량			
	원지에 대한 아스팔트 침투율			
	피복물의 단위면적질량			
	피복물의 회분			
	인장 성능			
	굴곡 성능			
	아스팔트 침투 상황			
	내열 성능			
아스팔트 싱글 (KS F 4750)	겉모양 및 치수	KS F 4750	·제조회사별 ·제품규격별	
	제품 단위 질량			
	심재 단위 질량			
	피복물의 단위면적질량			
	아스팔트 단위면적질량			
	심재에 대한 아스팔트 침투율			
	인열 성능			
	아스팔트 침투 상황			
	굴곡 성능			
	내열 성능			
	표면 광물질 손실량			
	촉진 내후 성능	KS F 2274		

종별	시험종목	시험방법	시험빈도	비고
합성 고분자계 방수시트 (KS F 4911)	겉모양, 치수	KS F 4911	·제조회사별 ·제품규격별	
	인장성능			
	인열성능			
	온도 의존성			
	가열신축성상			
	열화처리후의 인장성능			
	신장시의 열화성상			
	접합성상			
	접합인장성능(복합시트 경우)			
개량 아스팔트 방수시트 (KS F 4917)	겉모양	KS F 4917	·제조회사별 ·제품규격별	
	치수 및 제품의 단위면적무게			
	인장강도			
	신장률			
	항상석			
	인열성능			
	내열성능			
	내피로성능			
	치수안정성			
	접합성능			
	내움푹패임 성능			
	굴국성능(무처리,가열후)			
수팽창성 벤토나이트 방수시트 (KS M 3736)	겉모양 및 치수	KS M 3736	·제조회사별 ·제품규격별 ·5,000제곱미터 마다	
	단위면적무게			
	낙구 충격성			
	벤토나이트 혼합물 부피 팽창률			
	누수(정수압)			
	인장강도, 신장률 및 인열 강도			
자착식형 고무화 아스팔트 방수시트 (KS F 4934)	겉모양 및 치수	KS F 4934	·제조회사별 ·제품규격별	
	인장 성능			
	인열 성능			
	온도 의존성			
	굴곡 저항 성능			
	접합 안정 성능			
	부착 성능			
	내움푹 패임 성능			
	내피로성			
규산질계 분말형 도포방수재	겉모양	KS F 4918	·제조회사별 ·제품규격별	

<table>
<tr><th>종별</th><th colspan="2">시험종목</th><th>시험방법</th><th>시험빈도</th><th>비고</th></tr>
<tr><td rowspan="5">(KS F 4918)</td><td colspan="2">부착강도</td><td rowspan="4"></td><td rowspan="5"></td><td rowspan="5"></td></tr>
<tr><td colspan="2">내잔갈림성</td></tr>
<tr><td colspan="2">흡수량</td></tr>
<tr><td colspan="2">압축강도</td></tr>
<tr><td colspan="2">부착강도</td><td>KS F 4715</td></tr>
<tr><td rowspan="9">시멘트 혼입 폴리머계 방수재
(KS F 4919)</td><td colspan="2">겉모양</td><td rowspan="8">KS F 4919</td><td rowspan="9">·제조회사별
·제품규격별</td><td rowspan="9"></td></tr>
<tr><td colspan="2">내잔갈림성</td></tr>
<tr><td colspan="2">흡수량</td></tr>
<tr><td colspan="2">인장강도, 신장률</td></tr>
<tr><td colspan="2">내투수성</td></tr>
<tr><td colspan="2">습기 투과성</td></tr>
<tr><td colspan="2">내균열성</td></tr>
<tr><td colspan="2">내알칼리성</td></tr>
<tr><td colspan="2">부착강도</td><td>KS F 4715</td></tr>
<tr><td rowspan="6">액상형
흡수방지재
(KS F 4930)</td><td colspan="2">침투 깊이</td><td rowspan="3">KS F 4930</td><td rowspan="6">·제조회사별
·제품규격별</td><td rowspan="6"></td></tr>
<tr><td colspan="2">내투성 성능</td></tr>
<tr><td colspan="2">염화 이온 침투 저항성능</td></tr>
<tr><td colspan="2">내흡수 성능</td><td>KS F 2609</td></tr>
<tr><td colspan="2">용출 저항 성능</td><td>KS F 4811</td></tr>
<tr><td colspan="2">인화점</td><td>KS M 2010</td></tr>
<tr><td rowspan="12">콘크리트용 에폭시수지계 방수·방식재
(KS F 4921)</td><td rowspan="6">도료</td><td>혼합성</td><td>KS F 4921</td><td rowspan="12">·제조회사별
·제품규격별</td><td rowspan="12"></td></tr>
<tr><td>용기내 상태</td><td>KS M 5000-2011</td></tr>
<tr><td>도포 작업성</td><td>KS M 5000-2421</td></tr>
<tr><td>경화 건조 시간</td><td>KS M 5000-2511</td></tr>
<tr><td>고형분</td><td>KS M 5000-2111, 2112, KS M ISO3251</td></tr>
<tr><td>에폭시수지 성분 함량</td><td>KS M 5000-4332</td></tr>
<tr><td rowspan="6">도막</td><td>겉모양</td><td rowspan="2">KS F 4921</td></tr>
<tr><td>저온·고온 반복</td></tr>
<tr><td>부착강도</td><td rowspan="2">KS F 4716</td></tr>
<tr><td>내충격성</td></tr>
<tr><td>투수성</td><td>KS F 4925</td></tr>
<tr><td>용출성(탁도,색도,냄새 등)</td><td>KS D 8502</td></tr>
<tr><td rowspan="6">방수공사용 아스팔트
(KS F 4052)</td><td colspan="2">침입도</td><td>KS M 2252</td><td rowspan="6">·제조회사별
·제품규격별</td><td rowspan="6"></td></tr>
<tr><td colspan="2">인화점</td><td>KS M 2010</td></tr>
<tr><td colspan="2">연화점</td><td>KS M 2250</td></tr>
<tr><td colspan="2">증발질량 변화율</td><td>KS M 2255</td></tr>
<tr><td colspan="2">트리클로로에탄 가용분</td><td>KS M 2256</td></tr>
<tr><td colspan="2">침입도지수</td><td>KS M 2252</td></tr>
</table>

다. 단열·보온공사

<table>
<tr><th>종별</th><th>시험종목</th><th>시험방법</th><th>시험빈도</th><th>비고</th></tr>
<tr><td rowspan="7">발포폴리
스티렌단열재
(KS M 3808)</td><td>겉모양, 치수, 밀도</td><td rowspan="4">KS M 3808</td><td rowspan="7">·시공면적 1,000제곱미터마다
·1,000매마다</td><td rowspan="7"></td></tr>
<tr><td>굴곡 강도</td></tr>
<tr><td>흡수량</td></tr>
<tr><td>연소성</td></tr>
<tr><td>초기 열전도율</td><td>KS L 9016</td></tr>
<tr><td>장기 열전도율</td><td>KS M ISO 11561</td></tr>
<tr><td>압축 강도</td><td>KS M ISO 844</td></tr>
<tr><td rowspan="5">발포폴리 에틸렌보온재
(KS M 3862)</td><td>겉모양 및 치수</td><td rowspan="4">KS M 3862</td><td rowspan="5">·시공면적 1,000제곱미터마다
·1,000매마다</td><td rowspan="5"></td></tr>
<tr><td>인장 강도</td></tr>
<tr><td>흡수량</td></tr>
<tr><td>두께 수축률</td></tr>
<tr><td>열전도율</td><td>KS L 9016</td></tr>
<tr><td rowspan="5">인조광섬유 단열재
(KS L 9102)</td><td>겉모양, 치수, 밀도</td><td rowspan="4">KS L 9102</td><td rowspan="5">·시공면적 1,000제곱미터마다
·1,000매마다</td><td rowspan="5"></td></tr>
<tr><td>열간 수축 온도</td></tr>
<tr><td>섬유 평균 굵기(미네랄울)</td></tr>
<tr><td>입자 함유율(미네랄울)</td></tr>
<tr><td>열 전도율</td><td>KS L 9016</td></tr>
<tr><td rowspan="6">방수성펄라이트
보온재
(KS F 4714)</td><td>겉모양 및 치수</td><td rowspan="5">KS F 4714</td><td rowspan="6">·시공면적 1,000제곱미터마다
·1,000매마다</td><td rowspan="6"></td></tr>
<tr><td>밀도</td></tr>
<tr><td>휨 강도</td></tr>
<tr><td>선 수축률</td></tr>
<tr><td>발수도</td></tr>
<tr><td>열전도율</td><td>KS L 9016</td></tr>
<tr><td rowspan="9">경질폴리우레탄
폼 단열재
(KS M 3809)</td><td>겉모양 및 치수</td><td rowspan="4">KS M 3809</td><td rowspan="9">·시공면적 1,000제곱미터마다
·1,000매마다</td><td rowspan="9"></td></tr>
<tr><td>흡수량</td></tr>
<tr><td>투습계수</td></tr>
<tr><td>녹</td></tr>
<tr><td>겉보기 밀도</td><td>KS M ISO 845</td></tr>
<tr><td>열전도율</td><td>KS L 9016</td></tr>
<tr><td>굴곡 강도</td><td>KS M ISO 1209-1</td></tr>
<tr><td>압축 강도</td><td>KS M ISO 844</td></tr>
<tr><td>연소성</td><td>KS M ISO 9772</td></tr>
<tr><td rowspan="3">단열 모르타르
(KS F 4040)</td><td>열전도율</td><td>KS L 9016</td><td rowspan="3">·시공면적 1,000제곱미터마다</td><td rowspan="3"></td></tr>
<tr><td>부착강도</td><td>KS F 4716</td></tr>
<tr><td>길이 변화율</td><td>KS F 2424</td></tr>
</table>

라. 유리공사

종별	시험종목		시험방법	시험빈도	비고
강화유리 (KS L 2002)	겉모양 및 치수		KS L 2002	·제조회사별 ·제품규격별	무늬, 플로트, 열선 반사 강화유리
	만곡				
	낙구 충격 파괴 강도				
	파쇄시험				
	쇼트백 충격 특성				
	내광성, 내마모성, 내산성		KS L 2014	·제조회사별 ·제품규격별	열선반사강화유리
	내알칼리성				
복층유리 (KS L 2003)	겉모양 및 치수		KS L 2003	·제조회사별 ·제품규격별	단열, 태양열 차폐 복층유리
	이슬점				
	봉착의 가속 내구성				
	광학박막성능의 가속내구성				
	열 관류 저항(단열성)		KS L 2525		
	태양열 제거율(차폐성)		KS L 2514		태양열차폐복층유리
망판 유리 (KS L 2006)	겉모양 및 치수		KS L 2006	·제조회사별 ·제품규격별	
	방화성				
접합유리 (KS L 2004)	평면접합유리	겉모양 및 치수	KS L 2004	·제조회사별 ·제품규격별	
		만곡, 내열성			
		낙구 충격시험			
		쇼트백 충격 특성			
		내광성	KS L 2007		
	곡면접합유리	겉모양	KS L 2004	·제조회사별 ·제품규격별	
		내열성			
		쇼트백 충격특성			
		내광성	KS L 2007		
열선흡수 판유리 (KS L 2008)	플로트 판유리, 마판유리	겉모양, 치수	KS L 2012	·제조회사별 ·제품규격별	
		기포, 이물질			
		점상 결점 밀집도			
		선상·대상 결점			
		흠, 파상, 잔금			
		절단면 결점			
	태양열 취득율(5mm)		KS L 2008, L 2514		
	망판유리 선판유리	겉모양 및 치수	KS L 2006		
		방화성			
열선반사유리 (KS L 2014)	겉모양 및 치수		KS L 2014	·제조회사별 ·제품규격별	

<table>
<tr><th>종별</th><th>시험종목</th><th>시험방법</th><th>시험빈도</th><th>비고</th></tr>
<tr><td rowspan="3"></td><td>내광성, 내산성</td><td rowspan="2"></td><td rowspan="3"></td><td rowspan="3"></td></tr>
<tr><td>내마모성, 내알칼리성</td></tr>
<tr><td>태양열 차폐성</td><td>KS L 2514</td></tr>
<tr><td rowspan="2">배강도유리
(KS L 2015)</td><td>겉모양 및 치수</td><td rowspan="2">KS L 2015</td><td rowspan="2">·제조회사별
·제품규격별</td><td rowspan="2"></td></tr>
<tr><td>휨, 표면압축응력</td></tr>
</table>

마. 창호공사

<table>
<tr><th>종별</th><th colspan="2">시험종목</th><th>시험방법</th><th>시험빈도</th><th>비고</th></tr>
<tr><td rowspan="4">창호 목제 틀재
(KS F 3108)</td><td colspan="2">겉모양 및 치수</td><td rowspan="2">KS F 3108</td><td rowspan="4">·제조회사별
·제품규격별</td><td rowspan="4"></td></tr>
<tr><td colspan="2">휨 강도</td></tr>
<tr><td colspan="2">함수율</td><td>KS F 2199</td></tr>
<tr><td colspan="2">방부, 방충 처리</td><td>KS M 1701</td></tr>
<tr><td rowspan="13">문세트
(KS F 3109)</td><td colspan="2">치수</td><td>KS F 3109, KS F 1515</td><td rowspan="13">·제조회사별
·제품규격별</td><td rowspan="13"></td></tr>
<tr><td colspan="2">비틀림 강도</td><td>KS F 3109</td></tr>
<tr><td colspan="2">연직 하중 강도</td><td>KS F 2631</td></tr>
<tr><td colspan="2">개폐력</td><td>KS F 2237</td></tr>
<tr><td colspan="2">개폐 반복성</td><td>KS F 4534</td></tr>
<tr><td colspan="2">내충격성</td><td>KS F 2236</td></tr>
<tr><td colspan="2">내풍압성</td><td>KS F 2296</td></tr>
<tr><td colspan="2">기밀성</td><td>KS F 2292</td></tr>
<tr><td colspan="2">수밀성</td><td>KS F 2293</td></tr>
<tr><td colspan="2">방음성</td><td>KS F 10140-1</td></tr>
<tr><td colspan="2">단열성</td><td>KS F 2278</td></tr>
<tr><td colspan="2">내화성</td><td>KS F 2268-1</td></tr>
<tr><td colspan="2">차연성</td><td>KS F 2846</td></tr>
<tr><td rowspan="9">창세트
(KS F 3117)</td><td colspan="2">치수</td><td>KS F 3117, KS F 1515</td><td rowspan="4">·제조회사별
·제품규격별</td><td rowspan="4"></td></tr>
<tr><td colspan="2">개폐력</td><td>KS F 2237</td></tr>
<tr><td rowspan="2">개폐 반복성</td><td>스윙 창세트</td><td>KS F 3109</td></tr>
<tr><td>슬라이딩 창세트</td><td>KS F 4534</td></tr>
<tr><td colspan="2">내풍압성</td><td>KS F 2296</td><td rowspan="5">·제조회사별
·제품규격별</td><td rowspan="5">목제 창세트는 제외</td></tr>
<tr><td colspan="2">기밀성</td><td>KS F 2292</td></tr>
<tr><td colspan="2">수밀성</td><td>KS F 2293</td></tr>
<tr><td colspan="2">손잡이대 강도
(슬라이딩 창세트)</td><td>KS F 2239</td></tr>
<tr><td colspan="2">방음성</td><td>KS F 10140-1</td></tr>
</table>

종별	시험종목	시험방법	시험빈도	비고
	단열성	KS F 2278		
	함수율	KS F 2199	·제조회사별 ·제품규격별	목제 창세트에만 적용
합성수지 창호형형재 (KS F 5602)	겉모양, 치수 및 질량	KS F 5602	·제조회사별 ·제품규격별	
	저온 추 낙하 강도			
	가열 변형			
	가열 신축성			
	냉열 반복			
	색차	KS M ISO 147282		
	경도	KS M ISO 2039-2		
	인장강도 및 신장률	KS M ISO 527-1		
	굴곡 탄성률	KS M ISO 178		
	충격 강도	KS M ISO 179-1		
	비카 연화 연도	KS M ISO 306		
	내연소성(흰색형재)	KS M 3015		
	내후성 - 샤르피 충격강도	KS F 2274 KS M ISO 179-1		
	내후성 - 변퇴색	KS F 2274, KS F 5602		
경첩 (KS F 4519)	겉모양	KS F 4519	·제조회사별 ·제품규격별	
	인장 내구성			
	내구성	KS F 2275		

바. 마감공사(지붕· 목공사 포함)

종별	시험종목	시험방법	시험빈도	비고
보통합판 (KS F 3101)	겉모양 및 치수	KS F 3101	·제조회사별 ·제품규격별	
	접착력 - 인장전단			
	접착력 - 침지박리			
	함수율			
	밀도			
	붕소 화합물 흡수량			
	폭심, 페니트로티온 흡수량			
	흡습성			
	난연성			
	폼알데하이드 방산량	KS M 1998		
구조용 집성재 (KS F 3021)	겉모양 및 치수	KS F 3021	·제조회사별 ·제품규격별	

종별	시험종목		시험방법	시험빈도	비고
	접착 강도				
	휨성능				
	인장성능				
	함수율		KS F 2199		
플로어링 보드 (KS F 3103)	겉모양 및 치수		KS F 3103	·제조회사별 ·제품규격별	
	함수율				
	휨강도				
	방부 처리	침윤도			
		흡수량			
천연무늬목 치장마루판 (KS F 3111)	겉모양, 치수 및 직각도		KS F 3111	·제조회사별 ·제품규격별	
	습열성				
	내한성				
	내열성				
	내오염성				
	내산성				
	내알칼리성				
	내시너성				
	내마모성				
	내변퇴색성				
	도막 밀착력(테이프시험)				
	접착성		KS F 3101		
	함수율				
	흡수 두께 팽창률		KS F 3200		
	치수 변화율		KS F 3126		
	휨 강도, 습윤시 휨 강도		KS F 3200		
	평면 인장 강도		KS F 3104		
	실내공기 오염물질 방출량 (총휘발성유기화합물, 톨루엔, 폼알데하이드)		KS M 1998 또는 실내공기질 공정시험기준 (환경부고시)	·필요시	
섬유판 (KS F 3200)	연질판	겉모양,치수,직각도	KS F 3200	·제조회사별 ·제품규격별	용도 및 접착제 등에 따라 구분 적용
		밀도			
		함수율			
		휨 강도			
		흡수 두께 팽창률			
		단열성(열저항)	KS F 2277		
		난연성	KS F 2271	·필요시	
	중밀도판	겉모양, 치수, 직각도	KS F 3200 KS F 3200	·제조회사별 ·제품규격별	

<table>
<tr><th>종별</th><th colspan="2">시험종목</th><th>시험방법</th><th>시험빈도</th><th>비고</th></tr>
<tr><td rowspan="24"></td><td rowspan="8"></td><td>밀도, 함수율</td><td rowspan="6"></td><td rowspan="7"></td><td rowspan="24"></td></tr>
<tr><td>휨 강도</td></tr>
<tr><td>습윤시 휨강도</td></tr>
<tr><td>흡수 두께 팽창률</td></tr>
<tr><td>박리 강도</td></tr>
<tr><td>나사못 유지력</td></tr>
<tr><td>폼알데하이드방산량</td><td>KS M 1998</td></tr>
<tr><td>난연성</td><td>KS F 2271</td><td>·필요시</td></tr>
<tr><td rowspan="16">경질판</td><td>겉모양,치수,직각도</td><td rowspan="2">KS F 3200</td><td rowspan="15">·제조회사별
·제품규격별</td></tr>
<tr><td>밀도, 함수율</td></tr>
<tr><td>휨파괴 하중</td><td>KS F 2263</td></tr>
<tr><td>휨 강도, 흡수율</td><td rowspan="3">KS F 3200</td></tr>
<tr><td>흡수 길이 변화율</td></tr>
<tr><td>못 역인발 저항</td></tr>
<tr><td>평면 인장 강도</td><td rowspan="4">KS F 3200</td></tr>
<tr><td>내충격성</td></tr>
<tr><td>내산성,내알칼리성</td></tr>
<tr><td>내오염성</td></tr>
<tr><td>내변퇴색성</td><td>KS M 3072</td></tr>
<tr><td>내긁힘성</td><td rowspan="3">KS F 3200</td></tr>
<tr><td>도막부착성</td></tr>
<tr><td>내세척성</td></tr>
<tr><td>내후성</td><td>KS F 2274</td></tr>
<tr><td>난연성</td><td>KS F 2271</td><td>·필요시</td></tr>
<tr><td rowspan="13">파티클보드
(KS F 3104)</td><td rowspan="10">바탕, 단판
붙임</td><td>겉모양,치수,직각도</td><td rowspan="7">KS F 3104</td><td rowspan="8">·제조회사별
·제품규격별</td><td rowspan="13">접착제 종류에 따라 구분 적용</td></tr>
<tr><td>밀도, 함수율</td></tr>
<tr><td>휨강도</td></tr>
<tr><td>습윤시 휨 강도</td></tr>
<tr><td>흡수 두께 팽창률</td></tr>
<tr><td>박리 강도</td></tr>
<tr><td>나사못 유지력</td></tr>
<tr><td>폼알데하이드방산량</td><td>KS M 1998</td></tr>
<tr><td>난연성</td><td>KS F 2271</td><td>·필요시</td></tr>
<tr><td>단열성(열저항)</td><td>KS F 2277</td><td>·필요시</td></tr>
<tr><td rowspan="3">치장</td><td>겉모양,치수,직각도</td><td rowspan="3">KS F 3104</td><td rowspan="3">·제조회사별
·제품규격별</td></tr>
<tr><td>밀도</td></tr>
<tr><td>함수율</td></tr>
</table>

종별	시험종목		시험방법	시험빈도	비고
		휨강도			
		습윤시 휨 강도			
		흡수 두께 팽창률			
		박리 강도			
		나사못 유지력			
		폼알데하이드방산량	KS M 1998		
		평면 인장 강도	KS F 3104		
		내충격성			
		내산성			
		내알칼리성			
		내오염성			
		내변퇴색성	KS M 3072		
		내긁힘성	KS F 3104		
		난연성	KS F 2271	·필요시	
		단열성(열저항)	KS F 2277		
석고보드 (KS F 3504)	석고보드 (GB-R)	겉모양, 치수	KS F 3504	·제조회사별 ·제품규격별	
		함수율			
		휨 파괴 하중			
		연소성능	KS F 3504		
		단열성	KS F 2277-부속서 B		
		실내공기 오염물질 방출량(총휘발성유기화합물, 톨루엔, 폼알데하이드)	KS M 1998 또는 실내공기질 공정시험 기준 (환경부고시)	·필요시	
	방수석고보드 (GB-S)	겉모양, 치수	KS F 3504	·제조회사별 ·제품규격별	
		함수율, 흡수성			
		흡수시 내박리성			
		휨 파괴 하중			
		연소성능	KS F 3504		
		단열성	KS F 2277-부속서 B		
		실내공기 오염물질 방출량(총휘발성유기화합물, 톨루엔, 폼알데하이드)	KS M 1998 또는 실내공기질 공정시험 기준 (환경부고시)	·필요시	

종별	시험종목		시험방법	시험빈도	비고
	방화석고 보드 (GB-F)	겉모양, 치수	KS F 3504	·제조회사별 ·제품규격별	
		함수율			
		휨 파괴 하중			
		내충격성			
		내화염성, 연소성능			
		단열성	KS F 2277-부속서 B		
		단위면적당 질량	KS F 3504		
		실내공기 오염물질 방출량(총휘발성유기화합물, 톨루엔, 폼알데하이드)	KS M 1998 또는 실내공기질 공정시험 기준 (환경부고시)	·필요시	
	석고라스 보드 (GB-L)	겉모양, 치수	KS F 3504	·제조회사별 ·제품규격별	
		함수율			
		휨 파괴 하중			
		실내공기 오염물질 방출량(총휘발성유기화합물, 톨루엔, 폼알데하이드)	KS M 1998 또는 실내공기질 공정시험 기준 (환경부고시)	·필요시	
	치장석고 보드 (GB-D)	겉모양, 치수	KS F 3504	·제조회사별 ·제품규격별	
		함수율			
		휨 파괴 하중			
		내충격성			
		연소성능	KS F 3504		
		단열성	KS F 2277-부속서 B		
		내변퇴색성	KS M 3072,KS F 3504		
		실내공기 오염물질 방출량(총휘발성유기화합물, 톨루엔, 폼알데하이드)	KS M 1998 또는 실내공기질 공정시험 기준 (환경부고시)	·필요시	
이중바닥재 (KS F 4760)	겉모양 및 치수		KS F 4760	·제조회사별 ·제품규격별	

종별	시험종목		시험방법	시험빈도	비고
	직각도, 평탄도				
	국부 압축 저항성				
	내충격성				
	내연소성				
	대전성				
	누설 저항성				
	방식 성능	도막 밀착성	KS F 4760		
		도막 내식성	KS D 9502		
섬유강화 시멘트판 (KS L 5114)	파형 시멘트판	겉모양 및 치수	KS L 5114	·제조회사별 ·제품규격별	종류에 따라 구분적용
		휨파괴하중			
		흡수율			
		투수성			
	평형 슬레이트	겉모양 및 치수	KS L 5114	·제조회사별 ·제품규격별	
		휨강도	KS F 2263		
		흡수율	KS L 5114		
		투수성			
		흡수에 의한 길이변화율			
	펄라이트판	겉모양 및 치수	KS L 5114	·제조회사별 ·제품규격별	
		부피 비중			
		휨강도	KS F 2263		
		투수성	KS L 5114		
		흡수에 의한 길이변화율			
		열전도율	KS L 9016		
	규산칼슘판	겉모양 및 치수	KS L 5114	·제조회사별 ·제품규격별	
		부피 비중			
		휨강도	KS F 2263		
		흡수에 의한 길이변화율	KS L 5114		
		열전도율	KS L 9016		
	슬래그 석고판	겉모양 및 치수	KS L 5114	·제조회사별 ·제품규격별	
		부피비중			
		휨강도	KS F 2263		
		투수성	KS L 5114		
		흡수에 의한 길이변화율			
PVC계 바닥재 (KS M 3802)	바닥 타일	겉모양 및 치수	KS M 3802	·제조회사별 ·제품규격별	
		압입량			

<table>
<tr><th>종별</th><th colspan="2">시험종목</th><th>시험방법</th><th>시험빈도</th><th>비고</th></tr>
<tr><td rowspan="17"></td><td rowspan="6"></td><td>잔류 압입률</td><td rowspan="6"></td><td rowspan="6"></td><td rowspan="6"></td></tr>
<tr><td>가열에 의한 길이변화율</td></tr>
<tr><td>흡수에 의한 길이변화율</td></tr>
<tr><td>가열 감량률</td></tr>
<tr><td>긁기시험</td></tr>
<tr><td>오염성</td></tr>
<tr><td rowspan="6">바닥
시트</td><td>겉모양 및 치수</td><td rowspan="6">KS M 3802</td><td rowspan="6">·제조회사별
·제품규격별</td><td rowspan="6"></td></tr>
<tr><td>압입량</td></tr>
<tr><td>잔류 압입률</td></tr>
<tr><td>가열에 의한 길이변화율</td></tr>
<tr><td>가열 감량률</td></tr>
<tr><td>오염성</td></tr>
<tr><td colspan="2">박리강도</td><td>KS M 3802</td><td rowspan="5">·필요시</td><td rowspan="5"></td></tr>
<tr><td colspan="2">퇴색성</td><td>KS M ISO 4892-4</td></tr>
<tr><td colspan="2">미끄럼성</td><td>KS F 2602,
KS M 3802-부속서 A</td></tr>
<tr><td colspan="2">마모성</td><td>KS F 2811, KS F 2813</td></tr>
<tr><td colspan="2">난연성</td><td>KS F 2271</td></tr>
<tr><td rowspan="10">도자기질 타일
(KS L 1001)</td><td colspan="2">겉모양 및 치수
(모자이크 타일 제외)</td><td rowspan="3">KS L 1001</td><td rowspan="10">·제조회사별
·제품규격별</td><td rowspan="10">종류 및 용도에 따라 구분적용</td></tr>
<tr><td colspan="2">뒤틀림</td></tr>
<tr><td colspan="2">치수의 불규칙도</td></tr>
<tr><td colspan="2">흡수율</td><td>KS L 1001</td></tr>
<tr><td colspan="2">내균열성(시유타일)</td><td rowspan="6">KS L 1001</td></tr>
<tr><td colspan="2">내마모성(바닥타일)</td></tr>
<tr><td colspan="2">꺽임 강도</td></tr>
<tr><td colspan="2">동결 융해(외장,바닥타일)</td></tr>
<tr><td colspan="2">내약품성</td></tr>
<tr><td colspan="2">첨지의 접착성, 박리성, 재질 및 개구율(구성타일)</td></tr>
<tr><td rowspan="2">점토기와
(KS F 3510)</td><td colspan="2">겉모양 및 치수</td><td rowspan="2">KS F 3510</td><td rowspan="2">·제조회사별
·제품규격별
·3,000개마다</td><td rowspan="2"></td></tr>
<tr><td colspan="2">흡수율</td></tr>
</table>

종별	시험종목		시험방법	시험빈도	비고
	휨 파괴 하중				
	내동해성				
건조 시멘트 모르타르 (KS L 5220)	압축강도(7,28일)		KS L ISO 679	·제조회사별 ·제품규격별 ·제조일부터 3개월이 되어 재질의 변화가 있다고 인정되는 때	
	보수성		KS L 5219		
	공기량		KS L 3136		
	모래의 함량		KS F 2502		
	모래의 최대크기				
시멘트계 자기 수평 모르타르 (KS F 4041)	플로값		KS F 4041	·제조회사별 ·제품규격별 ·제조일부터 3개월이 되어 재질의 변화가 있다고 인정되는 때	
	응결시간		KS L 5108		
	휨강도		KS F 2408		
	압축강도		KS L 5105		
	부착강도		KS F 4041		
	내충격성		KS F 4041		
	길이변화율		KS F 2424		
	내마모성		KS F 4041,KS F 2813		
주차장 바닥용 표면마감재 (KS F 4937)	부착 성능		KS F 4937	·제조회사별 ·제품규격별	
	윤하중 저항 성능				
	수밀성				
	내충격성				
	오염 물질 방출량		KS I ISO 16000-3, 16000-6		
시멘트계 바탕 바름재 (KS F 4716)	연도변화		KS F 4716, KS L 5207	·제조회사별 ·제품규격별	
	부착 강도		KS F 4716		
	내잔갈림성				
	내충격성				
	온냉 반복 저항성				
	습기 투과성		KS F 2607		
	물흡수 계수		KS F 2609		
얇은 마무리용 벽바름재 (KS F 4715)	외장 얇은 바름재	저온 안정성	KS F 4715	·제조회사별 ·제품규격별	
		내잔갈림성			
		부착 강도			
		온냉 반복 저항성			
		내세척성			
		내충격성			

종별	시험종목		시험방법	시험빈도	비고
		내알칼리성			
		물흡수 계수	KS F 2609		
		내후성	KS F 2274		
		습기 투과	KS F 2607		
	내장 얇은 바름재	저온 안정성	KS F 4715	·제조회사별 ·제품규격별	
		내잔갈림성			
		부착 강도			
		내세척성			
		내충격성			
		내알칼리성			
		가요성			
		내변퇴색성	KS M 3072		
		연소성능	KS F ISO 5660-1 KS F 2271		

사. 도장공사

종별	시험종목		시험방법	시험빈도	비고
수성도료 (KS M 6010)	1종	열 안정성	KS M 6010	·제조회사별 ·제품규격별	
		적신 도막 은폐율			
		안료분	KS M 5000-2111		
		촉진내후성	KS M 5000-3231		
	1,2 종	냉동 안정성	KS M 6010		
		주도	KS M 5000-2122		
		비휘발분	KS M ISO 3251		
		건조시간	KS M 5000-2511		
		확산 반사율(45°, 0°)	KS M 5000-3121		
		은폐율	KS M ISO 2814		
		내세척성	KS M 5000-3351		
		내알칼리성	KS M 6010, KS M ISO 2812-1		
		용기내 상태	KS M 5000-2011		
	2종	광택	KS M ISO 2813	·제조회사별 ·제품규격별	
		저장 안정성	KS M 5000-2021, 2031		
		냄새	KS M 5000-2041		
		내곰팡이성	KS M 5000-3431		

종별	시험종목		시험방법	시험빈도	비고
	3종	연마용이성	KS M 6010	·제조회사별 ·제품규격별	
		부착강도			
		저온 안정성			
		상도 적합성			
		비휘발분	KS M ISO 3251		
		건조시간	KS M 5000-2511		
		용기내 상태	KS M 5000-2011		
		내수성	KS M 6010		
		내알칼리성	KS M ISO 2812-1, 2		
유성도료 (KS M 6020)	1종	색상	KS M ISO 3668	·제조회사별 ·제품규격별	1종 조합도료 (1급, 2급)
		용기내 상태	KS M 5000-2011		
		안료분	KS M ISO 14680-1		
		비휘발 전색제	KS M 5000-2112		
		광택	KS M ISO 2813		
		은폐율	KS M ISO 2814		
		확산 반사율(45°, 0°)	KS M 5000-3121		
		건조 시간	KS M 5000-2511, 2512		
		내 굴곡성	KS M 5000-1519		
		촉진 내후성	KS M 5000-3231, 3211		
	2종	비휘발분	KS M ISO 3251	·제조회사별 ·제품규격별	2종 자연 건조형 에나멜 유광(1급, 2급), 반광, 무광
		용기내 상태	KS M 6020		
		희석 안정성, 내수성			
		내휘발유성,나이프시험			
		비휘발 전색제분	KS M 5000-2112		
		은폐율	KS M ISO 2814		
		광택	KS M ISO 2813		
		확산 반사율(45°, 0°)	KS M 5000-3121		
		건조 시간, 재도장시험	KS M 5000-2511		
		내굴곡성	KS M ISO 1519		
		저장성	KS M 5000-2021		
		촉진 내후성	KS M 5000-3231		
	3종	내수성	KS M 6020	·제조회사별 ·제품규격별	3종 알루미늄 도료
		용기내 상태	KS M 5000-2011		
		고착 건조 시간	KS M 5000-2511		
		광택	KS M ISO 2813		
		은폐율	KS M ISO 2814		
		비휘발분	KS M ISO 3251		

종별	시험종목		시험방법	시험빈도	비고
		촉진내후성	KS M 5000-3231		
		내굴곡성	KS M ISO 1519		
	4종	희석 안정성	KS M 6020	·제조회사별 ·제품규격별	4종 아크릴 도료
		내수성, 내알칼리성			
		비휘발분	KS M ISO 3251		
		비휘발 전색제분	KS M 5000-2112		
		은폐율	KS M ISO 2814		
		광택	KS M ISO 2813		
		건조시간(지촉, 경화)	KS M 5000-2511		
		용기내 상태	KS M 5000-2011		
		재도장	KS M 5000-2511		
		촉진 내후성	KS M 5000-3231, 3031		
방청도료 (KS M 6030)	1종	비휘발분	KS M 6030	·제조회사별 ·제품규격별	1종 알키드 프라이머
		상도적합성			
		건조 시간 (고화)			
		중금속 함량(납)			
		중금속 함량(6가 크로뮴)			
		밀착성			
		내굴곡성			
		사이클부식성			
	2종		<삭 제>		
	3종		<삭 제>		

종별	시험종목		시험방법	시험빈도	비고
	4종	비휘발분	KS M 6030	·제조회사별 ·제품규격별	4종 에칭 프라이머
		상도적합성			
		건조 시간 (고화)			
		중금속 함량(납)			
		중금속 함량(6가 크로뮴)			
		밀착성			
		내굴곡성			
		내수성			
		내염수분무성			
	5종		<삭 제>		
	6종		<삭 제>		
래커도료 (KS M 6040)	1,2,3종	연마 용이성	KS M 6040	·제조회사별 ·제품규격별	1종(래커 프라이머) 2종(래커 퍼티) 3종(래커 서페이서)
		상도 적합성			
		블리딩			
		내충격성	KS M 6040, M ISO 6272-2		
		내수성	KS M 6040, M ISO 2812-1,2		

종별	시험종목		시험방법	시험빈도	비고
		고화 건조 시간	KS M 5000-2511		
		내굴곡성	KS M 5000-3331		
		비휘발분	KS M ISO 3251		
		용기내 상태	KS M 5000-2011		
	4,5종	연마 용이성	KS M 6040	·제조회사별 ·제품규격별	4종 (목재용 우드실러) 5종 (목재용 샌딩실러)
		상도 적합성			
		고화 건조 시간	KS M 5000-2412		
		비휘발분	KS M ISO 3251		
		용기내 상태	KS M 5000-2011		
	6,7종	내블로킹성	KS M 6040	·제조회사별 ·제품규격별	6종 (마감용 투명래커) 7종 (상도마감용 레커 애나멜)
		블리딩			
		내수성, 내휘발유성	KS M 6040, M ISO 2812-1, 2		
		가열 안정성	KS M 6040, M 5000-3021		
		투명성	KS M 5000-2051		
		고화 건조 시간	KS M 5000-2511		
		은폐율	KS M ISO 2814		
		광택	KS M ISO 2813		
		비휘발분	KS M ISO 3251		
		용기내 상태	KS M 5000-2011		
바니시 (KS M 6050)	저온 안정성(1종, 2종)		KS M 6050	·제조회사별 ·제품규격별	
	내수성	1종, 2종	KS M 6050		
		3종	KS M ISO 2812-1,2		
	건조시간		KS M 5000-2511		
	비점착 시간				
	인화점		KS M 5000-6011		
	드레프트시험		KS M 5000-2251		
	가스시험		KS M 5000-2241		
	스키닝		KS M 5000-2021		
	내곰팡이성		KS M 5000-3431		
	비휘발분		KS M ISO 3251		
	산값		KS M 5000-4122		
	로진 및 유도체		KS M 5000-2611		
도료용 희석제 (KS M 6060)	비휘발성 물질		KS M 6060	·제조회사별 ·제품규격별	
	증류시험 (초류점, 유출량, 유출온도)		KS M 5000-6022		
	인화점		KS M 5000-6011		

종별	시험종목		시험방법	시험빈도	비고
	아닐린점	1종	KS M 5000-6032		
		2종	KS M 5000-6031		
	캐톤 및 에스테르		KS M 5000-6131		
	겉모양		KS M 5000-2051		
	점적 시험		KS M 5000-6051		
	구리 부식성		KS M 5000-6111		
	산 값		KS M 5000-6141		
다채무늬도료 (KS M 6090)	도료	용기내 상태	KS M 5000-2011	·제조회사별 ·제품규격별	
		도장작업성	KS M 5000-2411, 2412		
		주도(KU)	KS M 5000-2122		
		비휘발분(%)	KS M ISO 3251		
		건조시간(고화)	KS M 5000-2511		
	도막	도막 외관	KS M 6090		
		내광성(수은램프법)	KS F 3111		
		내일길리싱	KS M ISO 2812-1		
		내세척성	KS M 5000-3351		
	폼알데하이드 방산량		KS M 6090		
굽도리 모르타르면 페인트	주도(KU)		KS M 5000-2122	·제조회사별 ·제품규격별	
	연화도(N.S)		KS M 5000-2141		
	비휘발분(%)		KS M ISO 3251		
	건조시간(고화)		KS M 5000-2512		
	붓 작업성		KS M 5000-2411		
	광택(60°)		KS M ISO 2813		
	내수성 및 내알칼리성		주택건설전문시방서		
낙서방지용 페인트	도막의 상태		KS M 5000-2421	·제조회사별 ·제품규격별	
	용기내 상태		KS M 5000-2011		
	안료분(%)		KS M 5000-2111		
	주도(KU)		KS M 5000-2122		
	연화도(N.S)		KS M 5000-2141		
	비휘발문(%)		KS M ISO 3251		
	건조시간(경화)		KS M 5000-2512		
	붓작업성		KS M 5000-2411		
	광택(60°)		KS M ISO 2813		
	내구성 및 내알칼리성		LH 전문시방서		
	내오염성		LH 전문시방서		
에폭시 바닥마감재	하도	비휘발분(혼합)	KS M ISO 3251	·제조회사별 ·제품규격별	
		지촉건조시간	KS M 5000-2512		
		경화건조시간	KS M 5000-2512		
		도막의 상태	KS M 5000-2421		

종별	시험종목		시험방법	시험빈도	비고
		상도 적합성	KS M 5507		
		주도(주제)	KS M 5000-2122		
		가사시간	LH 전문시방서		
	중상도	비휘발분(혼합)	KS M ISO 3251		
		용기내 상태(주제)	KS M 5000-2011		
		연화도(주제)	KS M 5000-2141		
		주도(주제)	KS M 5000-2122		
		지촉건조	KS M 5000-2512		
		경화건조	KS M 5000-2512		
		가사시간	LH 전문시방서		
		내수성(168hr)	LH 전문시방서		
		내알카리성 (168hr)	LH 전문시방서		
		부착강도	KS F 4715		
		내마모성	LH 전문시방서		
		도막의 상태	KS M 5000-2421		
		광택(60°)	KS M ISO 2813		
		내충격성	LH 전문시방서		
조합페인트 목재 프라이머 (KS M 5318)	점착성		KS M 5318	·제조회사별 ·제품규격별	
	리프팅				
	실링성(충전성)				
	내수성				
	나이프시험				
	안료분		KS M 5000-2111		
	불휘발 전색제분		KS M 5000-2112		
	확산 반사율		KS M 5000-3121		
	주도		KS M 5000-2122		
	건조 시간(지촉, 경화)		KS M 5000-2511		
	연화도		KS M ISO 1524		
	수분		KS M 5000-2261		
	용기내 상태		KS M 5000-2011		
	색상		KS M 5000-3011		
	저장 안정성	용기에 찼을 때	KS M 5000-2031		
		차지 않았을 때	KS M 5000-2031, KS M 5000-2021		
	붓칠 작업성		KS M 5000-2411		
	스프레이 작업성		KS M 5000-2412		
	내굴곡성 시험		KS M 5000-3331		
	은폐율		KS M ISO 2814		

아. 기타

<table>
<tr><th>종별</th><th colspan="2">시험종목</th><th>시험방법</th><th>시험빈도</th><th>비고</th></tr>
<tr><td rowspan="28">열경화성 수지 고압 화장판
(KS M 3803)</td><td rowspan="14">일반용</td><td>겉모양</td><td rowspan="14">KS M 3332</td><td rowspan="14">·제조회사별
·제품규격마다</td><td rowspan="14"></td></tr>
<tr><td>내열수성</td></tr>
<tr><td>내끓임성</td></tr>
<tr><td>내열성</td></tr>
<tr><td>내오염성</td></tr>
<tr><td>내광성</td></tr>
<tr><td>내시가레트성</td></tr>
<tr><td>내마모성</td></tr>
<tr><td>치수변화율</td></tr>
<tr><td>내충격성</td></tr>
<tr><td>굴곡강도</td></tr>
<tr><td>파단변형량</td></tr>
<tr><td>탄성률</td></tr>
<tr><td>인장강도</td></tr>
<tr><td rowspan="7">수직면용</td><td>겉모양</td><td rowspan="7">KS M 3332</td><td rowspan="7">·제조회사별
·제품규격마다</td><td rowspan="7"></td></tr>
<tr><td>내오염성</td></tr>
<tr><td>내광성</td></tr>
<tr><td>내마모성</td></tr>
<tr><td>치수변화율</td></tr>
<tr><td>내충격성</td></tr>
<tr><td>인장강도</td></tr>
<tr><td rowspan="7">포스트 포밍용</td><td>겉모양</td><td rowspan="7">KS M 3332</td><td rowspan="7">·제조회사별
·제품규격마다</td><td rowspan="7"></td></tr>
<tr><td>내오염성</td></tr>
<tr><td>내광성</td></tr>
<tr><td>내마모성</td></tr>
<tr><td>치수변화율</td></tr>
<tr><td>내충격성</td></tr>
<tr><td>굴곡성형성</td></tr>
<tr><td rowspan="7">도자기질타일용 접착제
(KS L 1593)</td><td colspan="2">겉모양</td><td rowspan="7">KS L 1593</td><td rowspan="7">·제조회사별
·제품규격별</td><td rowspan="7"></td></tr>
<tr><td colspan="2">저장 안정성</td></tr>
<tr><td colspan="2">혼합 종결 확인 용이성</td></tr>
<tr><td colspan="2">접착강도</td></tr>
<tr><td colspan="2">내열성</td></tr>
<tr><td colspan="2">미끄럼 저항성</td></tr>
<tr><td colspan="2">가사 시간 및 부착가능 시간</td></tr>
</table>

종별	시험종목	시험방법	시험빈도	비고
	실내공기 오염물질 방출량(총휘발성유기화합물, 톨루엔, 폼알데하이드)	KS M 1998 또는 실내공기질 공정시험 기준 (환경부 고시)	·필요시	. 실내에 시공되는 경우에 한함
비닐계 바닥재용 접착제 (KS F 3218)	도포성	KS F 3218	·제조회사별 ·제품규격별	
	인장 접착 강도(바닥 타일)			
	90도 박리 접착 강도(바닥 시트)			
	비중	KS M 3705		
	실내공기 오염물질 방출량	KS F 3218, KS M 1998		
수도용 경질 염화비닐관용접착제 (KS M 3409)	접착력	KS M 3409	·제조회사별 ·제품규격별	
	건조 감량			
	점도			
초산비닐수지 에멀션목재 접착제 (KS M 3700)	목재 오염성	KS M 3700	·제조회사별 ·제품규격별	
	접착력			
	요소수지 혼화성			
	조막성			
	겉모양	KS M 3704		
	점도			
	회분			
	pH	KS M 3705		
	증발 찌꺼기			

【별표 3】

품질관리 적절성 확인기준 및 요령(제10조제1항 관련)

항목	확인기준	확인요령
1. 일반사항	품질관리계획서 작성 근거 명시 및 검토·승인 여부	○품질관리계획서의 작성 근거(영 제89조 제1항의 각 호 등)를 명시하였는지 확인. ○품질관리계획서의 제정 및 개정현황 등을 작성하였는지 확인. ○품질관리계획서를 공사감독자 또는 건설사업관리기술인의 검토와 발주자에게 승인을 받고, 관련근거를 문서화된 정보로 보유하고 있는지 확인(품질관리계획서 변경도 동일).
2. 적용범위 및 인용표준	품질관리계획서 작성 기준 준수 및 적용범위 여부	○품질관리계획서 작성기준[별표1]에 따라 모든 항목과 내용이 작성되었는지 확인. ○건설공사의 현장 특성 때문에 품질관리계획서 작성기준[별표 1]의 일부를 제외하였다면 제외한 사유가 명시 되었는지와 사유가 타당한지 확인.
3. 용어 정의	품질관리계획서 작성 용어 준수 여부	○품질관리계획서 작성에 사용하는 용어는 건설공사 품질관리 업무지침 제2조 및 KS Q ISO 9000:2015(품질경영시스템-기본사항과 용어)를 참조하여 작성하였는지 확인.
4. 조직 상황 4.1 건설공사의 정보	발주자 요구사항의 결정 및 충족 여부	○건설공사와 관련된 일반현황과 계약내용에 대한 요약정보가 문서화된 정보로 유지하고 있는지 확인.
4.2 이해관계자의 요구와 기대 관리	이해관계자의 요구와 기대 파악 여부	○건설공사와 관련되는 이해관계자를 파악하고 문서화된 정보로 유지하고 있는지 확인. ○건설공사와 관련되는 이해관계자의 요구사항과 적용되는 법적 및 규제적 요구사항을 파악 및 결정하고 문서화된 정보로 보유하고 있는지 확인. ○이러한 요구사항에 대한 정보를 모니터링하고 검토하여 반영하고 있는지 확인.
4.3 프로세스 관리	건설공사의 프로세스 결정 및 운영 여부	○건설공사 전반의 프로세스를 정하고 상호관계를 명시하였는지 확인. ○프로세스별로 요구되는 입력과 출력이 결정되었는지 확인. ○프로세스별로 필요한 기준 및 방법(모니터링, 측정 및 관련 성과지표를 포함), 자원의 결정, 프로세스 평가 및 개선 등을 결정하고 운영하는지 확인.
5. 리더십 5.1 품질방침	품질방침의 수립 여부	○현장 최고책임자가 건설공사의 목적과 발주자의 기대 및 요구에 적절한 품질방침을 수립하고, 이용 가능하도록 문서화

항목	확인기준	확인요령
		된 정보로 유지하고 있는지를 확인. ○수립된 품질방침에는 건설공사 요구사항과 적용되는 법적 및 규제적 요구사항 충족시킴, 리스크와 기회를 결정하고 처리, 필요한 자원 지원 및 인원을 적극 참여시키고, 지휘하고 지원함, 고객만족을 위해 노력, 품질확보를 위한 지속적으로 개선하겠다는 의지표명이 포함되어 있는지 확인.
	공사 참여자의 동기부여 여부	○품질방침의 주기적인 교육, 사무실 및 현장 게시 등을 통해 공사수행 구성원들에게 의사소통되고 이해하고 있는지를 확인 ○품질방침이 소통•이해•적용되고 있는지를 문서화된 정보로 보유하고 있는지 확인.
5.2 책임과 권한	조직편성 및 적정인력 배치 여부	○본사 조직과 연계된 현장 조직을 구성하였는지 확인. ○계약 및 법적요구 인원을 포함하여 원활한 공사수행을 위한 적정인력이 배치되어 있는지 확인
	각 조직 인원의 업무분장 실시 여부	○현장 각 조직과 조직 구성원 개개인에 대하여 책임 및 권한(업무분장)이 명확히 부여되어 문서화된 정보로 보유하고 운영되고 있는지 확인 ○조직 구성원 개개인의 책임과 권한은 의사소통 되었는지 문서화된 정보로 보유하고 있는지 확인 ○조직 구성원의 변경시 책임과 권한이 변경(개정)관리되고 있는지 확인
6. 기획 6.1 리스크 및 기회관리	리스크 파악 및 관리 여부	○발주자 및 건설공사 요구사항, 적용되는 법적 및 규제요구사항, 이해관계자의 이슈 등에 대하여 리스크와 기회를 파악하여 문서화된 정보로 유지하고 있는지 확인. ○파악된 리스크는 조치되고 결과에 대하여 효과성을 평가하고 문서화된 정보로 보유하는지 확인.
6.2 품질목표관리	품질목표 수립 여부	○품질목표는 품질방침과 일관성이 있고 측정 가능하도록 설정되어 있는지 확인. ○품질목표는 공사목적물의 적합성과 고객만족 증진과 관련된 내용으로 설정되어 있는지 확인. ○품질목표는 지속적 개선 결과를 반영하여 설정되고 문서화된 정보로 유지하고 있는지 확인
	품질목표 추진계획의 수립 및 실행 여부	○품질목표 추진계획에 달성대상의 결정과 달성을 위한 일정계획, 필요한 자원, 책임자 지정, 완료시기, 달성도 확인주기

항목	확인기준	확인요령
		등을 수립하여 문서화된 정보로 유지하고 있는지 확인. ○품질목표 추진계획에 따른 달성 결과를 평가하고, 필요한 경우 변경하고 문서화된 정보로 보유하고 있는지 확인.
	공사참여자의 동기부여 여부	○품질목표의 주기적인 교육, 사무실 및 현장 게시 등을 통해 공사수행 구성원들에게 의사소통되고 이해하고 있는지를 확인 ○품질목표가 소통•이해•적용되고 있는지를 문서화된 정보로 보유하고 있는지 확인.
6.3 품질관리계획의 변경관리	품질관리계획서 변경관리 여부	○품질관리계획서가 변경된 경우, 품질관리계획서 작성기준에 적합하게 변경하고 문서화된 정보를 보유하는지 확인. ○품질관리계획서가 변경된 경우, 공사감독자 또는 건설사업관리기술인의 검토와 발주자에게 승인을 받았는지 확인.
7. 지원 7.1 자원관리	품질관리(검사, 시험등) 업무수행자의 적격인력 배치 여부	○관련법령 및 설계도서에서 정한 품질관리 업무를 수행하는 건설기술인이 배치기준에 맞게 배치되어 있는지 확인 ○품질관리업무를 수행하는 건설기술인이 시험.검사를 포함한 전반적인 품질관리를 주관할 수 있도록 공사.공무부문과 독립(예 : 겸임금지, 조치요구권 부여 등)되어 있는지 확인
	기반구조 및 작업환경의 확보 및 유지 여부	○공사수행을 위한 적절한 기반구조(건물 및 연관된 유틸리티, 장비, 운송자원, 정보통신기술 등)와 작업환경이 확보 및 유지 관리되고 있음을 문서화된 정보로 유지하고 보유하고 있는지 확인 ※ 기반구조란 건물 및 연관된 유틸리티, 장비(하드웨어, 소프트웨어 포함), 운송자원, 정보통신기술 등을 말한다.
7.2 모니터링 자원 및 측정자원의 관리	모니터링 자원 및 측정자원 확보, 교정검사 및 유지관리 여부	○검사 및 시험, 측정에 필요한 각 장비의 관리기준(정밀•정확도)을 결정하여 장비를 확보하고 문서화된 정보로 유지하고 있는지 확인 ○대여받아 사용하거나, 하도급사 또는 개인이 사용하는 장비를 포함하여 정해진 주기로 교정검사를 받고 있는지를 확인 ○교정성적서의 결과값을 장비관리기준과 비교 검토한 결과를 문서화된 정보로 보유하고 있는지 확인. ○장비가 관리기준을 벗어난 경우, 이전 검사 및 시험과 모니터링 결과에 대한 유효성 평가가 실시되고 문서화된 정보로 보유하고 있는지를 확인 ○장비에 교정검사필증을 부착하였는지를 확인 ○보유한 장비는 식별 관리되고 취급과 유지보전을 위한 적절한 보관환경에서 관리되고 있는지를 확인 ○장비에 대한 주기적인 점검을 실시하고 문서화된 정보로 보유하고 있는지 확인

항목	확인기준	확인요령
7.3 조직의 지식 관리	지식 결정 및 관련조직과 공유 여부	ㅇ건설공사 수행에 필요한 지식(계약서, 건설기준, 적용 코드 및 표준, 사내표준, 적용 법규, 공법, 유사공사들의 우수/실패 사례 등)을 파악하여 문서화된 정보로 유지하고 활용하고 있는지 확인. ㅇ파악된 지식은 유지·관리되고 관련 조직과 공유되고 있는지 확인.
7.4 역량/적격성 관리	품질에 영향을 미치는 인원의 역량/적격성 보유 여부	ㅇ해당 업무수행에 필요한 학력, 교육훈련, 숙련도, 경험, 관련 법령 등을 근거로 역량/적격성 기준을 결정하고 문서화된 정보로 유지하고 있는지 확인. ㅇ공사수행에 배치된 인원들에 대하여 역량/적격성 기준에 적정한지 평가하고 문서화된 정보를 보유하는지 확인
	품질에 영향을 미치는 업무를 수행하는 모든 종사자의 교육훈련 실시 여부	ㅇ모든 공사참여자(하도급자, 기능공 포함)에 대해 교육훈련의 필요성을 파악하여 문서화된 정보로 보유하고 있는지를 확인 ㅇ법적 정기교육을 포함한 교육훈련계획을 수립하여 문서화된 정보로 보유하고 있는지를 확인 ㅇ교육훈련계획에 따라 교육훈련이 실시되고 교육훈련결과(교육내용 포함)를 보고하고 문서화된 정보로 보유하고 있는지 확인 ㅇ실시한 교육훈련에 대하여 효과성은 평가하고 문서화된 정보로 보유하고 있는지 확인.
7.5 의사소통관리	품질관리계획의 이행과 건설공사 운영을 위한 내.외부 의사소통의 적절성 여부	ㅇ품질관리계획의 이행과 건설공사 운영에 관련된 모든 사항에 대하여 내.외부 의사소통 방안이 결정되고 문서화된 정보로 유지하고 실행 되고 있는지를 확인 ㅇ의사소통 방안에는 의사소통 내용, 시기, 대상, 방법, 담당자 등이 포함되었는지 확인. ㅇ필요한 경우 의사소통은 내부 및 외부 관계자로부터의 의견 접수, 검토, 전달, 문서화 및 회신이 포함되어 문서화된 정보로 보유하고 있는지를 확인
	이해관계자 불만 및 부적합 공사에 대한 처리 여부	ㅇ건설공사와 관련되는 이해관계자의 불만 사항이 관련자와 의사소통 및 처리하고 문서화된 정보를 보유하고 있는지 확인 ㅇ부적합 사항 및 부적합 공사에 대하여 관련자와 의사소통 및 처리 하고 문서화된 정보를 보유하고 있는지 확인
7.6 문서화된 정보 및 정보의 관리	품질관리계획을 운영하는 방식의 적절성	ㅇ현장 품질문서(품질계획서, 절차서, 지침서 등)가 등록되고 관련업무 담당에게 배포하여 문서화된 정보로 유지하고 활용되고 있는지를 확인

항목	확인기준	확인요령
		○ 효력이 상실된 구문서는 폐기하고 문서화된 정보로 보유하며, 보관이 필요한 경우 식별 관리하고 있는지를 확인
	고객문서와 자료의 비치 및 관리 상태	○ 발주자/건설사업관리기술인 문서(계약문서, 설계도서, 지시서 등)와 자료(법령, 건설기준 등)가 파악되고, 최신본으로 보유하고 관리됨을 문서화된 정보로 보유하고 있는지 확인
	문서화된 정보의 보유 상태	○ 문서화된 정보가 유형별로 식별되고 검색 및 사용이 용이한지를 확인 ○ 문서화된 정보의 보유기간이 법적 및 규제적 요구사항을 충족하도록 정하여 문서화된 정보로 보유되고 보관장소 및 관리책임자를 지정하여 양호한 상태로 관리되고 있는지를 확인 ○ 문서화된 정보를 폐기할 경우, 절차에 따라 이행하고 문서화된 정보로 보유하고 있는지 확인 ○ 현장에서 관리할 문서화된 정보의 보유 목록이 정해지고 문서화된 정보로 보유하고 있는지를 확인
8. 운용 8.1 건설공사 요구사항 검토 및 준비	설계도서, 법규 및 시방서 등의 시공전 검토여부	○ 설계도서.법규.건설기준, 표준 등을 포함한 건설공사 수행과 관련된 요구사항을 검토하여 문서화된 정보로 보유하고 있는지 확인 ○ 검토결과에 따라 필요한 경우, 후속조치를 취하고 문서화된 정보를 보유하고 있는지를 확인
8.2 건설공사 요구사항 변경	계약변경(설계변경 포함) 관리의 적절성	○ 설계변경을 포함한 계약변경의 요청 및 처리가 문서화된 정보로 보유하고 있는지를 확인 ○ 계약변경이 발생한 경우 관련 문서화된 정보가 수정되고 관련 인원이 변경된 요구사항을 인식하고 있는지를 확인
8.3 설계관리	설계계획의 수립 여부 및 적절성	○ 설계계획이 적절히 수립되고 문서화된 정보로 보유하고 있는지를 확인 ○ 설계변경시 참여하는 현장내 인원간의 기술적인 정보공유가 적절히 이루어지고 있는지를 확인
	설계입력 기준의 적절성과 설계출력물의 관리 여부	○ 설계입력 요구사항이 결정되어 문서화된 정보로 보유되고 있는지를 확인 ○ 설계출력물에는 건설공사 수행을 위한 각종 정보가 제시되어 문서화된 정보로 보유하고 있는지를 확인
	설계검토, 설계검증 및 설계타당성 확인의 실시여부 및 방법의 적절성	○ 적절한 설계단계에서 설계에 대한 체계적인 검토가 실시되고 검토된 결과는 필요한 경우 조치되고 문서화된 정보로 보유하고 있는지를 확인 ○ 설계검증, 설계실현성 확인이 실시되고, 결과는 필요한 경우 조치되고 문서화된 정보로 보유하고 있는지를 확인

항목	확인기준	확인요령
8.4 기자재 구매관리	기자재 수급계획의 수립, 검증, 식별, 보관, 재고관리 및 주기적인 점검실시 여부	◦기자재수급계획을 수립하여 문서화된 정보로 보유하고 있는지를 확인 ◦기자재 구매발주시 명확한 구매정보(기준)가 발주서로 제공되고 문서화된 정보로 보유하고 있는지를 확인 ◦구매한 기자재의 검사 및 시험 또는 검증되고 식별, 재고관리, 주기적인 점검 등의 유지관리가 되고 문서화된 정보로 보유하고 있는지를 확인 ◦제작품의 경우, 발주서에 검증계획 및 운반방법이 명시되어 있는지 확인.
8.5 외부에서 제공되는 프로세스관리	하도급에 대한 선정 및 평가 여부	◦하도급계획이 수립되고 문서화된 정보로 보유하고 있는지 확인 ◦하도급업체 선정 및 평가결과에 따라 하도급업체가 선정되고 선정 또는 평가내용은 문서화된 정보로 보유하고 있는지를 확인(필요한 경우) ◦선정된 하도급업체는 관련 이해관계자에게 의사소통되고 문서화된 정보로 보유하고 있는지 확인
	하도급에 대한 계약 및 이행상태 관리 여부	◦하도급 계약요구사항이 명확히 결정되고 계약체결시 전달되고 있는지를 확인 ◦하도급된 공종에 대한 검사 및 시험, 검증과 모니터링이 실시되고 문서화된 정보로 보유하고 있는지를 확인
8.6 공사관리	공종의 파악 및 계획의 수립과 이행 여부	◦공종과 공정이 파악.관리되고 공종별로 특성에 맞는 시공계획을 수립하여 문서화된 정보로 유지하고 있는지를 확인 ◦공사 진도관리를 위한 계획을 수립하고 이행하여 문서화된 정보로 유지 및 보유하고 있는지를 확인
	작업방법 수립 및 적격 인원 투입여부	◦작업에 필요한 작업절차 또는 작업지침을 수립하여 문서화된 정보로 유지하고 절차 또는 지침에 따라 이행하여 문서화된 정보로 보유 하고 있는지 확인. ◦작업에 투입되는 인원은 요구되는 자격 및 역량을 파악하여 문서화된 정보로 유지하고, 파악된 자격 및 역량에 근거하여 투입하고 문서화된 정보로 보유하고 있는지 확인
	시공상세도, 준공도의 관리 여부	◦시공상세도, 준공도의 작성기준이 설정되고 권한을 가진 자에 의해 작성.검토.승인되고 있는지를 확인 ◦승인된 시공상세도, 준공도는 검색이 용이하도록 보관 관리하고 있는지를 확인 ◦작업자는 최신본의 도면을 사용하여 작업하고 있고, 구도면은 회수 하여 관리하고 있는지 확인.

항목	확인기준	확인요령
8.7 중점품질관리	중점품질관리 대상의 관리 여부	ㅇ중점품질관리 대상이 공사 특성에 맞게 지정하여 문서화된 정보로 유지하고 있는지를 확인 ㅇ사용장비에 대한 명확한 기준이 설정되고 권한을 가진 자에 의해 장비사용을 승인하고 문서화된 정보로 유지 및 보유하고 있는지를 확인 ㅇ작업자의 자격기준이 작업특성에 맞게 설정되고 자격기준에 적합여부를 평가하고 배치하고 문서화된 정보로 유지 및 보유하고 있는지를 확인 ㅇ작업방법의 수립.사용되고 공정변수에 대한 모니터링(감시) 결과가 문서화된 정보로 유지 및 보유하고 있는지를 확인
8.8 식별 및 추적관리	식별 및 추적관리 대상 피악 및 이행 여부	ㅇ식별 및 추적관리 대상과 방법을 현장특성에 맞게 정하여 문서화된 정보로 유지하고 있는지를 확인 ㅇ식별 및 추적방법에 따른 식별이 실시되고 추적이 가능하도록 문서화된 정보를 보유하고 있는지를 확인
	검사 및 시험상태(검사대기, 검사중, 부적합) 식별 여부	ㅇ검사 및 시험에 관하여 자재, 공정의 적합 또는 부적합을 나타내는 적정한 검사단계별(검사대기 • 검사중.부적합) 식별이 이루어지고 있는지를 확인 ㅇ식별표시 및 제거의 권한을 가진 자가 지정되어 있는지를 확인
8.9 고객 또는 외부공급자의 재산 관리	재산 수급계획의 수립, 식별, 검증, 보관(분실, 손상관리 포함), 재고관리의 적정 수행 여부	ㅇ재산을 파악하여 수급계획을 문서화된 정보로 유지 및 보유하고 있는지를 확인 ㅇ재산이 검사 및 시험, 또는 검증되고 식별, 재고관리, 주기적인 점검 등이 실시되고 문서화된 정보로 보유하고 있는지를 확인 ㅇ재산의 입체 또는 대체 사용이 필요한 경우 적절히 처리되고 문서화된 정보로 보유하고 있는지를 확인 ㅇ잉여 재산의 처리 사항이 문서화된 정보로 보유하고 있는지를 확인
8.10 보존관리	기자재, 기 시공부위 및 완성된 시설물의 보존상태	ㅇ시공에 사용될 자재의 운반, 사용 등에 있어 자재의 특성별로 취급 되고 적절한 환경에서 보관하고 있는지를 확인 ㅇ장기 보관시 열화나 손상이 되는 자재는 적정한 주기로 점검하고 문서화된 정보로 보유하고 있는지를 확인 ㅇ기 시공부위의 품질상태를 유지하기 위한 보호방안을 수립하여 이행하고 문서화된 정보로 유지 및 보유하고 있는지를 확인
8.11 검사 및 시	검사 및 시험계획에	ㅇ검사 및 시험계획서(ITP)에 검사 및 시험대상의 항목, 합격판

항목	확인기준	확인요령
	대한 항목, 합격판정 기준, 빈도 등의 적절성	정기준, 빈도, 사용장비, 기법, 발주자/건설사업관리기술인의 입회시기.장소.방법이 등이 건설공사 요구사항, 법적 및 규제적 요구사항에 적합 하게 수립되어 문서화된 정보로 유자하고 있는지 확인
험, 모니터링	자재 및 공정 검사의 적기 실시 여부와 검사 및 시험결과에 대한 기록의 적절성	○검사 및 시험계획서(ITP)에 따라 검사 또는 시험을 적기에 누락 없이 실시하여 문서화된 정보를 보유하고 있는지를 확인 ○검사 및 시험결과에는 측정값이 기록되고 검사기준에 따른 합격, 불합격 여부를 명확히 하여 문서화된 정보로 보유하고 있는지를 확인 ○합격판정 전에 자재의 사용 또는 후속공정이 진행되지 않도록 관리 하고 있는지를 확인 ○검사 또는 시험을 품질검사를 대행하는 건설기술용역사업자에게 의뢰 하는 경우, 건설기술진흥법령에서 정한 품질검사 의뢰서 및 품질검사성적서를 문서화된 정보로 보유하고 있는지 확인. ○검사 또는 시험의 결과가 건설공사 요구사항에 적합한지 검토하고 있는지를 확인
8.12 부적합 공사의 관리	부적합 공사(자재 포함) 발생에 대한 처리 방법 및 이행의 적절성	○부적합한 공사(자재.공정 등) 특성에 적합하게 식별 및 관리되고 있는지 확인. ○부적합한 내용이 부적합보고서 등으로 문서화된 정보로 유지하고 있는지를 확인. ○부적합한 내용을 검토•분석하여 원인을 명확히 결정하고, 이와 유사한 부적합이 존재 또는 발생 가능성이 있는지를 검토하고 있는지 확인. ○부적합 공사 발생시 발주자(건설사업관리기술인)와 협의를 통해 적절한 조치방안을 마련.이행하고 있는지를 확인 ○부적합한 자재 또는 공정이 적절하게 처리되고 있는지(재검사 여부, 현상사용시 권한 가진 자의 승인여부 포함)를 확인 ○유사한 부적합이 지속적으로 발생하고 있는지 확인.
8.13 공사준공 및 인계	공사준공 및 인계 관리의 적절성 여부	○공사준공을 위한 제반사항을 준비하고 있는지를 확인 ○완성된 시설물의 인계계획을 수립하여 실시하고 문서화된 정보로 유지 및 보유하고 있는지를 확인. ○건설사업관리기술인 및 발주자, 본사에 인계할 문서화된 정보의 대상목록을 파악.관리되고 있는지를 확인
9. 성과관리 9.1 고객만족	요구 및 기대에 대한 모니터링 실시 여부	○발주자 및 이해관계자의 요구 및 기대에 대한 충족여부를 모니터링 하는 방법을 문서화된 정보로 유지하고 있는지 확인.

항목	확인기준	확인요령
		○요구 및 기대에 대한 모니터링을 실시하고 문서화된 정보로 보유하고 있는지 확인.
9.2 분석 및 평가	발주자와 이해관계자의 만족도 조사에 대한 분석의 실시 여부	○발주자와 이해관계자의 만족 또는 불만족을 포함한 건설공사 수행의 만족도를 분석하여 활용하고 문서화된 정보로 보유하고 있는지를 확인
	품질개선을 위한 데이터의 분석 및 활용에 대한 이행 여부	○주요자재의 품질경향, 부적합 공사의 발생빈도 및 특성, 내.외부 점검결과 등을 분석하여 활용하고 문서화된 정보로 보유하고 있는지를 확인
9.3 내부심사	품질관리계획의 적합성, 효과성, 이행성 등에 대한 내부심사 실시 여부	○내부심사 계획을 현장에 배치된 품질관리 건설기술인이 수립하고 이행하여 문서화된 정보로 유지 및 보유하고 있는지를 확인 ○내부심사를 수행하는 심사자의 역량/적격성 기준을 정하고, 평가하여 문서화된 정보로 유지 및 보유하고 있는지 확인. ○심사자의 역량/적격성에 적합한 자가 내부심사를 실시하였는지 확인. ○내부심사는 계획된 주기로 실시하고 심사결과보고서는 문서화된 정보로 보유하고 있는지를 확인 ○심사체크리스트 및 심사내용이 구체적으로 작성하였는지 확인. ○심사결과 부적합한 사항이 있는 경우 시정 또는 시정조치 되고 문서화된 정보로 보유하고 있는지를 확인 ○취해진 후속조치에 대하여 유효성을 검증하고 문서화된 정보로 보유하고 있는지 확인
9.4 경영검토	품질관리계획의 운영 전반에 대한 성과검토 실시 여부	○건설공사 경영검토가 계획된 주기로 실시되고 검토보고서를 문서화된 정보로 보유하고 있는지 확인 ○다음 사항을 검토하고 검토내용은 문서화된 정보로 보유하고 있는지를 확인. ·전년도 건설공사 경영검토에 따른 조치 결과(해당되는 경우) ·건설공사 수행과 관련된 외부 및 내부 이슈의 변경사항 ·자원의 충족여부 ·파악된 리스크와 관련하여 취해진 조치의 효과성 ·문제점 및 애로사항의 개선 사항 ·품질관리계획의 성과 및 효과성 정보 등

항목	확인기준	확인요령
		◦ 품질관리계획의 성과 및 효과성 정보에는 고객 만족 및 발주자와 관련 이해관계자로부터의 피드백(불만사항 포함), 현장 품질목표의 달성 정도, 부적합 공사의 발생 빈도 및 특성과 시정조치 사항, 검사•시험•모니터링•측정결과, 내부심사 및 품질관리 적절성 확인 등 내•외부의 점검결과, 외부공급자의 성과 등이 포함되어 있는지를 확인. ◦ 검토결과에 따라 필요시 후속조치를 실시하고, 문서화된 정보로 보유하고 있는지를 확인
10.개선 10.1부적합 및 시정조치	품질관리계획 운영과 관련하여 취해진 부적합 및 시정조치의 적절성 여부	◦ 실제 또는 잠재적인 부적합 사항은 근본원인을 파악하고, 근본원인을 고려한 시정과 재발방지 대책을 수립하여 이행하고 문서화된 정보를 유지 및 보유하고 있는지를 확인 ◦ 취해진 시정조치의 효과성을 검토하고 문서화된 정보를 보유하고 있는지를 확인 ◦ 부적합 및 시정조치 결과가 품질관리계획서 변경 또는 결정된 리스크와 기회를 갱신하여야 하는지 검토하고 이행하여 문서화된 정보로 보유하고 있는지를 확인.
10.2지속적 개선	지속적인 개선 계획 수립 및 개선활동 실시 여부	◦ 지속적 개선을 위하여 분석 및 평가 결과, 경영검토 결과를 반영하여 지속적 개선계획을 수립하여, 문서화된 정보로 보유하고 있는지를 확인. ◦ 지속적 개선계획에 따라 개선활동을 실시하고, 문서화된 정보로 보유하고 있는지 확인.

【별표 4】

품질시험비 산출 단위량 기준(제9조제1항 관련)

1. 공 통

가. 토공사 및 기초공사

종별	시험종목	인력(시간)						공공요금		
		시험관리		시험				전기	상수도	가스
		특급	중급	특급	고급	중급	초급	Kwh	m^3	m^3
성토용흙	함수비	0.1	0.1				0.2	33.5		
	입도	0.1	0.4	3.4		4.4		204.5	0.7	
	세립토비율	0.1	0.1		0.5	0.6		50.5	0.8	
	밀도	0.1	0.2	0.4	0.3	0.8		133.5	0.2	1.0
	액성한계	0.1	0.4	0.3	0.7	0.8		49.4	0.1	
	소성한계 *	0.1	0.4	0.2	0.3	0.3		48.5	0.1	
	노상토지지력비(CBR)	0.1	0.4		6.5	7.0		297.1	5.9	
	다짐	0.1	0.4		3.0	4.0		255.9	0.3	
	유기물 함량	0.1	0.1				0.1	62.3		
	토질조사	0.1	0.4	1.0		4.0		80.7	0.6	
	투수(정수위)	0.1	0.4		3.0	6.0		57.8	0.1	
	투수(변수위) *	0.1	0.4		3.0	8.0				
	직접전단	0.1	0.4		4.0	2.5		57.8	0.1	
	3축압축(UU)	0.1	0.4		6.0	4.5		69.6	0.2	
	3축압축(CU) *	0.1	0.4		7.5	5.0				
	3축압축(CD) *	0.1	0.4		10.5	7.0				
터파기	토질조사	0.1	0.4	1.0		4.0		16.0	1.0	
	지지력 확대기초	0.1	0.4	10.0		7.0				
	지지력/밀뚝기초/정재하	0.1	0.4	2.1	25.7	44.2	24.8	81.0		
	지지력/말뚝기초/동재하	0.1	0.4	2.6	9.4	1.8	1.7	9.0		
지반조사 (연약지반 등)	토질조사	0.1	0.4	1.0		4.0		16.0	1.0	
	함수비	0.1	0.1				0.2	33.5		
	입도	0.1	0.4	3.4		4.4		128.6	0.7	
	밀도	0.1	0.2	0.4	0.3	0.8		34.0	0.2	1.0
	액성한계	0.1	0.4	0.3	0.7	0.8		49.4	0.1	
	소성한계 *	0.1	0.4	0.2	0.3	0.3		48.5	0.1	
	세립토비율	0.1	0.1		0.5	0.6		44.5	0.2	
	흙의 압밀시험	0.1	0.4	6.0		7.3		142.8	0.3	
	1축 압축강도	0.1	0.4		2.5	3.0		40.5	0.1	
	3축압축(UU)	0.1	0.4		6.0	4.5		69.6	0.2	
	3축압축(CU) *	0.1	0.4		7.5	5.0				
	3축압축(CD) *	0.1	0.4		10.5	7.0				
	표준관입시험	0.1	0.4	1.0	6.0	6.0				
	투수(정수위)	0.1	0.4		3.0	6.0		57.8	0.1	
	투수(변수위) *	0.1	0.4		3.0	8.0				

종별	시험종목	인력(시간)						공공요금		
		시험관리		시험				전기	상수도	가스
		특급	중급	특급	고급	중급	초급	Kwh	m^3	m^3
	점성토의 현장베인전단 시험	0.1	0.4	5.0		2.5				
	압밀배수조건하의 직접 전단 시험	0.1	0.4		4.0	2.5		4.0	0.2	
	동적콘관입시험	0.1	0.4	2.0		6.2	18.0			
	유기물함량	0.1	0.1				0.1	45.5		
되메우기 및 구조물 뒷채움	다짐	0.1	0.4		3.0	4.0		147.9	0.1	
	현장밀도	0.1	0.2			1.5	2.0	121.9	0.1	
	평판재하(성토체)	0.1	0.4		4.0	4.0				
	입도	0.1	0.4	3.4		4.4		204.5	0.7	
	함수비	0.1	0.1				0.2	33.5		
콘크리트 널말뚝	겉모양 및 모양	0.1	0.1				0.1			
	치수	0.1	0.1				0.1			
	굽힘강도	0.1	0.1		2.0	2.0		3.8		
원심력철근콘크리트 말뚝	겉모양 및 모양	0.1	0.1				0.1			
	치수	0.1	0.1				0.1			
	몸체 및 이음부의 휨강도	0.1	0.2			0.2				
	철근의 배치	0.1	0.2	0.3	0.5					
프리텐션 방식 원심력 PC 말뚝	겉모양 및 모양	0.1	0.1				0.1			
	치수	0.1	0.1				0.1			
	몸체 및 이음부의 휨강도	0.1	0.2			0.2				
	PC강재 및 철근배치	0.1	0.2	0.3	0.5					
프리텐션 방식원심력고강도 콘크리트 말뚝	겉모양 및 모양	0.1	0.1				0.1			
	치수	0.1	0.1				0.1			
	몸체 및 이음부의 휨강도	0.1	0.2			0.2				
	몸체의 축력 휨강도	0.1	0.2				0.1			
	몸체의 전단 강도	0.1	0.2				0.1			
	PC강재 및 철근배치	0.1	0.2	0.3	0.5					
프리텐션 방식 진동 PC말뚝	겉모양 및 모양	0.1	0.1				0.1			
	치수	0.1	0.1				0.1			
	몸체 및 이음부의 휨강도	0.1	0.2			0.2				
	PC강재 및 철근배치	0.1	0.2	0.3	0.5					
강관말뚝	화학성분	0.1	0.2	0.3	0.5			12.0		
	모양, 치수, 질량	0.1	0.1				0.1			
	인장시험	0.1	0.2			0.8	0.8	9.0		
	편평시험	0.1					0.1			
	용접부의 비파괴검사									
H형강 말뚝	화학성분	0.1	0.2	0.3	0.5			3.6		
	탄소당량	0.1	0.2		0.5			3.6		
	항복점또는항복강도, 인장강도및연신율	0.1	0.2				0.1	27.0		
	샤르피 흡수에너지	0.1	0.4	0.2	0.3					

종별	시험종목	인력(시간)						공공요금		
		시험관리		시험				전기	상수도	가스
		특급	중급	특급	고급	중급	초급	Kwh	m^3	m^3
	모양,치수,질량	0.1	0.1				0.1	5.0		
열간 압연강 널말뚝	화학성분	0.1	0.2	0.3	0.5					
	항복점또는내력, 인장강도및연신율	0.1	0.2				0.1	27.0		
	이음인장강도 (직선형 강널말뚝)	0.1	0.2			0.8	0.8	9.0		
	모양, 치수, 단위질량	0.1	0.1				0.1	5.0		
용 접 용 열간압연 강 널말뚝	화학성분	0.1	0.2	0.3	0.5			3.6		
	탄소당량	0.1	0.2		0.5			3.6		
	항복점또는내력, 인장강도및연신율	0.1	0.2				0.1	27.0		
	이음인장강도 (직선형 강널말뚝)	0.1	0.2			0.8	0.8	9.0		
	샤르피 흡수에너지	0.1	0.4	0.2	0.3					
	모양,치수,단위질량	0.1	0.1				0.1	5.0		
샌드매트 및 샌드 드레인 용 모래	투수계수	0.1	0.2		3.0	3.0		168.5	0.5	
	0.08mm 통과량	0.1	0.2			0.5		145.9	0.7	
	D15	0.1	0.2			2.0		32.1	0.1	
	D85	0.1	0.2			2.0		32.1	0.1	
케 이 슨 채움재용 철강 슬래그	겉모양	0.1	0.1				0.1			
	수침팽창비 (제강슬래그 사용시)	0.1	0.4		7.0		10.0	113.9	0.2	
	입도	0.1	0.4			2.0		32.1	0.1	
	표건밀도	0.1	0.2			3.0		157.0	0.1	
	단위용적질량	0.1	0.2			0.5	0.5	10.0		
	수중단위용적질량	0.1	0.2			1.5		15.0	0.1	

나. 철근콘크리트공사

종별	시험종목	인력(시간)						공공요금		
		시험관리		시험				전기	상수도	가스
		특급	중급	특급	고급	중급	초급	Kwh	m^3	m^3
콘크리트 용 골재	절대 건조 밀도 및 흡수율	0.1	0.2		0.5		0.8	48.1	0.1	
	입도,조립률	0.1	0.2		0.5	0.5	0.5	20.3	0.1	
	0.08mm 체 통과량	0.1	0.1		0.2	0.2		42.9	0.2	
	잔골재의 유기 불순물	0.1	0.2		0.3	0.2		21.6	0.2	
	점토 덩어리	0.1	0.1		0.2	0.2	0.6	42.9	0.2	
	굵은 골재의 마모율	0.1	0.2		0.3		1.0	42.3	0.1	

종별	시험종목	인력(시간)						공공요금		
		시험관리		시험				전기	상수도	가스
		특급	중급	특급	고급	중급	초급	Kwh	m^3	m^3
	알칼리 골재 반응 시험(모르타르바법)	0.1	0.4	4.5		6.5		249.6	0.1	
	알칼리골재 반응 시험(화학적)*	0.1	0.4	4.0		6.0				
	알칼리 골재 반응 시험(ASTM C1260) *	0.1	0.4	4.5		6.5				
	석탄 및 갈탄 함유량	0.1	0.4		0.5	1.5		39.1	0.2	
	안정성	0.1	0.4		1.0	2.0		146.6	0.4	
	염화물 함유량	0.1	0.2		0.2	0.4		23.3	0.3	
	잔골재의 표면수량	0.1	0.1		0.3	1.0		17.4	0.2	
콘크리트용부순골재	절대 건조 밀도 및 흡수율	0.1	0.2		0.5		0.8	43.7	0.1	
	입도,조립률	0.1	0.2		0.5	0.5	0.5	20.3	0.1	
	0.08mm 체 통과량	0.1	0.1		0.2	0.2		42.9	0.2	
	입자모양판정 실적률	0.1	0.2		0.2	0.2		22.3		
	굵은 골재의 마모율	0.1	0.2		0.3		1.0	42.3	0.1	
	알칼리 골재 반응 시험(모르타르바법)	0.1	0.4	4.5		6.5		249.6	0.1	
	알칼리골재 반응 시험(화학적)*	0.1	0.4	4.0		6.0				
	알칼리 골재 반응 시험(ASTM C1260)*	0.1	0.4	4.5		6.5				
	안정성	0.1	0.4		1.0	2.0		95.4	0.2	
콘크리트용순환골재	절대 건조 밀도 및 흡수율	0.1	0.2		0.5		0.8	43.7	0.1	
	입도	0.1	0.2		0.5	0.5	0.5	13.5	0.1	
	0.08mm 체 통과량	0.1	0.1		0.2	0.2		42.9	0.2	
	입자모양판정 실적률	0.1	0.2		0.2	0.2		22.3		
콘크리트용 순환골재	굵은 골재의 마모율	0.1	0.2		0.3		1.0	42.3	0.1	
	점토덩어리량	0.1	0.1		0.2	0.2	0.6	42.9	0.2	
	이물질함유량/유기이물질	0.1	0.4		1.5	2.5		51.5	0.2	
	이물질함유량/무기이물질	0.1	0.1		0.3	0.4		32.3	0.3	
	알칼리 골재 반응 시험(모르타르바법)	0.1	0.4	4.5		6.5		249.6	0.1	
	알칼리 골재 반응 시험(화학적)*	0.1	0.4	4.0		6.0				
	알칼리 골재 반응 시험(ASTM C1260) *	0.1	0.4	4.5		6.5				

종별	시험종목	인력(시간)						공공요금		
		시험관리		시험				전기	상수도	가스
		특급	중급	특급	고급	중급	초급	Kwh	m^3	m^3
	굵은 골재의 안정성	0.1	0.4		1.0	2.0		165.0	0.4	
콘크리트 용고로슬래그 골재	화학분석	0.1	0.2			0.2	0.2			
	절대 건조 밀도 및 흡수율	0.1	0.2		0.5		0.8	60.0	0.1	
	단위용적질량	0.1	0.1				0.2	11.3	0.1	
	수중침지	0.1	0.4		0.8	0.7		30.8	0.4	
	입도	0.1	0.2		0.5	0.5	0.5	13.5	0.1	
콘크리트 용동슬래그 골재	산화칼슘(CaO)	0.1	0.2		0.3					
	황(S)	0.1	0.2		0.3					
	삼산화황(SO3)	0.1	0.2		0.2					
	모든 철(FeO)	0.1	0.2		0.3					
	염화물량(NaCl)	0.1	0.2		0.2	0.4		18.0	0.1	
	절대 건조 밀도 및 흡수율	0.1	0.2		0.5		0.8	60.0	0.1	
	단위용적질량	0.1	0.1				0.2	15.0	0.1	
	입도 시험	0.1	0.2		0.5	0.5	0.5	8.7	0.1	
	알칼리실리카 반응	0.1	0.4	4.0		6.0		63.0	3.1	
콘크리트 용연슬래그골재	유해물질 용출량	0.1	0.2	0.5	1.0	0.6		8.0	2.0	1.0
	산화칼슘(CaO)	0.1	0.2		0.3			15.1	0.1	
	황(S)	0.1	0.2		0.3			15.1	0.1	
	삼산화황(SO3)	0.1	0.2		0.2			15.1	0.1	
	철(FeO)	0.1	0.2		0.3			15.1	0.1	
	염화물량(NaCl)	0.1	0.2		0.2	0.4		9.5	1.1	
	절건 밀도 및 흡수율	0.1	0.2		0.5		0.8	30.1	0.1	
	단위용적질량	0.1	0.1				0.2	15.0	0.1	
	입도	0.1	0.2		0.5	0.5	0.5	8.7	0.1	
콘크리트 용 페로니켈 슬래그 잔골재	산화칼슘(CaO)	0.1	0.2		0.3			15.1	0.1	
	산화마그네슘(MgO)	0.1	0.4		0.3			15.1	0.1	
	황(S)	0.1	0.2		0.3			15.1	0.1	
	모든 철(FeO)	0.1	0.2		0.3			15.1	0.1	
	금속 철(FeO)	0.1	0.2		0.3			15.1	0.1	
	절대건조건밀도 및 흡수율	0.1	0.2		0.5		0.8	30.1	0.1	
	단위용적질량	0.1	0.1				0.2	15.0	0.1	
	입도	0.1	0.2		0.5	0.5	0.5	8.7	0.1	
	알칼리 골재 반응 시험 (모르타르바법)	0.1	0.4	4.5		6.5		63.0	3.1	
	알칼리 골재 반응 시험 (화학적)*	0.1	0.4	4.0		6.0				
	알칼리 골재 반응 시험 (ASTM C1260)*	0.1	0.4	4.5		6.5				

종별	시험종목	인력(시간)						공공요금		
		시험관리		시험				전기	상수도	가스
		특급	중급	특급	고급	중급	초급	Kwh	m^3	m^3
콘크리트용 전기로 산화슬래그 잔골재	화학분석	0.1	0.5		0.5			15.1	0.1	
	절건 밀도 및 흡수율	0.1	0.2		0.5		0.8	30.1	0.1	
	단위용적질량	0.1	0.1				0.2	15.0	0.1	
	입도	0.1	0.2		0.5	0.5	0.5	0.7	0.1	
콘크리트용 전기로 산화슬래그 잔골재	알칼리 골재 반응 시험(모르타르바법)	0.1	0.4	4.5		6.5		63.0	3.1	
	알칼리 골재 반응 시험(화학적)*	0.1	0.4	4.0		6.0				
	알칼리 골재 반응 시험(ASTM C1260)*	0.1	0.4	4.5		6.5				
프리캐스트콘크리트용바텀애시골재	삼산화황(SO3)	0.1	0.2		0.2			11.7	0.1	
	염화물량(NaCl 환산량)	0.1	0.2		0.2	0.4		19.7	0.9	
	점토덩어리	0.1	0.1		0.2	0.2	0.6	46.3	1.2	
	연한 석편	0.1	0.4			1.5	1.5	33.8	1.1	
	강열감량	0.1	0.2			0.6		8.7	1.0	
	유기불순물	0.1	0.2		0.3	0.2		20.5	1.6	
	절건밀도,흡수율/굵은골재	0.1	0.2		0.5		0.8	30.1	0.1	
	절건밀도,흡수율/잔골재	0.1	0.2		0.5		0.8	30.1	0.1	
	마모율	0.1	0.2		0.3		1.0	43.9	1.6	
	입도 및 조립률	0.1	0.2		0.5	0.5	0.5	8.7	0.1	
구조용 경량골재	흡수율	0.1	0.2		0.5		0.8	30.1	0.1	
	굵은골재의 부립율	0.1	0.2			0.7	1.0	75.0	0.1	
	입도,조립률	0.1	0.2		0.5	0.5	0.5	8.7	0.1	
	강열감량	0.1	0.2			0.6		8.7	1.0	
	단위용적질량	0.1	0.1				0.2	15.0	0.1	
	점토 덩어리	0.1	0.1		0.2	0.2	0.6	46.3	1.2	
	유기 불순물	0.1	0.2		0.3	0.2		20.5	1.6	
	염화물량	0.1	0.2		0.2	0.4		19.7	0.9	
	안전성	0.1	0.4		1.0	2.0		170.7	1.0	
	콘크리트/압축강도	0.1	0.2			0.7	0.3	20.5		
	콘크리트/인장강도	0.1	0.4			0.9	0.4	21.5	0.5	
	콘크리트/단위용적질량	0.1	0.2			0.5	0.2		0.1	
	콘크리트/건조수축	0.1	0.4		1.3	0.4		2866.3	0.1	
	콘크리트/팝아웃	0.1	0.4		2.6			112.0	0.1	
	콘크리트/동결융해시험	0.1	0.4		1.5	1.8		3274.9	2.6	
도자기질타일시멘트	위치교정도	0.1	0.1				0.1	0.6	0.1	
	개방시간	0.1	0.1				0.1	0.8	0.1	
	압축강도	0.1	0.1				0.3	246.4	0.1	

종별	시험종목	인력(시간)						공공요금		
		시험관리		시험				전기	상수도	가스
		특급	중급	특급	고급	중급	초급	Kwh	m^3	m^3
	흡수율	0.1	0.1				0.2	293.5	0.1	
	전단접착강도	0.1	0.1				0.2	61.2	0.1	
	길이변화율	0.1	0.1		0.3	0.3		100.0	0.2	
	보수율	0.1	0.1				0.1	0.5	0.1	
	실내공기 오염물질 방출량	0.1	0.4		5.0	3.0	0.5	995.0	0.1	
포틀랜드 시멘트	화학성분	0.1	0.5		0.5			6.0	0.1	
	분말도	0.1	0.2		0.3	1.0		2.5		
	안정도	0.1	0.2		0.3	0.4		53.7	0.1	
	응결시간	0.1	0.2		0.2	0.2		13.7	0.1	
	압축강도	0.1	0.2		0.4	0.5		118.2	0.1	
	수화열	0.1	0.2			0.5	1.0	3.0	2.0	
백색 포틀랜드 시멘트	화학분석	0.1	0.5		0.5			1.1	2.0	
	분말도	0.1	0.2		0.3	1.0		1.0	0.5	
	안정도	0.1	0.2		0.3	0.4		40.9	0.3	
	응결시간	0.1	0.2		0.2	0.2		10.1	0.1	
	압축강도	0.1	0.2		0.4	0.5		593.3	0.1	
	백색도	0.1	0.2			0.3	0.4	1.5	1.1	
고로 슬래그 시멘트	화학 분석	0.1	0.5		0.5			1.1	2.0	
	분말도	0.1	0.2		0.3	1.0		2.0	2.0	
	안정도	0.1	0.2		0.3	0.4		41.3	0.6	
	응결시간	0.1	0.2		0.2	0.2		13.7	0.4	
	압축강도	0.1	0.2		0.4	0.5		764.7	0.4	
메이슨리 시멘트	분말도	0.1	0.2		0.3	1.0		1.0	1.0	
	안정도	0.1	0.2		0.3	0.4		61.0	0.4	
	응결시간	0.1	0.2		0.2	0.2		13.7	0.4	
	압축강도	0.1	0.2		0.4	0.5		137.4	0.6	
	모르타르 공기량	0.1	0.2		0.3	1.0		1.0	0.6	
	보수성	0.1	0.2		0.3	2.0		3.0	2.0	
	오염	0.1	0.2			0.5	1.0	3.0	2.0	
플라이애시 시멘트	비표면적	0.1	0.2			1.0		3.0	2.0	
	응결시간	0.1	0.2		0.2	0.2		13.7	0.3	
	안정도	0.1	0.2		0.3	0.4		41.5	0.6	
	압축강도	0.1	0.2		0.4	0.5		92.8	0.4	
	화학성분	0.1	0.5		0.5			1.6	2.0	
포틀랜드 포졸란 시멘트	화학분석	0.1	0.5		0.5			0.5	1.0	
	비표면적	0.1	0.2			1.0		1.0	1.0	
	안정도	0.1	0.2		0.3	0.4		41.0	0.3	
	응결시간	0.1	0.2		0.2	0.2		10.3	0.3	
	압축강도	0.1	0.2		0.4	0.5		92.8	0.4	
물 (수질검사)	현탁 물질의 양	0.1	0.2		0.2		0.2	31.0	2.0	
	용해성 증발 잔류물의 양	0.1	0.2		0.2	0.3		30.3	0.6	

종별	시험종목	인력(시간)						공공요금		
		시험관리		시험				전기	상수도	가스
		특급	중급	특급	고급	중급	초급	Kwh	m^3	m^3
	염소이온량	0.1	0.2		0.5	0.4		30.5	0.6	
	시멘트 응결시간의 차	0.1	0.2		0.5	0.5		15.5	0.4	
	모르타르 압축강도비	0.1	0.2		0.5	0.5		776.4	0.6	
	슬러지수의 농도	0.1	0.2		0.2	0.2		31.5	2.0	
콘크리트 용화학혼화제	재료의혼합(믹싱) *	0.1	0.4	3.0	3.0	5.0	5.0			
	감수율	0.1	0.1				0.1	1.0	0.6	
	블리딩양의 비	0.1	0.2		0.5			1.0	0.4	
	응결시간의 차	0.1	0.2	0.6		1.0		1.0	0.6	
	압축강도의 비	0.1	0.2			1.3		92.9	0.4	
	길이변화비	0.1	0.2		0.9	0.2	0.4	2847.8	1.0	
	동결융해에 대한 저항성	0.1	0.4		0.9	1.0		3319.5	3.1	
	경시변화량	0.1	0.2			1.0		15.6	1.1	
	전체 알칼리량	0.1	0.2			0.3		6.0	4.0	
	적외선 흡수 스펙트럼	0.1	0.2			0.3		6.0	6.0	6.0
철근콘크리트용 방청제	부식상황	0.1	0.4		1.0	2.0	0.5	52.5	1.1	
	방청률	0.1	0.4		1.0	2.8	0.5	154.5	2.1	
	콘크리트의 응결시간차	0.1	0.2	0.6		1.0		1.0	0.6	
	콘크리트의 압축강도비	0.1	0.2			1.3		136.5	0.6	
콘크리트 양생용 액상피막 형성제	피막의 성질	0.1	0.4		0.6		0.6	1.6	0.7	
	컨시스턴시	0.1	0.4			0.5	0.5	3.1	0.7	
	저장안정도	0.1	0.4		2.0	0.3		541.5	1.0	
	건조시간	0.1	0.2		0.4		0.3	12.9	0.9	
	습기유지	0.1	0.4		0.8	1.0		166.8	0.9	
콘크리트용 팽창재	산화마그네슘, 강열감량	0.1	0.2			0.7	0.7	0.8	1.0	
	비표면적	0.1	0.2		0.3	0.6		1.6	1.1	
	1.2mm체 잔류율	0.1	0.2		0.2	0.2		31.5	1.1	
	응결	0.1	0.2		0.1	0.1		10.4	0.7	
	팽창성(길이변화율)	0.1	0.2		0.4	1.7		2311.2	0.2	
	압축강도	0.1	0.2		0.5	0.7		781.8	0.2	
콘크리트 혼입용 방수재	응결 시간 차	0.1	0.2	0.6		1.0		1.1	0.1	
	경시변화에 따른 공기량 변화	0.1	0.1				0.2	2.9	0.1	
	길이 변화율	0.1	0.2		0.9	0.2	0.4	1174.7	0.1	
	동결 융해에 대한 저항성	0.1	0.4		0.9	1.0		5500.4	0.2	
	탄산화 깊이비	0.1	0.4		1.0	1.0		2155.5	0.1	
	압축강도비	0.1	0.2			1.3		843.6	0.4	
	물흡수 계수비	0.1	0.2		0.5	0.5		1227.5	0.1	
	투수비	0.1	0.4			1.0	1.0	1228.5	0.1	
	염소이온 침투깊이	0.1	0.4		0.8	0.8		1239.6	0.1	

종별	시험종목	인력(시간)						공공요금		
		시험관리		시험				전기	상수도	가스
		특급	중급	특급	고급	중급	초급	Kwh	m^3	m^3
숏크리트용 급결제	압축강도	0.1	0.1			0.6	0.7	802.3	0.1	
	응결시간	0.1	0.2		0.4		0.3	32.0	0.1	
콘크리트용 강섬유	치수(형상비,허용오차)	0.1	0.1		0.6					
	겉모양	0.1	0.1		0.6					
	인장강도	0.1	0.2		0.3	1.2		5.0		
	굽힘정도	0.1	0.2			0.4		4.8		
플라이애시	이산화규소	0.1	0.1	0.3			0.3	14.5		
	수분	0.1	0.1				0.2	5.8		
	강열감량	0.1	0.1				0.2	6.7		
	밀도	0.1	0.2		0.2	0.1		0.9	0.1	
	분말도	0.1	0.2		0.3	0.9		15.5	0.1	
	플로값 비	0.1	0.2		0.3	0.6		0.6	0.1	
	활성도 지수	0.1	0.2		0.3	0.6		337.6	0.1	
콘크리트용 고로슬래그 미분말	밀도	0.1	0.2			0.2	0.2	0.9	0.1	
	비표면적	0.1	0.2				1.2			
	활성도 지수	0.1	0.4			0.6	2.1	832.8	0.1	
	플로값 비	0.1	0.2			0.3	0.3	0.6	0.1	
	산화마그네슘(MgO)	0.1	0.2				1.4	0.2		
	삼산화황 정량방법(SO3)	0.1	0.2				1.4	12.0		
	강열감량	0.1	0.2			0.2	0.2	6.7		
	염화물 이온	0.1	0.2		0.5		0.5	39.0	0.1	
콘크리트용 실리카 퓸	비표면적	0.1	0.2				1.2			
	활성도 지수	0.1	0.4			0.6	2.1	793.5	0.1	
	이산화규소(SiO2)	0.1	0.2			0.5	0.5			
	산화마그네슘(MgO)	0.1	0.2				1.4	0.2		
	삼산화황(SO3)	0.1	0.2				1.4	12.0		
	염화물 이온	0.1	0.2		0.5		0.5	39.0	0.1	
콘크리트용실리카퓸	강열감량	0.1	0.2			0.2	0.2	6.7		
	45μm체에 남은 양	0.1	0.2			0.4	0.3	45.0	0.1	
굳지 아니한 콘크리트(레미콘 포함)	배합설계	0.1	0.4	8.0	16.0	24.0	24.0	1052.6	0.3	
	현장배합수정	0.1	0.4			1.5	1.5	60.0	0.1	
	온도	0.1	0.1				0.5			
	슬럼프 또는 슬럼프 플로	0.1	0.1				0.1		0.1	
	공기량	0.1	0.2			0.3	0.2		0.2	
	용적	0.1	0.1			0.5			0.2	
	염화물 함유량	0.1	0.2			0.2		35.0	0.5	
	단위수량	0.1	0.1				0.2		0.1	
	압축강도(3개한조)	0.1	0.1			0.1	0.2	0.9		
	공시체제작	0.1	0.2			1.0	1.0			

종별	시험종목	인력(시간)						공공요금		
		시험관리		시험				전기	상수도	가스
		특급	중급	특급	고급	중급	초급	Kwh	m^3	m^3
철근콘크리트용 봉강	화학성분	0.1	0.2		0.1	0.2	0.4	3.7		
	항복점 또는 항복강도	0.1	0.2		0.2	0.3	0.3	6.4		
	인장강도	0.1	0.2		0.2	0.3	0.3	4.9		
	연신율	0.1	0.2		0.2	0.3	0.3	6.4		
	굽힘성	0.1	0.2			0.1	0.1	4.7		
	겉모양,치수,무게	0.1					0.1	0.1		
철근콘크리트용 재생봉강	항복점 또는 항복강도	0.1	0.2		0.2	0.3	0.3	6.4		
	인장강도	0.1	0.2		0.2	0.3	0.3	4.9		
	연신율	0.1	0.2		0.2	0.3	0.3	6.4		
	굽힘성	0.1	0.2			0.1	0.1	4.7		
	겉모양,치수,무게	0.1					0.1	0.1		
에폭시 피복철근	피복두께	0.1	0.2			0.5				
	핀홀	0.1	0.2			0.5				
	굽힘성	0.1	0.4			1.0	1.0	4.5		
	열특성(피복경화)	0.1	0.2			0.5		0.2		
	콘크리트에 대한 부착력	0.1	0.4		3.0		4.4	265.3	0.1	
	겉모양,치수,무게	0.1	0.4		0.2	0.5				
철근콘크리트용 아연도금 봉강	항복점 또는 항복강도	0.1	0.2		0.2	0.3	0.3	4.3		
	인장강도	0.1	0.2		0.2	0.3	0.3	3.7		
	연신율	0.1	0.2		0.2	0.3	0.3	4.3		
	굽힘성	0.1	0.2			0.1	0.1	0.8		
	겉모양,치수,무게	0.1					0.1	0.1		
	아연도금 부착량	0.1	0.2		0.3	1.0	1.1	1.1	0.2	
PC강선 및 PC강연선	겉모양 및 치수	0.1					0.1			
	0.2%영구연신율에 대한 하중	0.1	0.2			0.1	0.1	1.1		
	인장하중	0.1	0.2			0.1	0.1	1.3		
	연신율	0.1	0.2			0.1	0.1	6.1		
	릴랙세이션	0.1	0.1	0.4		1.5	2.7	3753.8		
PC강봉	겉모양 및 치수	0.1					0.1			
	화학성분(P,S,Cu)	0.1	0.2		0.4		0.3	3.8		
	0.2% 항복강도	0.1	0.2			0.1	0.1	6.1		
PC강봉	인장강도	0.1	0.2			0.1	0.1	4.7		
	연신율	0.1	0.2			0.1	0.1	6.1		
	릴랙세이션	0.1	0.1	0.4		1.5	2.7	3753.8		
PC경강선	겉모양 및 치수	0.1					0.1			
	0.2%영구연신율에 대한 하중	0.1	0.2			0.1	0.1	6.1		
	인장하중	0.1	0.2			0.1	0.1	4.7		
	연신율	0.1	0.2			0.1	0.1	6.1		
	릴랙세이션	0.1	0.1	0.4		1.5	2.7	3753.8		
경강선	겉모양	0.1					0.1			
	지름	0.1	0.1				0.1			
	인장강도	0.1	0.2			0.1	0.1	3.3		

종별	시험종목	인력(시간)						공공요금		
		시험관리		시험				전기	상수도	가스
		특급	중급	특급	고급	중급	초급	Kwh	m^3	m^3
	감기성능	0.1	0.1				0.2	0.9		
	비틀림 특성	0.1	0.1				0.2	3.0		
	굽힘성	0.1	0.1			0.1	0.3	5.8		
연강선재	겉모양	0.1					0.1			
	치수	0.1					0.1			
	화학성분	0.1	0.2		0.4		0.3	0.7		
용접철망 및 철근 격자	겉모양,치수,무게	0.1					0.1	0.1		
	항복점 또는 0.2%항복강도	0.1	0.2			0.1	0.1	3.2		
	인장강도	0.1	0.2			0.1	0.1	2.9		
	연신율	0.1	0.2			0.1	0.1	3.2		
	단면수축율	0.1	0.1			0.2		1.5		
	굽힘성	0.1	0.1			0.2		2.8		
	용접점 전단강도	0.1	0.1			0.2		2.7		
	용접점의 박리	0.1	0.1			0.2		0.5		
철근 이음	가스압접이음/외관검사	0.1	0.1				0.2			
	가스압접이음/인장시험	0.1	0.2			0.8	0.8			
	기계적이음/외관검사	0.1	0.1				0.2			
	기계적이음/인장시험	0.1	0.2			0.8	0.8			
	용접이음/외관검사	0.1	0.1				0.2			
	용접이음/인장시험	0.1	0.2			0.8	0.8			
배치플랜트	계량기의눈금점검, 자동계량장치점검	0.1	0.4		1.0					
	믹서성능시험/가경식믹서	0.1	0.4	2.0		5.4			0.2	
	믹서성능시험/강제혼합믹서	0.1	0.4	2.0		5.4			0.2	
그라우트	컨시스턴시	0.1	0.1				0.1		0.2	
	블리딩률 및 팽창률	0.1	0.1		0.2	0.2			0.2	
	압축강도	0.1	0.2		0.3	0.4		37.3	0.2	
	염화물 함유량	0.1	0.2		0.3	2.0		15.0	0.1	
수경성시멘트무수축그라우트	유하시간	0.1	0.1				0.1		0.2	
	플로	0.1	0.1				0.2	0.2	0.2	
	응결시간	0.1	0.2			0.1	0.2	22.2	0.2	
	블리딩률 및 팽창률	0.1	0.1		0.2	0.2			0.1	
	팽창높이	0.1	0.2			1.0	0.6	454.5	0.2	
	압축강도	0.1	0.2		0.3	0.4		36.2	0.2	
	염화물 함유량	0.1	0.2		0.3	2.0		157.5	0.2	
조립용 콘크리트 벽판	단열성	0.1	0.2	0.3	2.0	2.0		3150.0	1.0	
	내화성	0.1	0.4		2.5	4.0		264.0	20.0	160.0
	콘크리트 강도	0.1	0.1			0.2	0.3			
조립용	단열성	0.1	0.2	0.3	2.0	2.0		3150.	1.0	

종별	시험종목	인력(시간)						공공요금		
		시험관리		시험				전기	상수도	가스
		특급	중급	특급	고급	중급	초급	Kwh	m^3	m^3
콘크리트 바닥판								0		
	내화성	0.1	0.4		2.5	4.0		264.0	20.0	160.0
	콘크리트 강도	0.1	0.1			0.2	0.3			
조 립 용 콘크리트 지붕판	단열성	0.1	0.2	0.3	2.0	2.0		3150.0	1.0	
	내화성	0.1	0.4		2.5	4.0		264.0	20.0	160.0
	콘크리트 강도	0.1	0.1			0.2	0.3			
경량기포 콘크리트 패널(ALC 패널)	ALC/절건밀도	0.1	0.1				0.2			
	ALC/압축강도	0.1	0.2			0.3	0.4	40.0		
	ALC/길이변화율	0.1	0.2			0.5	0.5	37.0	0.2	
	방청제/방청성능	0.1	0.1			0.1		0.4	0.2	

다. 철강구조물공사

종별	시험종목	인력(시간)						공공요금		
		시험관리		시험				전기	상수도	가스
		특급	중급	특급	고급	중급	초급	Kwh	m^3	m^3
일반 구조용 압연강재	겉모양,치수,무게	0.1					0.1	0.1		
	화학성분	0.1	0.2			0.2	0.3	3.7		
	항복점 또는 항복강도	0.1	0.1			0.2	0.1	5.4		
	인장강도	0.1	0.1			0.2	0.1	5.9		
	연신율	0.1	0.1			0.2	0.1	7.2		
	굽힘성	0.1	0.1			0.2	0.1	4.5		
용접구조용 압연강재	겉모양,치수,무게	0.1					0.1	0.1		
	화학성분	0.1	0.2			0.2	0.3	3.7		
	탄소당량 또는 용접 균열감수성	0.1	0.4		0.5		0.5	10.6		
	항복점 또는 항복강도	0.1	0.1			0.2	0.1	5.4		
	인장강도	0.1	0.1			0.2	0.1	5.9		
	연신율	0.1	0.1			0.2	0.1	7.2		
	샤르피 흡수에너지	0.1	0.4		0.5			1.1		
용접구조용 내후성 열간 압연 강재	겉모양,치수,무게	0.1					0.1	0.1		
	화학성분	0.1	0.2			0.2	0.3	3.7		
	탄소당량 또는 용접 균	0.1	0.4		0.5		0.5	10.6		

종별	시험종목	인력(시간)						공공요금		
		시험관리		시험				전기	상수도	가스
		특급	중급	특급	고급	중급	초급	Kwh	m^3	m^3
	열감수성									
	항복점 또는 항복강도	0.1	0.1			0.2	0.1	5.4		
	인장강도	0.1	0.1			0.2	0.1	5.9		
	연신율	0.1	0.1			0.2	0.1	7.2		
	샤르피 흡수에너지	0.1	0.4		0.5			1.1		
일반구조용 경량 형강	겉모양,치수,무게	0.1					0.1	0.1		
	화학성분	0.1	0.2			0.2	0.3	3.7		
	항복점	0.1	0.1			0.2	0.1	10.0		
	인장강도	0.1	0.1			0.2	0.1	5.9		
	연신	0.1	0.1			0.2	0.1	7.2		
열간 압연 연강판 및 강대	겉모양,치수,무게	0.1					0.1	0.1		
	화학성분	0.1	0.2			0.2	0.3	3.3		0.5
	인장강도	0.1	0.1			0.2	0.1	3.9		
	연신율	0.1	0.1			0.2	0.1	5.2		
	굽힘성	0.1	0.1			0.2	0.1	4.3		
일반구조용 용접 경량 H형강	겉모양,치수	0.1					0.1	6.1		
	화학성분	0.1	0.2			0.2	0.3	3.3		0.5
	인장강도	0.1	0.1			0.2	0.1	4.4		
	항복점	0.1	0.1			0.2	0.1	5.2		
	연신율	0.1	0.1			0.2	0.1	5.2		
일반 구조용 탄소강관	겉모양,치수,무게	0.1					0.1	0.1		
	화학성분	0.1	0.2			0.2	0.3	3.3		0.5
	인장강도	0.1	0.1			0.2	0.1	4.4		
	항복점 또는 항복강도	0.1	0.1			0.2	0.1	5.9		
	연신율	0.1	0.1			0.2	0.1	5.2		
	굽힘성	0.1	0.1			0.2	0.1	4.5		
	편평성	0.1	0.1				0.2	4.6		
	용접부 인장강도	0.1	0.2			0.8	0.8	4.4		
일반구조용 각형강관	겉모양,치수,무게	0.1					0.1	0.1		
	화학성분	0.1	0.2			0.2	0.3	3.3		0.5
	인장강도	0.1	0.1			0.2	0.1	4.4		
	항복점 또는 항복강도	0.1	0.1			0.2	0.1	5.9		
	연신율	0.1	0.1			0.2	0.1	5.2		
	굽힘성	0.1	0.1			0.2	0.1	4.3		
건축구조용 탄소강관	겉모양,치수,무게	0.1					0.1	0.1		
	화학성분	0.1	0.2			0.2	0.3	4.1		0.5
	탄소당량 또는 용접 균열감수성	0.1	0.4		0.5		0.5	2.5		
	인장강도	0.1	0.1			0.2	0.1	5.6		
	항복점 또는 내력	0.1	0.1			0.2	0.1	8.5		
	항복비	0.1	0.2			0.8	0.8	5.0		
	연신율	0.1	0.1			0.2	0.1	7.5		
	편평성	0.1	0.1				0.2	5.6		

종별	시험종목	인력(시간)						공공요금		
		시험관리		시험				전기	상수도	가스
		특급	중급	특급	고급	중급	초급	Kwh	m^3	m^3
	샤르피 흡수에너지	0.1	0.4		0.5			3.2		
	용접부 인장강도	0.1	0.2			0.8	0.8	5.6		
건축구조용 압연강재	겉모양, 모양, 치수, 무게	0.1					0.1	0.1		
	화학성분	0.1	0.2			0.2	0.3	4.1		0.5
	탄소당량 또는 용접 균열감수성	0.1	0.4		0.5		0.5	6.3		
	항복점 내력	0.1	0.1			0.2	0.1	7.5		
	인장강도	0.1	0.1			0.2	0.1	5.6		
	항복비	0.1	0.2			0.8	0.8	3.0		
	연신율	0.1	0.1			0.2	0.1	7.5		
	샤르피 흡수에너지	0.1	0.4		0.5			1.2		
	두께 방향 특성	0.1	0.2			0.6		2.5		
	초음파 탐상	0.1	0.4			2.3	2.5	12.0		
고내후성 압연강재	겉모양, 치수, 무게	0.1					0.1	0.1		
	화학성분	0.1	0.2			0.2	0.3	3.3		0.5
	인장시험	0.1	0.1			0.2	0.1	3.9		
	굽힘성	0.1	0.1			0.2	0.1	3.7		
조립용 형강	겉모양, 치수	0.1					0.1			
	화학성분	0.1	0.2			0.2	0.3	6.5		
	인장강도	0.1	0.1			0.2	0.1	7.6		
	항복점	0.1	0.1			0.2	0.1	10.5		
	0.2% 항복강도	0.1	0.2			0.8	0.8	9.0		
	연신율	0.1	0.1			0.2	0.1	10.5		
건축구조용 표면처리 경량형강	겉모양, 치수, 무게	0.1					0.1	4.6		
	화학성분	0.1	0.2			0.2	0.3	5.1		
	항복점	0.1	0.1			0.2	0.1	6.3		
	인장강도	0.1	0.1			0.2	0.1	4.8		
	연신율	0.1	0.1			0.2	0.1	6.3		
	도금의 부착량	0.1	0.4			1.0	1.0	2.7	0.1	
구조용 고장력 탄소강 및 저합금강 주강품	겉모양, 치수	0.1					0.1			
	화학성분	0.1	0.2			0.2	0.3	5.2		
	항복점 또는 내구력	0.1	0.1			0.2	0.1	12.0		
	인장강도	0.1	0.1			0.2	0.1	7.0		
	연신율	0.1	0.1			0.2	0.1	12.0		
	단면수축률	0.1	0.2			0.5	0.5	2.3		
	경도	0.1	0.2			0.6	0.6	0.6		
마찰접합용 고장력 6각볼트,6각너트, 평와셔의세트	겉모양, 치수	0.1					0.1	1.0		
	나사	0.1	0.1				0.1			
	볼트시험편/항복강도	0.1	0.1			0.2	0.1	12.0		
	볼트시험편/인장강도	0.1	0.1			0.2	0.1	12.0		
	볼트시험편/연신율	0.1	0.1			0.2	0.1	12.0		
	볼트시험편/단면 수축률	0.1	0.2			0.5	0.5	5.0		

종별	시험종목	인력(시간)						공공요금		
		시험관리		시험				전기	상수도	가스
		특급	중급	특급	고급	중급	초급	Kwh	m^3	m^3
	볼트제품/최소인장하중	0.1	0.2			0.7	0.7	10.0		
	볼트제품/경도	0.1	0.2			0.6	0.6	4.0		
	너트/경도	0.1	0.2			0.6	0.6	4.0		
	너트/보증하중	0.1	0.1				0.1	9.9		
	와셔/경도	0.1	0.2			0.6	0.6	4.0		
	세트/토크계수값	0.1	0.2			0.4	0.3	1.0		
구조물용 토크-전단형 고장력 볼트, 6각 너트, 평와셔의 세트	겉모양, 치수	0.1					0.1	1.0		
	나사	0.1	0.1				0.1			
	볼트시험편/항복강도	0.1	0.1			0.2	0.1	12.0		
	볼트시험편/인장강도	0.1	0.1			0.2	0.1	12.0		
	볼트시험편/연신율	0.1	0.1			0.2	0.1	12.0		
	볼트시험편/단면 수축률	0.1	0.2			0.5	0.5	5.0		
	볼트제품/최소인장하중	0.1	0.2			0.7	0.7	10.0		
	볼트제품/경도	0.1	0.2			0.6	0.6	4.0		
	너트/경도	0.1	0.2			0.6	0.6	4.0		
	너트/보증하중	0.1	0.1				0.1	9.9		
	와셔/경도	0.1	0.2			0.6	0.6	4.0		
	세트/체결축력	0.1	0.2			0.4	0.3	1.0		
강재 파이프 서포트	평누름에 의한 압축하중		0.4			0.5	1.2	7.0		
강관 비계용 부재	비계용강관/인장강도		0.4			0.5	1.2	7.0		
	강관조인트/휨장하중		0.4			0.8	1.6	7.0		
	강관조인트/인장하중		0.4			0.5	1.2	7.0		
	강관조인트/압축강도		0.4			0.5	1.2	7.0		
조립형 비계 및 동바리 부재	수직재/압축강도		0.4			0.5	1.2	7.0		
	수평재/휨강도		0.4			0.5	1.5	7.0		
	가새재/압축강도		0.4			0.2	1.2	7.0		
	트러스/휨하중		0.4			0.8	1.5	7.0		
	연결조인트/압축하중		0.4			0.5	1.2	7.0		
	연결조인트/인장하중		0.4			0.5	1.2	7.0		
복공판	외관상태		0.1				0.1	0.1		
	하중강도		0.4			2.2	2.0	12.0		

라. 기타

종별	시험종목	인력(시간)						공공요금		
		시험관리		시험				전기	상수도	가스
		특급	중급	특급	고급	중급	초급	Kwh	m^3	m^3
석재	밀도 및 흡수율	0.1	0.2		0.5	1.0		40.5	0.6	
	압축강도	0.1	0.2	0.1	0.1	0.4	0.1	26.3		
	탄성파 속도	<삭 제>		<삭 제>				<삭 제>		
토목섬유 매트	지반보강용/인장강도,인장변형률	0.1	0.4		0.7			1.0		
	지반보강용/수직 투수계수	0.1	0.4		0.7	0.2			0.3	
	지반보강용/봉합강도	0.1	0.4		0.3			1.0		
	배수용/인장강도	0.1	0.4		0.4			1.0		
	배수용/수직 투수계수	0.1	0.4		0.7	0.2			0.3	
토목섬유 (배수용)	인장강도, 신도	0.1	0.4		0.4			1.0		
	투수계수	0.1	0.4		0.7	0.2			0.3	
	유효구멍크기	0.1	0.4		1.7	1.7		20.0		
	내약품성(액체저항성)	0.1	0.4		0.1			9.0		
토 목 용 부 직 포 섬유	겉모양	0.1	0.2		0.3		0.4			
	무게	0.1	0.1				0.1	2.0		
	인장강도 및 신도	0.1	0.4		0.4			2.0		
토 목 용 부 직 포 섬유	봉합강도	0.1	0.4		0.3			2.0		
	투수계수	0.1	0.4		0.7	0.2		2.0	6.0	
	두께	0.1	0.1				0.1			
드레인 보드	인장강도 및 신도	0.1	0.4		0.4			30.0		
	배수성능	0.1	0.4		0.7	0.2				
	질량	0.1	0.1				0.1			
	유효구멍크기	0.1	0.4		1.7	1.7		20.0		
	내약품성(액체저항성)	0.1	0.4		0.1					
상수도용 도복장강관	치수, 무게	0.1	0.2			0.5	0.1			
	화학성분	0.1	0.2	0.4		0.1		2.7	1.0	1.0
	인장강도	0.1	0.2			0.4		6.0		
	항복점 또는 항복강도	0.1	0.2			0.1		10.0		
	연신율	0.1	0.2			0.1		10.0		
	편평성	0.1	0.4			1.0	1.2	9.0		
	비파괴 검사특성 또는 수압 시험특성	0.1	0.4			1.0	1.5	10.5	4.0	
	도복장 및 그 방법	0.1	0.2		0.2					
수 도 용 플라스틱 배관	내압시험	0.1	0.4		2.5	2.5	3.0	8.0	3.0	
	용해시험	0.1	0.4		0.3	0.6		1.0	2.8	
	파단점 신장률	0.1	0.2			0.1		10.0		
	종축 복귀성	0.1	0.1				0.1	1.0		
	산화유도시간	0.1	0.2			0.1		10.0		3.0
	용융질량흐름지수	0.1	0.2			0.2		1.2		

종별	시험종목	인력(시간)						공공요금		
		시험관리		시험				전기	상수도	가스
		특급	중급	특급	고급	중급	초급	Kwh	m^3	m^3
수도용 경질폴리염화비닐관	겉모양, 치수	0.1	0.1				0.1			
	경질(VP)/인장항복강도	0.1	0.2			0.1		10.0		
	경질(VP)/내수압성	0.1	0.2		0.2	0.3		9.0	4.0	
	경질(VP)/편평성	0.1	0.2			0.2		13.0		
	경질(VP)/비카트연화온도	0.1	0.1			0.3		3.0	0.5	
	경질(VP)/열간내압크리프성	0.1	0.4		0.2			8.0	3.0	
	경질(VP)/용출성	0.1	0.4		0.5	0.5		8.0	2.8	
	경질(VP)/불투명성	0.1	0.4		0.1	0.3		1.4		
	경질(IWVP)/내수압성	0.1	0.2		0.2	0.3		8.0	3.0	
	경질(IWVP)/비카트 연화온도	0.1	0.1			0.3		3.0	0.5	
	경질(IWVP)/열간내압크리프성	0.1	0.4		0.2			8.0	3.0	
	경질(IWVP)/용출성	0.1	0.4		0.5	0.5		8.0	2.8	
	경질(IWVP)/불투명성	0.1	0.4		0.1	0.3		1.4		
	경질(IWVP)/외부충격내구성	0.1	0.2			0.1	0.2	0.7		
	경질(IWVP)/종축복귀성	0.1	0.1				0.1	1.0		
	내충격경질(HIVP)/인장항복강도	0.1	0.2			0.1		10.0		
	내충격경질(HIVP)/내수압성	0.1	0.2		0.2	0.3		8.0	3.0	
	내충격경질(HIVP)/내충격성	0.1	0.2			0.1		3.0		
	내충격경질(HIVP)/비카트연화온도	0.1	0.1			0.3		3.0	0.5	
	내충격경질(HIVP)/열간내압크리프성	0.1	0.4		0.2			8.0	3.0	
	내충격경질(HIVP)/용출성	0.1	0.4		0.5	0.5		8.0	2.8	
일반용 경질폴리염화비닐관	겉모양,치수	0.1	0.1				0.1			
	경질/인장항복강도	0.1	0.2			0.1		10.0		
	경질/내수압성	0.1	0.2		0.2	0.3		8.0	3.0	
	경질/접합부 내수압성	0.1	0.2		0.2			8.0	3.0	
	경질/편평성	0.1	0.2			0.2		13.0		
	경질/침지성	0.1	0.2			0.5	0.5	11.3	0.2	
	경질/비카트연화온도	0.1	0.1			0.3		6.5	0.5	
	경질/정량(납)	0.1	0.2			0.1		7.0	1.0	1.0
	건물내배수용경질/비카트연화온도	0.1	0.1			0.3		6.5	0.5	
	건물내배수용경질/수밀성	0.1	0.4		0.2			8.0	3.0	
	건물내배수용경질/기밀성	0.1	0.4		0.2			8.0	3.0	
	건물내배수용경질/냉열반복유하성	0.1	0.2			0.4	0.5	11.0		
	건물내배수용경질/외부충격내구성(회전법)	0.1	0.2			0.1	0.2	1.2		
	건물내배수용경질/외부충격	0.1	0.2			0.1	0.2	2.5		

종별	시험종목	인력(시간)						공공요금		
		시험관리		시험				전기	상수도	가스
		특급	중급	특급	고급	중급	초급	Kwh	m^3	m^3
	내구성(계단법)									
일반용 경질폴리염화비닐관	건물내배수용경질/종축복귀성	0.1	0.1				0.1	1.0		
	매설하배수관용경질/비카트연화온도	0.1	0.1			0.3		6.5	0.5	
	매설하배수관용경질/편평밀봉성	0.1	0.2			1.5	1.9	7.0		
	매설하배수관용경질/곡관밀봉성	0.1	0.2			1.5	1.9	9.0		
	매설하배수관용경질/열간내압내크리프성	0.1	0.4		0.2			8.0	3.0	
	매설하배수관용경질/외부충격내구성(회전법)	0.1	0.2			0.1	0.2	1.2		
	매설하배수관용경질/종축복귀성	0.1	0.1				0.1	1.0		
	물수송용경질/비카트연화온도	0.1	0.1			0.3		6.5	0.5	
	물수송용경질/열간내압내크리프성	0.1	0.4		0.2			8.0	3.0	
	물수송용경질/외부충격내구성(회전법)	0.1	0.2			0.1	0.2	1.2		
	물수송용경질/종축복귀성	0.1	0.1				0.1	1.0		
일반용 폴리에틸렌관	치수	0.1	0.2			0.1	0.1			
	인장시험	0.1	0.2			0.3		10.0		
	수압시험	0.1	0.4		0.1	0.1		4.1	3.0	
	침지시험	0.1	0.2			0.5	0.5	12.5	0.2	
	회분시험	0.1	0.2			0.3	0.3	15.0		
철근콘크리트관	겉모양 및 모양	0.1					0.1			
	치수	0.1	0.1				0.1			
	외압강도	0.1	0.2				0.3	12.0		
	내압강도	0.1	0.2				0.3	12.0		
	수밀성	0.1	0.4		0.2			8.0	3.0	
원심력철근콘크리트관	겉모양 및 모양	0.1					0.1			
	치수	0.1	0.1				0.1			
	외압강도	0.1	0.2				0.3	12.0		
	내압강도	0.1	0.2				0.3	12.0		
	방균성능(방균관)	0.1	0.4			0.7	0.6	8.0		
코어식프리스트레스트콘크리트관	겉모양 및 모양	0.1					0.1			
	치수	0.1	0.1				0.1			
	내압강도(압력관)	0.1	0.2				0.3	12.0		
	외압강도(압력관)	0.1	0.2				0.3	12.0		

종별	시험종목	인력(시간)						공공요금		
		시험관리		시험				전기	상수도	가스
		특급	중급	특급	고급	중급	초급	Kwh	m^3	m^3
프리스트레스트콘크리트 실린더관	겉모양 및 모양	0.1					0.1			
	치수	0.1	0.1				0.1			
	내압강도	0.1	0.2				0.3	12.0		
하수도용 콘크리트 맨홀 블록	겉모양 및 모양	0.1	0.1				0.1			
	치수	0.1	0.1				0.1			
	연결부위 모양	0.1	0.1				0.1			
	압축강도	0.1	0.1				0.3	12.0		
	맨홀 연직구체의 외압강도	0.1	0.1				0.2	12.0		
	수밀성	0.1	0.4		0.2			8.0	3.0	
상·하수도·전기·통신용 맨홀뚜껑 및 틀	겉모양,치수,무게	0.1					0.1	1.0		
	정하중	0.1	0.4		0.5	1.0	1.2	12.0		
	흑연구상화율	0.1	0.4		0.5	1.2	1.0	8.5		
	화학분석	0.1	0.4		0.5	1.1	1.0	7.5	1.0	1.0
수도용 경질 폴리염화비닐 이음관	겉모양,모양 및 치수	0.1	0.2			0.1	0.1			
	경질(TS)/인장항복강도	0.1	0.2			0.3		5.1		
	경질(TS)/내수압성	0.1	0.4		0.1	0.1		4.1	3.0	
	경질(TS)/편평성	0.1	0.2			0.4		6.9		
	경질(TS)/비카트연화온도	0.1	0.2			0.2		1.9	0.5	
	경질(TS)/용출성	0.1	0.4		0.5	0.5		8.0	2.8	
	경질(IWTS)/인장항복강도	0.1	0.2			0.3		5.1		
	경질(IWTS)/내수압성	0.1	0.4		0.1	0.1		4.1	3.0	
	경질(IWTS)/비카트 연화온도	0.1	0.2			0.2		1.9	0.5	
	경질(IWTS)/용출성	0.1	0.4		0.5	0.5		8.0	2.8	
	경질(IWTS)/압착성	0.1	0.1				0.3	12.0		
	경질(IWTS)/열간내압크리프성	0.1	0.4		0.2			8.0	3.0	
	경질(IWTS)/열이완성	0.1	0.2			0.3		3.0		
	내충격성경질(HITS)/인장항복강도	0.1	0.2			0.3		5.1		
	내충격성경질(HITS)/내수압성	0.1	0.4		0.1	0.1		4.1	3.0	
	내충격성경질(HITS)/편평성	0.1	0.2			0.4		13.0		
	내충격성경질(HITS)/비카트연화온도	0.1	0.2			0.2		1.9	0.5	
	내충격성경질(HITS)/용출성	0.1	0.4		0.5	0.5		8.0	2.8	
배수용 경질 염화비닐 이음관	겉모양, 모양 및 치수	0.1	0.2			0.1	0.1	0.3		
	DV/인장항복강도	0.1	0.2			0.3		5.1		
	DV/내수압성	0.1	0.4		0.1	0.1		4.1	3.0	
	DV/편평성	0.1	0.2			0.4		6.9		
	DV/침지성	0.1	0.2			0.5	0.5	11.3	0.2	

종별	시험종목	인력(시간)						공공요금		
		시험관리		시험				전기	상수도	가스
		특급	중급	특급	고급	중급	초급	Kwh	m^3	m^3
	DV/비카트연화온도	0.1	0.2			0.2		6.5	0.5	
	DV/정량(납)	0.1	0.2			0.1		7.0	1.0	1.0
	IDDV/비카트연화온도	0.1	0.2			0.2		6.5	0.5	
	IDDV/수밀성	0.1	0.4		0.2			8.0	3.0	
	IDDV/열이완성	0.1	0.2			0.3		3.0		
상수도용 도복장 강관 이형관	겉모양,치수	0.1	0.1				0.1			
수도용 에폭시 수지분체 내외면 코팅강관	겉모양,모양 및 치수	0.1	0.4			0.3	0.3			
	도막두께	0.1	0.1				0.1			
	핀홀시험	0.1	0.4		0.9	1.1	1.2	9.8		
	굽힘시험	0.1	0.4		0.5	1.0	0.9	11.0		
	편평시험	0.1	0.4		0.5	0.6	0.5	9.0		
	충격시험	0.1	0.4		0.5	0.6	0.5	3.0		
	용출성능	0.1	0.4		1.3	3.5	4.0	10.5	5.6	
수도용 폴리에틸렌분체라이닝 강관	겉모양, 모양 및 치수	0.1	0.4			0.3	0.3	1.0		
	피막 및 피막 두께	0.1	0.1				0.1			
	핀홀시험	0.1	0.4		0.9	1.1	1.2	9.8		
	당김강도시험	0.1	0.4		0.5	1.1	1.0	5.5		
	굽힘시험	0.1	0.4		0.5	1.0	0.9	11.0		
	편평시험	0.1	0.4		0.5	0.6	0.5	9.0		
	충격시험	0.1	0.4		0.5	0.6	0.5	3.0		
	내식성시험	0.1	0.1				0.4	10.0		
	용출시험	0.1	0.4		1.3	3.5	4.0	13.0	5.6	
발포중심층을 갖는 공압출 염화비닐관	겉모양,모양,치수,색	0.1	0.2			0.1	0.1			
	편평시험	0.1	0.2			0.2		6.7		
	낙추충격	0.1	0.2			0.1		1.6		
	내열성시험	0.1	0.1			0.1	0.1	7.5		
	내전압시험	0.1	0.1				0.2	6.0		
	내연성시험	0.1	0.2			0.4		5.6	0.1	2.0
	마찰계수시험	0.1	0.2			0.4		7.0		
	내약품성시험	0.1	0.2			0.3	0.2	5.0	0.2	
	아세톤침적시험	0.1	0.2			0.6	0.1	6.0	0.2	
경질폴리염화비닐시트	겉모양,치수	0.1	0.4	0.1	0.1					
	인장항복응력	0.1	0.4		0.1	0.3		0.9		
	인장 파괴시 변형	0.1	0.4		0.1	0.3		0.9		
	인장탄성률	0.1	0.4		0.1	0.3		0.9		
	노치있는 시험편의 샤르피 충격강도	0.1	0.4		0.1	0.1		1.0		
	비카트 연화온도	0.1	0.4		0.1	0.5		6.5		
	가열치수 변화, 적층성	0.1	0.4		0.2	1.0		6.5		
	전광선 투과율	0.1	0.4		0.1	0.3		0.6		

종별	시험종목	인력(시간)						공공요금		
		시험관리		시험				전기	상수도	가스
		특급	중급	특급	고급	중급	초급	Kwh	m^3	m^3
	내약품성	0.1	0.4		0.1	3.0		8.0		
	노치없는 시험편의 샤르피 충격강도	0.1	0.4		0.2			2.0		
	하중변형온도	0.1	0.4		0.1	0.5		6.5		
	크리프 탄성율	0.1	0.4	0.1	0.3			3.0		
	밀도	0.1	0.4		0.1	0.1		0.4		
	굴곡강도	0.1	0.4		0.1	0.3		0.4		
	볼압입강도	0.1	0.4		0.2			1.0		
	체적저항률	0.1	0.2			0.5		0.5		
수도용 고무	겉모양,치수	0.1	0.4		0.2					
	경도	0.1	0.1				0.1	0.5		
	인장시험	0.1	0.1				0.1	1.3		
	영구 신장률	0.1	0.1				0.1	1.8		
	노화시험	0.1	0.4		0.3			5.0		
	영구 압축 줄음률	0.1	0.1		0.1	0.2		0.8		
	용해시험	0.1	0.4		0.6			15.0	2.0	1.0
	유리황 분석	0.1	0.4	0.2	3.2			3.0	5.0	
철선	겉모양, 치수, 무게	0.1	0.1			0.2	0.3	0.6		
	굽힘시험(용접철망용)	0.1	0.1			0.1	0.1	4.7		
	비틀림시험	0.1	0.4		0.4	1.0	0.7	6.0		
	인장시험	0.1	0.1		0.2			3.8		
염화비닐 피복철선	겉모양	0.1					0.1			
	인장강도	0.1	0.1		0.2			6.3		
	내후성	0.1	0.4		1.0	2.5	2.5	670.0	15.0	
	감기성	0.1	0.1			0.1	0.1	7.5		
	박리시험	0.1	0.1			0.1	0.1	1.0		
	지름, 최소피막두께	0.1	0.1			0.2	0.2			
회 주철품	겉모양, 치수, 무게	0.1	0.2			0.5		1.0		
	인장강도	0.1	0.1			0.1	0.1	4.8		
	경도	0.1	0.2			0.5	0.3	1.2		
	화학성분	0.1	0.4		0.5			0.6		
구상 흑연 주철품	겉모양,치수,무게	0.1	0.2			0.5		1.0		
	인장시험	0.1	0.1			0.1	0.1	4.8		
	충격시험	0.1	0.2			0.5		2.7		
	경도	0.1	0.2			0.5	0.3	0.8		
	흑연구상화율	0.1	0.4		0.4	1.0	1.0	10.5	1.0	
	화학성분	0.1	0.4		0.5			4.5		
연강용 피복아크 용접봉	인장,충격시험(용착금속)	0.1	0.4		0.7	1.0	1.0	6.6		
	수소량(용착금속)	0.1	0.4		0.6	1.0	1.0	51.0	1.0	
	굽힘시험 (용접이음쇠) / 표면굽힘	0.1	0.4		0.6	1.0	1.0	5.3		
	굽힘시험 (용접이음쇠) / 뒷면굽힘	0.1	0.4		0.6	1.0	1.0	5.3		

종별	시험종목	인력(시간)						공공요금		
		시험관리		시험				전기	상수도	가스
		특급	중급	특급	고급	중급	초급	Kwh	m^3	m^3
체인링크 철망	겉모양, 치수	0.1	0.2			0.3	0.3			
	아연부착량	0.1	0.2			0.4	0.3	2.8		
	알루미늄 부착량	0.1	0.2			0.4	0.3	2.8		
	알루미늄 피복최소두께	0.1	0.1			0.1	0.1	12.0		
	피복의 밀착성	0.1	0.1			0.1	0.1	1.8		
콘크리트 구조물 보수용 폴리머시멘트모르타르	몰탈배합	0.1	0.2			2.0				
	시멘트혼화용폴리머 고형분	0.1	0.2			0.2		0.6	0.1	
	휨, 압축, 부착강도	0.1	0.2		0.3	1.5		593.7	0.1	
	내알칼리성	0.1	0.4		0.5	1.5		1567.9	0.1	
	중성화 저항성	0.1	0.4		1.0	1.5		1966.3	0.1	
	투수량	0.1	0.2		0.3	0.4		1051.9	0.1	
	물흡수 계수	0.1	0.4		0.2	0.8		1006.2	0.1	
	습기투과 저항성	0.1	0.4	1.2		2.0		1396.1	0.1	
	염화물 이온 침투 저항성	0.1	0.4	1.5		3.5		1288.0	0.1	
	길이변화율	0.1	0.2		0.5	0.5		1276.2	0.1	
콘크리트 구조물 보수용 에폭시수지 모르타르	겉모양	0.1	0.2			0.5				
	작업가능시간	0.1	0.2			1.8		0.1	0.1	
	휨,압축,부착강도	0.1	0.2		0.3	1.5		338.7	0.1	
	투수	0.1	0.2		0.3	0.4		801.9	0.1	
	염화물 이온 침투 저항성	0.1	0.4	1.5		3.5		1038.0	0.1	
	길이변화율	0.1	0.2		0.5	0.5		1026.2	0.1	
콘크리트 구조물 보수용 에폭시수지	점성/점도	0.1	0.2	1.0		1.5				
	점성/틱소트로픽 인덱스	0.1	0.2	2.0		4.0				
	점성/슬럼프	0.1	0.2	1.0		1.5				
	접착강도	0.1	0.2	1.0		1.6				
	경화수축률/경화수축률	0.1	0.2		0.6	0.7				
	가열변화	0.1	0.2	1.0	3.0	3.0				
	인장강도	0.1	0.1				0.2			
	인장파괴시 신장률	0.1	0.1				0.1			
	압축강도 (경질형 에폭시수지)	0.1	0.1				0.2			
콘크리트 보호용 도막제	도막형성후의겉모양/ 촉진내후성시험후	0.1	0.4		2.0	3.0				
	도막형성후의겉모양/ 내알칼리성시험후	0.1	0.4		0.3	3.0				
	도막형성후의겉모양/ 내염수성시험후	0.1	0.4		0.3	3.0				
	도막형성후의겉모양/ 온·냉반복시험후	0.1	0.4		0.3	2.0				
	염화물 이온 침투 저항성	0.1	0.4		2.0	2.0				

종별	시험종목	인력(시간)						공공요금		
		시험관리		시험				전기	상수도	가스
		특급	중급	특급	고급	중급	초급	Kwh	m^3	m^3
	중성화 깊이	0.1	0.2		1.0	1.5				
	투습도	0.1	0.4		1.0	3.0				
	내투수성	0.1	0.4		0.5	1.5				
	부착강도	0.1	0.2		1.0	3.0				
	균열대응성	0.1	0.4		2.5	1.0				
알루미늄 및 알루미늄 합금 압출형재	겉모양 및 치수	0.1	0.2			0.5				
	굽힘시험	0.1	0.2			0.6	0.6	5.0		
	인장강도	0.1	0.2			0.8	0.8	6.3		
	항복강도	0.1	0.2			0.8	0.8	6.3		
	연신율	0.1	0.2			0.8	0.8	6.3		
	경도	0.1	0.4	0.1	0.3			1.0		
	도전율	0.1	0.4		1.0	2.0	2.0	5.0		
알루미늄 및 알루미늄 합금 봉 및 선	치수	0.1	0.2			0.5				
	압축시험(세로)	0.1	0.2			0.8	0.8			
	인장강도	0.1	0.2			0.8	0.8	6.3		
	항복강도	0.1	0.2			0.8	0.8	6.3		
	연신율	0.1	0.2			0.8	0.8	6.3		
	굽힘시험(밀착굽힘)	0.1	0.2			0.6	0.6	3.5		

2. 토 목

가. 도로공사

(1) 흙 및 혼합골재

종별	시험종목	인력(시간)						공공요금		
		시험관리		시험				전기	상수도	가스
		특급	중급	특급	고급	중급	초급	Kwh	m^3	m^3
노체	다짐	0.1	0.4		3.0	4.0		56.9	0.2	
	함수비	0.1	0.1				0.2	28.9	0.2	
	현장밀도	0.1	0.2			1.5	2.0	16.6	0.1	
	평판재하	0.1	0.4		4.0	4.0				
노상	다짐	0.1	0.4		3.0	4.0		51.0	0.2	
	함수비	0.1	0.1				0.2	28.0	0.2	
	현장밀도	0.1	0.2			1.5	2.0	11.7	0.1	
	평판재하	0.1	0.4		4.0	4.0				
	프루프롤링	0.1	0.2		3.0	3.0				
동상방지층 및 보조기층	골재의 0.08 밀리미터체 통과량	0.1	0.1		0.2	0.2		49.0	0.2	
	골재의 밀도 및 흡수율	0.1	0.2		0.5		0.8	25.0	0.1	
	마모	0.1	0.2		0.3		1.0	45.9	1.6	

종별	시험종목	인력(시간)						공공요금		
		시험관리		시험				전기	상수도	가스
		특급	중급	특급	고급	중급	초급	Kwh	m^3	m^3
	노상토지지력비(CBR)	0.1	0.4		6.5	7.0		60.9	1.2	
	다짐	0.1	0.4		3.0	4.0		36.3	0.2	
	체가름	0.1	0.4	3.4		4.4		9.8	0.1	
	두께	0.1	0.1	0.9		3.8	1.5			
	함수비	0.1	0.1				0.2	28.0	0.2	
	현장밀도	0.1	0.2			1.5	2.0	11.7	0.1	
	평판재하	0.1	0.4		4.0	4.0				
	모래당량시험	0.1	0.4		0.5	2.1		21.5	1.1	
	프루프롤링	0.1	0.2		3.0	3.0				
시멘트안정처리기층	체가름	0.1	0.4	3.4		4.4		12.8	0.1	
	밀도 및 흡수율/굵은골재	0.1	0.2		0.5		0.8	25.0	0.1	
	밀도 및 흡수율/잔골재	0.1	0.2		0.5		0.8	37.5	0.2	
	안정성	0.1	0.4		1.0	2.0		75.7	1.1	
	마모	0.1	0.2		0.3		1.0	32.3	1.6	
	연석량	0.1	0.2		0.5	0.5		31.1	1.0	
	점토덩어리 함유량	0.1	0.1		0.2	0.2	0.6	36.3	1.3	
	0.08 밀리미터 체 통과량	0.1	0.1		0.2	0.2		43.0	1.2	
	모래당량	0.1	0.4		0.5	2.1		32.0	1.6	
시멘트안정처리기층	배합설계	0.1	0.4	6.0	12.0	15.0		167.4	0.5	
	다짐	0.1	0.4		3.0	4.0		36.3	0.2	
	시멘트 함유량	0.1	0.4		6.0		7.0	52.0		
	압축강도	0.1	0.2		0.2		0.1	12.0		
	함수비	0.1	0.1				0.2	12.0	0.2	
	현장밀도	0.1	0.2			1.5	2.0	10.0	0.1	
입도조정기층	밀도	0.1	0.2		0.5		0.8	30.8	0.2	
	밀도 및 흡수율	0.1	0.2		0.5		0.8	27.5	0.1	
	안정성	0.1	0.4		1.0	2.0		91.3	0.3	
	마모	0.1	0.2		0.3		1.0	48.0	0.1	
입도조정기층	노상토지지력비(CBR)	0.1	0.4		6.5	7.0		60.9	1.2	
	다짐	0.1	0.4		3.0	4.0		36.3	0.2	
	모래당량	0.1	0.4		0.5	2.1		52.5	0.2	
	체가름	0.1	0.4	3.4		4.4		28.4	0.1	
	0.08밀리미터체 통과량	0.1	0.1				0.2	47.0	0.2	
	함수비	0.1	0.1				0.2	28.0	0.2	
	현장밀도	0.1	0.2			1.5	2.0	11.7	0.1	
	평판재하	0.1	0.4		4.0	4.0				
	프루프롤링	0.1	0.2		3.0	3.0				

(2) 아스팔트 포장

종별	시험종목	인력(시간)						공공요금		
		시험관리		시험				전기	상수도	가스
		특급	중급	특급	고급	중급	초급	Kwh	m^3	m^3
아스팔트 혼합물용 골재	부순굵은골재/입도	0.1	0.2		0.5		0.8	17.2	0.1	
	부순굵은골재/절건밀도	0.1	0.2		0.5		0.8	38.1	0.1	
	부순굵은골재/흡수율	0.1	0.1			0.1	0.1	38.1	0.1	
	부순굵은골재/안정성	0.1	0.4		1.0	2.0		75.3	0.2	
	부순굵은골재/편장석률	0.1	0.2		0.5			42.2	0.2	
	부순굵은골재/마모율	0.1	0.2		0.3		1.0	43.8	0.1	
	부순굵은골재/파쇄면비율	0.1	0.1				0.1	30.7	0.4	
	잔골재/입도	0.1	0.2		0.5	0.5	0.5	17.1	0.1	
	잔골재/절건밀도	0.1	0.2		0.5		0.8	29.3	0.1	
	잔골재/흡수율	0.1	0.1			0.1	0.1	26.6	0.1	
	잔골재/안정성	0.1	0.4		1.0	2.0		64.6	0.8	
	잔골재/모래당량	0.1	0.4		0.5	2.1		31.7	1.4	
	잔골재/잔골재 공극률	0.1	0.2		0.3	0.3		30.5	0.1	
아스팔트 콘크리트용 순환골재	구재 아스팔트 함량	0.1	0.4	1.1		1.8	2.0	43.3	4.0	
	씻기시험에서 손실되는 양	0.1	0.2			0.3	0.7	38.5	1.6	
	구재 아스팔트 침입도	0.1	0.4	1.8		6.8	3.0	5.5	1.0	
아스팔트 콘크리트	배합설계	0.1	0.4		22.0	30.0	42.0	20.0	20.0	
	기층용·중간층용/다짐횟수(회)	0.1	0.2			1.0	0.5	2.0		
	기층용·중간층용/안정도	0.1	0.2	0.5		1.7	1.4	15.3	0.3	
	기층용·중간층용/흐름값	0.1	0.2	0.5		1.7	1.4	15.3	0.3	
	기층용·중간층용/변형강도	0.1	0.2		0.8			2.5	0.1	
아스팔트 콘크리트	기층용·중간층용/공극률	0.1	0.2	0.8		1.3	1.7	43.5	0.5	
	기층용·중간층용/포화도	0.1	0.2	0.8		1.3	1.7	35.0	0.7	
	기층용·중간층용/간극율	0.1	0.2	0.8		1.3	1.7	35.0	0.7	
	표층용/다짐횟수	0.1	0.2			1.0	0.5	7.0		
	표층용/안정도	0.1	0.2	0.5		1.7	1.4	15.3	0.3	
	표층용/흐름값	0.1	0.2	0.5		1.7	1.4	15.3	0.3	
	표층용/변형강도	0.1	0.2		0.8			2.5	0.1	
	표층용/공극률	0.1	0.2	0.8		1.3	1.7	43.5	0.5	
	표층용/포화도	0.1	0.2	0.8		1.3	1.7	35.0	0.7	
	표층용/간극율	0.1	0.2	0.8		1.3	1.7	35.0	0.7	
	표층용/인장강도비(TSR)	0.1	0.2	1.8		4.1	2.8	86.7	0.5	
	표층용/동적안정도	0.1	0.4	1.6	3.9	2.0	3.3	47.5		
	기층용·중간층용·표층용/간접인장강도	0.1	0.2			1.1	0.5	15.2		
	기층용·중간층용·표층용/터프니스	0.1	0.2			0.2	0.3	1.0		
	기층용·중간층용·표층용/아스팔트추출후침입도	0.1	0.2			5.0	2.5	9.0		

종별	시험종목	인력(시간)						공공요금		
		시험관리		시험				전기	상수도	가스
		특급	중급	특급	고급	중급	초급	Kwh	m^3	m^3
플랜트	계량기의눈금점검,자동계량장치점검	0.1	0.4		1.0					
	아스팔트의 온도	0.1	0.4		0.7	1.0		35.0	1.2	
	골재의 온도	0.1	0.2	0.2		0.5	1.0	7.5	1.2	
	골재의 체가름	0.1	0.1			2.0		9.4	1.1	
아스팔트 포장용 채움재	수분함량	0.1	0.1				0.1	50.9	1.0	
	입도	0.1	0.1			0.9		41.2	0.4	
	액성지수	0.1	0.2		0.2			68.9	0.1	
	소성지수	0.1	0.2		0.1			51.5	0.6	
	흐름시험	0.1	0.2			1.0	2.0	68.9	0.4	
	침수팽창	0.1	0.2			0.5	0.7	83.9	0.4	
	박리 저항성	0.1	0.1			0.1	0.2	3.8	0.4	
도로포장용 아스팔트	침입도	0.1	0.2			0.5	0.4	4.7	0.4	
	연화점	0.1	0.2			0.1		8.5	0.7	
	신도	0.1	0.2			0.2	0.2	6.4	0.7	
	톨루엔가용분	0.1	0.4			0.7	0.7	6.6	1.2	
	인화점	0.1	0.2			0.5	0.5	5.1	0.8	
	박막가열/질량 변화율	0.1	0.4			0.2	0.3	14.1	0.6	
	박막가열/침입도 잔류율	0.1	0.2				0.1	24.0	0.8	
	증발/질량 변화율	0.1	0.4			0.2	0.3	18.0	0.6	
	증발/후의 침입도비	0.1	0.2				0.1	24.0	0.8	
	밀도	0.1	0.2			0.5	0.3	6.7	1.1	
컷백아스팔트	인화점	0.1	0.2			0.5	0.5	19.1	0.8	
	점도	0.1	0.2			0.4	0.5	3.6	0.6	
	증류시험,증류찌끼	0.1	0.2			0.7	0.6	8.3	1.1	
	증류찌끼시험/침입도	0.1	0.2				0.1	5.2	0.7	
	증류찌끼시험/신도	0.1	0.2			0.2	0.2	6.4	0.7	
	증류지끼시험/톨루엔가용분	0.1	0.4			0.7	0.7	6.6	1.2	
불론 아스팔트	침입도	0.1	0.2				0.1	6.8	1.1	
	연화점	0.1	0.2			0.1		7.8	1.1	
	신도	0.1	0.2			0.2	0.2	11.1	0.2	
	증발질량 변화율	0.1	0.4			0.2	0.3	6.1	0.1	
	침입도지수	0.1	0.2				0.1	12.0		
	톨루엔가용분	0.1	0.4			0.7	0.7	8.4	0.3	
	인화점	0.1	0.2			0.5	0.5	8.4	0.3	
유화아스팔트	앵글러도(점도)	0.1	0.2			0.4	0.5	9.0		
	체잔류분 질량	0.1	0.2			0.3	0.4	21.0		
	부착도	0.1	0.1			0.4	0.4	12.0	0.3	
	골재 피막도	0.1	0.1			2.0	1.0			
	조립도 골재혼합성	0.1	0.1			0.5	0.5			
	밀입도 골재혼합성	0.1	0.1			0.5	0.5			
	흙덩어리 골재 혼합성 질량	0.1	0.1			0.7	0.5			
	시멘트 혼합성 질량	0.1	0.1			0.7	0.5			

종별	시험종목	인력(시간)						공공요금		
		시험관리		시험				전기	상수도	가스
		특급	중급	특급	고급	중급	초급	Kwh	m^3	m^3
	입자의 전하	0.1	0.4			0.1	0.1	68.0	0.3	
	증발잔류분 질량	0.1	0.2			0.8	1.1	21.0		
	증발잔류물/침입도	0.1	0.2				0.1	12.0		
	증발잔류물/신도	0.1	0.2			0.2	0.2	12.0	0.3	
	증발잔류물/톨루엔가용분 질량	0.1	0.4			0.7	0.7	12.0		
	저장안정도	0.1	0.2			0.3	0.3	68.0	0.3	
	동결안정도	0.1	0.2			1.5	0.5			
플랜트혼합물	혼합물온도	0.1	0.1		0.7	1.0		12.0		
	역청함유량	0.1	0.2	1.1		1.8	2.0	79.3	0.5	
	체가름	0.1	0.2	1.1		2.5	2.2	9.3	0.1	
	마샬안정도	0.1	0.2	0.5		1.9	1.3	15.5	0.2	
	피막박리	0.1	0.2		2.1	3.7	3.2	37.2	0.2	
혼합물의포설	밀도	0.1	0.2		1.6		1.0	60.4	0.1	
	두께	0.1	0.1			1.0	0.1			
	평탄성/종방향	0.1	0.4			1.0				
	평탄성/횡방향	0.1	0.2			0.5				

(3) 기타

종별	시험종목	인력(시간)						공공요금		
		시험관리		시험				전기	상수도	가스
		특급	중급	특급	고급	중급	초급	Kwh	m^3	m^3
콘크리트포장	평탄성/종방향	0.1	0.4			1.0				
	평탄성/횡방향	0.1	0.1			0.5				
미끄럼방지 포장용골재	흡수율	0.1	0.1			0.1	0.1	28.7	0.4	
	입도	0.1	0.2		0.5	0.5	0.5	13.4	0.6	
	마모율	0.1	0.2		0.3		1.0	33.6	0.6	
	유해물함유량	0.1	0.4		0.5	0.5		18.0	0.1	
	점토,점토괴,연한석편	0.1	0.2			0.1	0.2	31.2	1.1	
미끄럼방지 포장 (수지)	프라이머/밀도(23℃)	0.1	0.2		0.1			0.1		
	프라이머/점도(25℃)	0.1	0.2		1.4			2.0		
	프라이머/VOC 함량	0.1	0.2		2.8			3.0		
	프라이머/가사시간(25℃)	0.1	0.2		0.1					
	레진/밀도(23℃)	0.1	0.2		0.1			0.1		
	레진/점도(25℃)	0.1	0.2		1.4			2.0		
	레진/VOC 함량	0.1	0.2		2.8			3.0		
	레진/건조시간(경화.25℃)	0.1	0.2		0.1					
	레진/가사시간(25℃)	0.1	0.2		0.1					
	레진/인장강도	0.1	0.2		1.0			18.0		
	레진/신율	0.1	0.2		0.3					

종별	시험종목	인력(시간)						공공요금		
		시험관리		시험				전기	상수도	가스
		특급	중급	특급	고급	중급	초급	Kwh	m^3	m^3
	레진/촉진내후성(300시간)	0.1	0.2		3.0			150.0		
	슬러리/흡수율	0.1	0.2		0.2		0.2	12.3	0.1	
	슬러리/마모율(50만회)	0.1	0.2		4.0			2400.0		
	슬러리/미끄럼 저항	0.1	0.2		0.8		0.4		0.1	
	슬러리/건조시간(고화.25℃)	0.1	0.2		0.1					
	슬러리/압축강도(24시간)	0.1	0.2		0.2		0.2	5.6		
	슬러리/접착강도(20℃)	0.1	0.2		4.7	0.4	0.3	31.0	0.5	
콘크리트 포장용 신축이음 채움재 (줄눈판)	치수, 단위무게	0.1	0.2		0.3			1.0		
	압축력	0.1	0.2			0.1		0.7		
	돌출	0.1	0.2			0.1		0.6		
	돌출의 회복	0.1	0.2			0.1		0.1		
	흡수율	0.1	0.2		0.2	0.2		5.0	0.1	
	아스팔트 함유량	0.1	0.4		0.5	1.5				
포장용 콘크리트 평판	모르타르층평판/모양및치수	0.1	0.2		0.2	0.1				
	모르타르층평판/휨강도 하중	0.1	0.2			0.3	0.4	3.3		
	모르타르층평판/휨강도	0.1	0.2			0.3	0.1	2.5		
	모르타르층평판/흡수율	0.1	0.2			0.2	0.1	42.1	0.1	
	모르타르층평판/투수계수	0.1	0.2		1.5	0.7	1.9		0.6	
	모르타르층평판/표면층 두께	0.1	0.2			0.1				
	인조석층평판/모양및치수	0.1	0.2		0.2	0.1				
	인조석층평판/휨강도 하중	0.1	0.2			0.3	0.4	2.4		
	인조석층평판/휨강도	0.1	0.2			0.3	0.1	4.6		
	인조석층평판/흡수율	0.1	0.2			0.2	0.1	30.2		
	인조석층평판/표면층 두께	0.1	0.2			0.1				
투수성 아스팔트 혼합물	안정도	0.1	0.2	0.5		1.7	1.4	7.6		
	흐름값	0.1	0.2	0.5		1.7	1.4	7.6		
	공극률	0.1	0.2	0.8		1.3	1.7	30.3	0.1	
	투수계수	0.1	0.2		3.0	3.0		1.1	0.6	
보·차도용 콘크리트 인터로킹 블록	보통블록/겉모양 및 치수	0.1	0.1			0.2				
	보통블록/휨강도	0.1	0.2			1.0		3.4	1.0	
	보통블록/흡수율	0.1	0.2			0.7		64.6	0.6	
	보통블록/유색층 두께	0.1	0.1				0.1			
보·차도용 콘크리트 인터로킹 블록	투수성블록/겉모양 및 치수	0.1	0.1			0.2				
	투수성블록/휨강도	0.1	0.2			1.0		3.7	1.0	
	투수성블록/투수계수	0.1	0.4		1.0	2.0			0.6	
	투수성블록/유색층 두께	0.1	0.1				0.1			
보차도 포장용 판석	겉모양, 모양 및 치수	0.1	0.1			0.2				
	휨강도	0.1	0.2			1.0		10.9		
	흡수율	0.1	0.2			0.7		44.5	0.6	
콘크리트 경계블록	겉모양, 모양 및 치수	0.1	0.1			0.2				
	휨강도	0.1	0.2			1.0		13.4		
	흡수율	0.1	0.2			0.7		43.2	0.6	

종별	시험종목	인력(시간)						공공요금		
		시험관리		시험				전기	상수도	가스
		특급	중급	특급	고급	중급	초급	Kwh	m^3	m^3
(보차도용)	표면층 두께	0.1	0.1			0.1	0.2			
도로표지용 도료	1종,2종,3종/용기내에서의 상태	0.1	0.1				0.1	0.2	0.1	
	1종,2종,3종/불점착 건조성	0.1	0.1				0.1	0.2	0.1	
	1종,2종,3종/열안정성	0.1	0.2	0.1		0.5		420.0		
	1종,2종,3종/도막의 겉모양	0.1	0.1				0.1	168.1	0.1	
	1종,2종,3종/45도,0도 확산반사율	0.1	0.2			0.1		9.0	0.1	
	1종,2종,3종/은폐율	0.1	0.2			0.1		9.0	0.1	
	1종,2종,3종/블리딩성,내마모성	0.1	0.1				0.1	0.2	0.1	
	1종,2종,3종/내마모성	0.1	0.2	0.1						
	1종,2종,3종/촉진내후성	0.1	0.2	0.2		0.1		760.0	3.0	
	1종,2종,3종/내수성	0.1	0.2			0.1		24.0	0.5	
	1종,2종,3종/내알칼리성	0.1	0.2			0.1		24.0	0.5	
	1종,2종,3종/냉동안정성	0.1	0.2			0.1		128.0	0.1	
	1종,2종,3종/비휘발분	0.1	0.2			0.1		9.0	0.1	
	1종,2종,3종/안료분	0.1	0.2			0.3		14.0		
	1종,2종,3종/내세척성	0.1	0.2			0.1		5.5	0.1	
	1종,2종,3종/색상	0.1	0.1				0.1	0.2	0.1	
	1종,2종,3종/납,카드뮴	0.1	0.2			0.8		4.0	1.0	
	4종/밀도,연화점	0.1	0.2			0.1		5.5		
	4종/불점착 건조성	0.1	0.1				0.1	0.2	0.1	
	4종/도막의 겉모양	0.1	0.1				0.1	1.1	0.1	
	4종/황색도	0.1	0.2		0.1			0.1		
	4종/45도0도 확산반사율	0.1	0.2			0.1		0.1		
	4종/내마모성,압축강도	0.1	0.2	0.1						
	4종/내알칼리성	0.1	0.2			0.1		0.5		
	4종/비휘발분	0.1	0.2			0.1		0.1		
	4종/촉진내후성	0.1	0.2	0.2		0.1		1.0		1.0
	4종/납,카드뮴	0.1	0.2			0.8		1.0		
	4종/비휘발 전색제분	0.1	0.2		0.1			0.1		
	4종/색상	0.1	0.1				0.1	0.1		
	4종/열안정성	0.1	0.2	0.1		0.5				
	4종/유리알 함유량	0.1	0.2		0.1			0.1		
	4종/유리알 겉모양,모양	0.1	0.2		0.1			0.1		
도로표지 도료용 유리알	밀도,입도	0.1	0.2			1.0				
	겉모양	0.1	0.2			1.0				
	골절률,내구성	0.1	0.2			1.0				
교량지지용	재료/인장강도	0.1	0.1				0.1			

종별	시험종목	인력(시간)						공공요금		
		시험관리		시험				전기	상수도	가스
		특급	중급	특급	고급	중급	초급	Kwh	m^3	m^3
탄성받침	재료/파단신장률	0.1	0.1				0.1			
	재료/인열저항	0.1	0.1				0.1			
	재료/영구압축줄음	0.1	0.2			0.2	0.2			
	재료/촉진노화	0.1	0.2			0.5				
	재료/오존저항	0.1	0.2				1.5			
	완제품/오존저항	0.1	0.2				1.5			
교량지지용 포트받침	고무판/인장강도	0.1	0.1				0.1			
	고무판/신장률	0.1	0.2			0.2				
	고무판/경도	0.1	0.2			0.1				
	고무판/노화후/경도변화	0.1	0.2			0.1				
	고무판/노화후/인장강도 변화율	0.1	0.2				0.1			
	고무판/노화후/신장률변화율	0.1	0.2				0.1			
	고무판/압축영구줄음율	0.1	0.2			0.2	0.2			
	고무판/오존균열시험	0.1	0.2			0.1	0.3			
	PTPE판/인장강도	0.1	0.1				0.1			
	PTPE판/신장률	0.1	0.2			0.2				
	PTPE판/밀도	0.1	0.2			0.2				
	완제품/재하시험	0.1	0.2			0.1				
교량용 신축 이음장치	고무/인장시험	0.1	0.1				0.1			
	고무/경도시험	0.1	0.2			0.1				
	고무/인열시험	0.1	0.2	0.1						
	고무/노화시험	0.1	0.2	0.1						
	고무/압축영구줄음율시험	0.1	0.2			0.2	0.2			
	고무/오존균열시험	0.1	0.2			0.1	0.3			
	강재/항복점 또는내력	0.1	0.2	0.1						
	강재/인장강도	0.1	0.1				0.1			
	강재/연신율	0.1	0.2	0.1						
	강재/굽힘성	0.1	0.2	0.1						
PC콘	인장 및 압축	0.1	0.2	0.1						
폴리염화비닐지수관	밀도	0.1	0.1				0.2	0.3		
	경도	0.1	0.1				0.2			
	인장강도 및 인장변형	0.1	0.2			0.3	0.2	1.8		
	노화성	0.1	0.2			0.1	1.0	30.3		
	내약품성	0.1	0.2			0.1	2.5	1009.8	0.8	
	유연온도	0.1	0.2			1.0	1.0	1.5		
이중벽 고밀도 폴리에틸렌관	겉모양,치수	0.1	0.2			0.1				
	원강성계수	0.1	0.2			0.2		0.3		
	편평시험	0.1	0.2			0.5		0.8		

종별	시험종목	인력(시간)						공공요금		
		시험관리		시험				전기	상수도	가스
		특급	중급	특급	고급	중급	초급	Kwh	m^3	m^3
	연결부 수밀시험	0.1	0.4		2.0	2.0	2.0			
	회분	0.1	0.2			5.0		20.0		
터널용 방수시트	합성고분자계/겉모양,치수	0.1	0.1				0.1			
	합성고분자계/인장성능	0.1	0.2			0.2	0.2	3.1		
	합성고분자계/인열성능	0.1	0.2			0.2	0.3	1.1		
	합성고분자계/온도의존성	0.1	0.2			0.4	0.7	13.0		
	합성고분자계/가열신축성상	0.1	0.2		0.2		0.2	192.5		
	합성고분자계/열화처리후의인장성능	0.1	0.2		0.8		1.0	475.0		
터널용 방수시트	합성고분자계/신장시열화성상	0.1	0.2		0.2		0.2	26.0		
	합성고분자계/접합성상	0.1	0.2			0.2	0.5	9.0		
	합성고분자계/접합인장성능(복합시트경우)	0.1	0.1				0.1	9.0		
	개량아스팔트/겉모양	0.1	0.1				0.1			
	개량아스팔트/치수및제품의단위면적무게	0.1	0.1				0.1			
	개량아스팔트/인장강도	0.1	0.2			0.2	0.2	104.0		
	개량아스팔트/신장률	0.1	0.2			0.2	0.3			
	개량아스팔트/항장적	0.1	0.2		0.3	0.4				
	개량아스팔트/인열성능	0.1	0.2			0.2	0.3	2.0		
	개량아스팔트/내열성능	0.1	0.2		0.1	0.2		11.0		
	개량아스팔트/내피로성능	0.1	0.2		0.3		0.8	195.0		
	개량아스팔트/치수안정성	0.1	0.2		1.0		1.0	194.0		
	개량아스팔트/접합성능	0.1	0.2			0.2	0.5	2.0		
	개량아스팔트/내움푹 패임성능	0.1	0.2		0.1		0.2			
	개량아스팔트/굴곡성능(무처리,가열후)	0.1	0.2		0.4	0.5		16.0		
교면용방수시트	전단접착성능	0.1	0.2		0.2	0.2				
	인장접착강도	0.1	0.2		0.3	0.4		8.0		
	내투수성	0.1	0.4		0.5	1.2				
	내열치수안정성	0.1	0.2		0.4	0.3		206.0		
	저온굴곡성	0.1	0.2		0.5	0.5		17.0		
	접합강도	0.1	0.2			0.1		1.1		
	내피로성	0.1	0.2		0.2	0.3		141.5		
	내균열성	0.1	0.2		0.2			2.0		
	염화이온침투	0.1	0.4		1.5	5.0		22.0	2.0	
	인장성능	0.1	0.2		0.8	0.7		99.0		
	내움푹패임성능	0.1	0.1		0.1	0.1				

종별	시험종목	인력(시간)						공공요금		
		시험관리		시험				전기	상수도	가스
		특급	중급	특급	고급	중급	초급	Kwh	m^3	m^3
	치수	0.1					0.1			
교면용도막 방수재	겉모양	0.1					0.1			
	전단접착성능	0.1	0.2		0.2	0.2		103.0	3.0	
	인장접착강도	0.1	0.2		0.3	0.4		8.0		
	내투수성	0.1	0.4		0.5	1.2		5.0		
	내열치수안정성	0.1	0.2		0.4	0.3		6.5		
	내피로성	0.1	0.2		0.2	0.3		141.5		
	내균열성	0.1	0.2		0.2			2.0		
	작업성	0.1	0.1				0.1			
교면용도막 방수재	불휘발분	0.1	0.1		0.2	0.3		7.5		
	지촉건조시간	0.1	0.1				0.1			
	인장성능	0.1	0.2		0.8	0.7		99.0		
	염화이온침투저항성	0.1	0.4		1.5	5.0		11.5	2.0	
	내움푹패임성능	0.1	0.1		0.1	0.1				

나. 수공구조물공사

종별	시험종목	인력(시간)						공공요금		
		시험관리		시험				전기	상수도	가스
		특급	중급	특급	고급	중급	초급	Kwh	m^3	m^3
흙댐, 용수로, 배수로용 일반성토 및 표토	함수비	0.1	0.1				0.2	33.5		
	다짐	0.1	0.4		3.0	4.0		255.9	0.4	
	현장밀도	0.1	0.2			1.5	2.0	121.9	0.1	
	투수	0.1	0.4		3.0	6.0		80.8	0.6	
축제 성토공	다짐	0.1	0.4		3.0	4.0		53.1	0.2	
	현장밀도 또는 포화도	0.1	0.2			1.5	2.0	18.5	0.1	
	함수비	0.1	0.1				0.2	33.5		
	투수	0.1	0.4		3.0	6.0		80.8	0.6	
흙댐의 중심점토	함수비	0.1	0.1				0.2	33.5		
	다짐	0.1	0.4		3.0	4.0		53.1	0.2	
	현장밀도	0.1	0.2			1.5	2.0	18.5	0.1	
	투수	0.1	0.4		3.0	6.0		80.8	0.6	
호안용블록 (콘크리트 및모르터)	압축강도	0.1	0.2		0.2	0.5		3.7	0.6	
아연도철선 (돌망태포함)	모양,치수	0.1	0.1			0.5		0.1		
	겉모양	0.1	0.1			0.5		0.1		
	아연부착량	0.1	0.2		0.4	1.0		2.7	0.1	
	알루미늄피복두께	0.1	0.2			0.5				

3. 건 축

가. 조적공사

종별	시험종목	인력(시간)						공공요금		
		시험관리		시험				전기	상수도	가스
		특급	중급	특급	고급	중급	초급	Kwh	m^3	m^3
콘크리트벽돌	겉모양	0.1	0.1				0.2			
	치수	0.1	0.1				0.2			
	기건비중	0.1	0.2		0.2		0.2			
	압축강도	0.1	0.2			0.8		2.9	0.6	
	흡수율	0.1	0.2			1.0		212.0	0.4	
점토벽돌	겉모양	0.1	0.1				0.2			
	치수	0.1	0.1				0.2			
	흡수율	0.1	0.2			1.0		159.1	0.3	
	압축강도	0.1	0.2			0.8		110.2	0.8	
내화점토질벽돌	모양,치수	0.1	0.1				0.2			
	겉보기가공률,부피비중	0.1	0.1			0.3				
	내화도	0.1	0.2		0.2		0.1			
	압축강도	0.1	0.2			0.8		0.5	0.5	
	잔존선팽창수축률	0.1	0.2		0.2		0.2			
고알루미나질내화벽돌	모양,치수	0.1	0.1				0.2			
	내화도	0.1	0.2		0.2		0.1			
	겉보기가공률,부피비중	0.1	0.1			0.3				
	압축강도	0.1	0.2			0.8		0.5	0.5	
	잔존선팽창수축률	0.1	0.2		0.2		0.2			
	화학성분	0.1	0.2			0.1		28.6	0.1	
내화단열벽돌	겉모양	0.1	0.1				0.2			
	부피비중	0.1	0.1			0.3				
	압축강도	0.1	0.2			0.8		0.5	0.5	
연소재벽돌	겉모양및치수	0.1	0.1				0.2			
	압축강도	0.1	0.2			0.8		2.9	0.7	
	흡수율	0.1	0.2			1.0		78.1	0.6	
속빈콘크리트블록	겉모양및치수	0.1	0.1			0.2				
	기건비중	0.1	0.2			0.5				
	압축강도	0.1	0.2			0.6		2.9	0.5	
	흡수율	0.1	0.2			0.9		166.6	0.4	
치장콘크리트블록	겉모양및치수	0.1	0.1			0.2				
	압축강도	0.1	0.2			0.6		2.9	0.7	
	흡수율	0.1	0.2			0.9		166.6	0.5	
	투수성	0.1	0.1				0.2		0.3	
경량기포콘크리트블록	겉모양및치수	0.1	0.1			0.2				
	절건비중	0.1	0.2			0.2	0.2	255.6	0.1	

종별	시험종목	인력(시간)						공공요금		
		시험관리		시험				전기	상수도	가스
		특급	중급	특급	고급	중급	초급	Kwh	m^3	m^3
	압축강도	0.1	0.2			0.6		144.8	0.4	
	단열성시험	0.1	0.2		0.8		1.0			
속빈유리블록	겉모양및치수	0.1	0.1			0.2				
	비틀림	0.1	0.1				0.1			
	압축강도	0.1	0.2			0.6		216.3	0.4	
	열충격성	0.1	0.2			0.1			0.1	
	알칼리용출량	0.1	0.2			0.1				

나. 방수공사

종별	시험종목	인력(시간)						공공요금		
		시험관리		시험				전기	상수도	가스
		특급	중급	특급	고급	중급	초급	Kwh	m^3	m^3
시멘트계 액체형 방수제	안정성	0.1	0.2		0.2	0.2		252.7	0.4	
	투수비	0.1	0.4		0.5	0.7		464.1	0.3	
	부착강도	0.1	0.2		0.2	0.1		336.2	0.1	
	물흡수계수	0.1	0.4		0.5	0.5		801.7	0.4	
	응결시간	0.1	0.2		0.5	0.6		17.0	0.1	
	압축강도	0.1	0.1		0.1	0.1		675.8	0.1	
건설용 도막방수재	인장성능	0.1	0.1		0.2	0.1		225.7		
	인열성능	0.1	0.1		0.2	0.1		225.4		
	온도의존성	0.1	0.2		0.4	0.4		225.7		
	가열신축성상	0.1	0.2		0.3	1.0		218.6		
	열화처리후인장성능	0.1	0.2		0.3	2.5		1256.7		
	신장시열화성상	0.1	0.2		0.3	0.5		1035.5		
	부착성능	0.1	0.2		0.3	1.7		459.5	8.8	
	내피로성능	0.1	0.4		0.3	1.5		14.9		
	흘러내림저항	0.1	0.2			0.2	0.2			
	고형분	0.1	0.1			0.3		6.3		
폴리우레아수지도막방수제	도포작업성,지촉건조시간	0.1	0.1				0.1	1.3		
	겉모양	0.1	0.1				0.1			
	인장성능	0.1	0.1		0.2	0.1		163.0		
	인열성능	0.1	0.1		0.2	0.1		163.0		
	온도의존성	0.1	0.2		0.4	0.4		163.0		
	가열신축성상	0.1	0.2		0.3	1.0		218.6		
	열화처리후인장성능	0.1	0.2		0.3	2.5		1262.7		
	신장시열화성상	0.1	0.2		0.3	0.5		1066.7		
	부착성능	0.1	0.2		0.3	1.7		319.2	17.5	
	내피로성	0.1	0.4		0.3	1.5		14.9		
	고형분	0.1	0.1			0.3		5.0		
아스팔트펠트	겉모양,치수및질량	0.1	0.2				0.3			

종별	시험종목	인력(시간)						공공요금		
		시험관리		시험				전기	상수도	가스
		특급	중급	특급	고급	중급	초급	Kwh	m^3	m^3
	제품단위면적질량	0.1	0.1				0.1			
	원지단위면적질량	0.1	0.2		0.1				4.0	4.0
	원지에 대한 아스팔트 침투율	0.1	0.2		0.1			0.1	2.7	3.0
	인장성능	0.1	0.2		0.1	0.1		0.1	2.6	2.0
	굴곡성능	0.1	0.1		0.1		0.1	0.3	2.7	3.0
	아스팔트 침투상황	0.1	0.2		0.1					
	가열감량	0.1	0.2			0.1		5.5	0.8	0.8
아스팔트루핑	겉모양,치수및질량	0.1	0.2				0.3			
	제품단위면적질량	0.1	0.1				0.1			
	원지단위면적질량	0.1	0.2		0.1				4.0	4.0
	원지에대한아스팔트 침투율	0.1	0.2		0.1				2.7	3.0
	피복물의 단위면적질량	0.1	0.2		0.1				4.0	4.0
	피복물의 회분	0.1	0.2		0.1				0.1	0.3
	인장성능	0.1	0.2		0.1	0.1			2.6	2.0
	굴곡성능	0.1	0.1		0.1		0.1		2.7	3.0
아스팔트루핑	아스팔트 침투상황	0.1	0.2		0.1					
	내열성능	0.1	0.2		0.2			2.0	2.7	3.0
아스팔트 슁글	겉모양및치수	0.1	0.2				0.3			
	제품단위질량	0.1	0.1				0.1			
	심재단위질량	0.1	0.2		0.2		0.1	1.3	4.0	4.0
	피복물의 단위면적질량	0.1	0.2		0.1			0.3	4.0	4.0
	아스팔트 단위면적질량	0.1	0.1				0.1	0.1	4.0	4.0
아스팔트 슁글	심재에대한아스팔트침투율	0.1	0.2			0.2		0.2	2.7	3.0
	인열성능	0.1	0.2			0.2	0.1	0.1	2.7	3.0
	아스팔트 침투 상황	0.1	0.2		0.1					
	굴곡성능	0.1	0.1		0.1		0.1	0.5	1.4	3.0
	내열성능	0.1	0.2		0.2			112.9	2.7	3.0
	촉진 내후 성능	0.1	0.2		0.2	0.1	0.3	0.1		
	촉진 내후 성능	0.1	0.2		1.0	0.2	0.1	556.0		
합성고분자계방수시트	겉모양,치수	0.1	0.1				0.1			
	인장성능	0.1	0.2			0.2	0.2	9.8		
	인열성능	0.1	0.2			0.2	0.3	7.8		
	온도의존성	0.1	0.2			0.4	0.7	17.3		
	가열신축성상	0.1	0.2		0.2		0.2	265.7		
	열화처리후의인장성능	0.1	0.2		0.8		1.0	706.3		
	신장시의 열화성상	0.1	0.2		0.2		0.2	254.2		
	접합성상	0.1	0.2			0.2	0.5	497.7		
	접합인장성능(복합시트 경우)	0.1	0.1				0.1	448.3		
개량아스팔	겉모양	0.1	0.1				0.1			

종별	시험종목	인력(시간)						공공요금		
		시험관리		시험				전기	상수도	가스
		특급	중급	특급	고급	중급	초급	Kwh	m^3	m^3
트방수시트	치수 및 제품의 단위 면적 무게	0.1	0.1				0.1			
	인장강도	0.1	0.2			0.2	0.2	459.2		
	신장률	0.1	0.2			0.2	0.3	636.8		
	항장적	0.1	0.2		0.3	0.4		0.2		
	인열성능	0.1	0.2			0.2	0.3	5.2		
	내열성능	0.1	0.2		0.1	0.2		12.7		
	내피로성능	0.1	0.2		0.3		0.8	101.0		
	치수안정성	0.1	0.2		1.0		1.0	385.5		
	접합성능	0.1	0.2			0.2	0.5	146.8		
	내움푹패임성능	0.1	0.2		0.1		0.2			
	굴곡성능(무처리,가열후)	0.1	0.2		0.4	0.5		8.7		
수팽창성벤토나이트방수시트	겉모양및치수	0.1	0.1				0.1			
	단위면적무게	0.1	0.1				0.1			
	낙구충격성	0.1	0.2		0.1	0.2		0.1		
	벤토나이트 혼합물 부피 팽창률	0.1	0.1			0.1	0.1		0.6	
	누수(정수압)	0.1	0.2		0.2	0.3			0.8	
	인장강도, 신장률 및 인열강도	0.1	0.2			0.2	0.2	3.2		
자착식형고무화아스팔트방수시트	겉모양및치수	0.1	0.1				0.1			
	인장성능	0.1	0.2			0.2	0.2	9.8		
	인열성능	0.1	0.2			0.2	0.3	7.8		
	온도의존성	0.1	0.2			0.4	0.7	33.8		
	굴곡저항성능	0.1	0.2		0.3		0.2	9.8		
	접합안정성능	0.1	0.2			1.0	1.0	264.9	1.0	
	부착성능	0.1	0.2		0.6			8.0		
	내움푹패임성능	0.1	0.2		0.1		0.2	24.0	1.0	
	내피로성	0.1	0.2		0.3		0.8	271.2		
규산질계분말형도포방수재	겉모양	0.1					0.1			
	부착강도	0.1	0.2		0.2	0.1		495.1	0.2	
	내잔갈림성	0.1	0.2		0.3	0.5		516.2	0.2	
	흡수량	0.1	0.2		0.2	0.2		806.7	0.2	
	압축강도	0.1	0.1		0.2	0.1		40.5	0.2	
시멘트혼입폴리머계방수재	겉모양	0.1					0.1			
	내잔갈림성	0.1	0.2		0.3	0.5		516.2	0.2	
	흡수량	0.1	0.2		0.2	0.2		515.5	0.2	
	인장강도,신장률	0.1	0.1		0.1	0.1		439.4	0.1	
	내투수성	0.1	0.4		0.3	0.3		808.4	0.5	
	습기투과성	0.1	0.4		0.3	3.0		490.5	0.1	
	내균열성	0.1	0.4		0.5	1.0		707.7		
	내알칼리성	0.1	0.2		0.1	0.1		434.4	0.1	
	부착강도	0.1	0.2		0.2	0.1		1209.7	0.2	

종별	시험종목	인력(시간)						공공요금		
		시험관리		시험				전기	상수도	가스
		특급	중급	특급	고급	중급	초급	Kwh	m^3	m^3
액상형 흡수방지재	침투깊이	0.1	0.2		0.2	0.2		504.5	0.5	
	내투수성성능	0.1	0.2		0.5	1.5		505.5	0.5	
	염화이온침투 저항성능	0.1	0.4		2.0	2.0		506.0	1.5	
	내흡수 성능	0.1	0.2		1.2		0.3	506.0	1.5	
	용출저항성능	0.1	0.2	1.0	4.0			3.0	2.0	
	인화점	0.1	0.2		0.2			1.0	0.5	0.7
콘크리트용 에폭시수지계 방수·방식재	도료/혼합성	0.1	0.2		0.1					
	도료/용기내상태	0.1	0.2		0.1					
	도료/도포작업성	0.1	0.2		0.1					
	도료/경화건조시간	0.1	0.2		0.1					
	도료/고형분	0.1	0.2		0.1					
	도료/에폭시수지성분함량	0.1	0.2		0.1					
	도막/겉모양	0.1	0.2		0.1	0.2				
	도막/저온·고온 반복	0.1	0.2		0.3	0.3		638.5		
	도막/부착강도	0.1	0.2		0.3	0.3		336.1		
	도막/내충격성	0.1	0.2		0.2		0.2	504.1	0.2	
	도막/투수성	0.1	0.2		0.3		0.2	672.0	0.1	
	도막/용출성(탁도,색도,냄새등)	0.1	0.2		7.0			19.0	0.2	
방수공사용 아스팔트	침입도	0.1	0.2			0.5	0.4	5.2	0.3	0.3
	인화점	0.1	0.2			0.5	0.5	5.5	0.3	
	연화점	0.1	0.2			0.1		4.9	0.8	1.8
	증발질량 변화율	0.1	0.4			0.2	0.3	5.5	0.5	
	트리클로로에탄 가용분	0.1	0.4			1.0	0.5	4.7	0.7	1.8
	침입도지수	0.1	0.2				0.1	7.5	1.0	

다. 단열 · 보온공사

종별	시험종목	인력(시간)						공공요금		
		시험관리		시험				전기	상수도	가스
		특급	중급	특급	고급	중급	초급	Kwh	m^3	m^3
발포폴리스티렌단열재	겉모양,치수,밀도	0.1	0.1				0.1			
	굴곡강도	0.1	0.2		0.2	0.3		1.6		
	흡수량	0.1	0.2		0.1	0.1		1.6	0.6	
	연소성	0.1	0.2		0.5	0.3		3.3		0.5
	초기 열전도율	0.1	0.2		0.4	0.4		4.2		
	장기 열전도율	0.1	0.2		12.3			4.2		
	압축강도	0.1	0.2		0.1	0.2		1.6		
발포폴리에틸렌보온재	겉모양및치수	0.1	0.2		0.1	0.1				
	인장강도	0.1	0.2			0.4		1.7		
	흡수량	0.1	0.2			0.4		3.0	0.3	
	열전도율	0.1	0.2		0.3	0.3		10.5		
규산칼슘보	겉모양,치수 및 무게	0.1	0.2		0.1					

종별	시험종목	인력(시간)						공공요금		
		시험관리		시험				전기	상수도	가스
		특급	중급	특급	고급	중급	초급	Kwh	m^3	m^3
온재	밀도	0.1	0.2			0.4	0.1	0.2		
	휨강도	0.1	0.2		0.2	0.3		3.0		
	선수축률	0.1	0.2		0.8			5.0		
	열전도율	0.1	0.2		0.3	0.3		5.0		
인조광섬유 단열재	겉모양,치수,밀도	0.1	0.1				0.1	0.1		
	열간수축온도	0.1	0.2		0.8			5.0		
	입자 함유율(미네랄 울)	0.1	0.2		0.5			5.0		
	열전도율	0.1	0.2		0.5	0.6		10.5		
방수성펄라이트보온재	겉모양및치수	0.1	0.2		0.1	0.1				
	밀도	0.1	0.2			0.4	0.1	0.2		
	휨강도	0.1	0.2		0.2	0.3		3.0		
	선수축률	0.1	0.2		0.8			5.0		
	열전도율	0.1	0.2		0.3	0.3		5.0		
경질폴리우레탄폼단열재	겉모양및치수	0.1	0.1				0.1			
	흡수량	0.1	0.2		0.1	0.1		3.0	0.3	
	투습계수	0.1	0.2		3.0	1.0		103.0		
	녹	0.1	0.2		4.0			6.0	1.0	
	겉보기밀도	0.1	0.1			0.1	0.1	0.2		
	열전도율	0.1	0.2		0.5	0.6		10.5		
	굴곡강도	0.1	0.2		0.2	0.3		1.7		
	압축강도	0.1	0.2		0.1	0.2		1.7		
	연소성	0.1	0.2		0.5	0.3		3.0		0.5
단열모르타르	열전도율	0.1	0.2		0.5		0.5	3.0		
	부착강도	0.1	0.2		0.5	0.5		1.7		
	길이변화율	0.1	0.2		0.4	0.3		84.0	0.4	

라. 유리공사

종별	시험종목	인력(시간)						공공요금		
		시험관리		시험				전기	상수도	가스
		특급	중급	특급	고급	중급	초급	Kwh	m^3	m^3
강화유리	겉모양 및 치수	0.1	0.1				0.1			
	만곡	0.1	0.1				0.1			
	낙구충격파괴강도	0.1	0.2			0.5				
	파쇄시험	0.1	0.2				0.2			
	쇼트백 충격 특성	0.1	0.2			1.0		1.5		
	내광성,내마모성,내산성	0.1	0.2			1.0				
	내알칼리성	0.1	0.2			1.0				
복층유리	겉모양 및 치수	0.1	0.1				0.1			
	이슬점	0.1	0.2				0.4			
	봉착의 가속 내구성	0.1	0.2				1.0			

종별	시험종목	인력(시간)						공공요금		
		시험관리		시험				전기	상수도	가스
		특급	중급	특급	고급	중급	초급	Kwh	m^3	m^3
	광학박막 성능의 가속 내구성	0.1	0.2				1.0			
	열 관류저항(단열성)	0.1	0.1				0.1	1.0		
	태양열 제거율(차폐성)	0.1	0.2	2.5		3.0	3.5			
망판유리	겉모양 및 치수	0.1	0.1				0.1			
접합유리	평면접합유리/겉모양및치수	0.1	0.1				0.1			
	평면접합유리/만곡	0.1	0.1				0.1	2.0		
	평면접합유리/내열성	0.1	0.2				0.3	2.0		
	평면접합유리/낙구충격시험	0.1	0.2			0.5				
	평면접합유리/쇼트백 충격 특성	0.1	0.2			1.0		1.5		
	평면접합유리/내광성	0.1	0.2			1.0		500.0		
	곡면접합유리/겉모양	0.1	0.1				0.1			
	곡면접합유리/내열성	0.1	0.2				0.3	2.0		
	곡면접합유리/쇼트백충격특성	0.1	0.2			1.0		1.5		
	곡면접합유리/내광성	0.1	0.2			1.0				
열선흡수판유리	플로트판유리,마판유리/겉모양,치수	0.1	0.1				0.1			
	플로트판유리,마판유리/기포,이물질	0.1	0.2				0.3			
	플로트판유리,마판유리/점상결점밀집도	0.1	0.1				0.1			
	플로트판유리,마판유리/선상대상 결점	0.1	0.1				0.1			
	플로트판유리,마판유리/흠,파상,잔금	0.1	0.2			0.2	0.3			
	플로트판유리,마판유리/절단면결점	0.1	0.1				0.1			
	태양열취득율(5mm)	0.1	0.2	2.0		3.5	4.0			
	망판유리선판유리/겉모양 및 치수	0.1	0.1				0.1			
열선반사유리	겉모양및치수	0.1	0.1				0.1			
	내광성,내산성	0.1	0.2			1.0				
	내마모성,내알칼리성	0.1	0.2			1.0				
	태양열 차폐성	0.1	0.2	2.5		3.0	3.5			
배강도유리	겉모양및치수	0.1	0.1				0.1			
	휨	0.1	0.1				0.1			
	표면압축응력	0.1	0.2				1.0			

마. 창호공사

종별	시험종목	인력(시간)						공공요금		
		시험관리		시험				전기	상수도	가스
		특급	중급	특급	고급	중급	초급	Kwh	m^3	m^3
창호목재틀재	겉모양및치수	0.1	0.2		0.5					
	휨강도	0.1	0.2		0.1	0.1		4.6		
	함수율	0.1	0.2			0.3		1.0		
문세트	치수	0.1					0.1			
	비틀림강도	0.1	0.2		0.1		0.1	496.8		
	연직하중강도	0.1	0.2		0.1		0.1	496.8		
	개폐력	0.1	0.2		0.3		0.3			
	개폐반복성	0.1	0.2	1.3	0.8	0.8		425.0		
	내충격성	0.1	0.2		0.3	0.1	0.2			
	내풍압성	0.1	0.2	5.5	2.4	4.5	2.5	499.8		
	기밀성	0.1	0.2	5.5	2.4	4.5	2.5	499.8		
	수밀성	0.1	0.2	5.5	2.4	4.5	2.5	499.8		
	방음성	0.1	0.2	5.5	2.4	4.5	2.5	25.0		
	단열성	0.1	0.2	4.0	3.0		0.5	767.0		
	내화성	0.1	0.2	4.0	2.9		0.6	451.0		
	차연성	0.1	0.2	0.9	2.0		0.6	451.0		
창세트	치수	0.1					0.1			
	개폐력	0.1	0.2		0.3		0.3			
	개폐반복성/스윙창세트	0.1	0.2	1.3	0.8	0.8		452.0		
	개폐반복성/슬라이딩창세트	0.1	0.2	1.3	0.8	0.8		452.0		
	내풍압성	0.1	0.2	5.5	2.4	4.5	2.5	499.8		
	기밀성	0.1	0.2	5.5	2.4	4.5	2.5	499.8		
	수밀성	0.1	0.2	5.5	2.4	4.5	2.5	499.8		
	손잡이대강도(슬라이딩창세트)	0.1	0.2		0.3		0.3			
	방음성	0.1	0.2	5.5	2.4	4.5	2.5	25.0		
	단열성	0.1	0.2	4.0	3.0		0.5	767.0		
	함수율	0.1	0.1				0.2	1.0		
합성수지 창호형형재	겉모양,치수및질량	0.1	0.2		0.2					
	저온추낙하강도	0.1	0.2		0.3					
	가열변형	0.1	0.2		0.6					
	가열신축성	0.1	0.2		0.2					
	냉열반복	0.1	0.2		0.1					
	색차	0.1	0.1				0.2			
	경도	0.1	0.1				0.1			
	인장강도및신장률	0.1	0.2		0.3					
	굴곡탄성률	0.1	0.2		0.1					
합성수지 창호형형재	충격강도	0.1	0.2		0.9					
	비카연화연도	0.1	0.1		0.2					
	내연소성(흰색형재)	0.1	0.2		0.3					

종별	시험종목	인력(시간)						공공요금		
		시험관리		시험				전기	상수도	가스
		특급	중급	특급	고급	중급	초급	Kwh	m^3	m^3
	내후성/샤르피충격강도	0.1	0.2		0.4					
	내후성/변퇴색	0.1	0.2		1.3					
경첩	겉모양	0.1	0.1				0.1			
	인장내구성	0.1	0.2		0.2	0.2	0.1	95.0		
	내구성	0.1	0.2		0.3	0.4	0.1	199.8		

바. 마감공사(지붕·목공사 포함)

종별	시험종목	인력(시간)						공공요금		
		시험관리		시험				전기	상수도	가스
		특급	중급	특급	고급	중급	초급	Kwh	m^3	m^3
보통합판	겉모양및치수	0.1	0.1		0.3	0.2	0.1			
	접착력/인장전단	0.1	0.1	2.0	0.8	0.6	0.4	45.4	0.3	
	접착력/침지박리	0.1	0.1		0.6	0.4	0.2	20.0	0.1	
	함수율	0.1	0.1	0.3	0.5	0.5		8.6	0.1	
	밀도	0.1	0.1		0.3	0.1	0.1	4.8	0.1	
	흡습성	0.1	0.2	0.5				20.0	0.1	
	난연성	0.1	0.2	6.0				19.0		15.0
	폼알데하이드 방산량	0.1	0.2		1.5	1.0	0.5	8.0	0.1	
구조용 집성재	겉모양및치수	0.1	0.2	0.3						
	접착강도	0.1	0.2	0.5				8.0	0.1	
	휨성능	0.1	0.1				0.2	4.1		
	인장성능	0.1	0.2	1.4	0.4		0.4	6.0		
	함수율	0.1	0.2			0.1	0.2	8.6	0.1	
플로어링보드	겉모양및치수	0.1	0.2			0.3				
	함수율	0.1	0.2			0.1	0.2	8.6	0.1	
	휨강도	0.1	0.2	0.3	0.3	0.4		8.0		
	방부처리/침윤도	0.1	0.2	0.5						
	방부처리/흡수량	0.1	0.2	2.0						
천연무늬목 치장마루판	겉모양,치수및직각도	0.1	0.1			0.1	0.1			
	습열성	0.1	0.1	0.1		0.3	0.1	2.2	0.5	
	내한성	0.1	0.1	0.3		0.3	0.1	11.3	0.5	
	내열성능	0.1	0.1	0.2		0.5	0.1	13.1	0.5	
	내오염성	0.1	0.1			0.2	0.1			
	내산성	0.1	0.1	0.1		0.4	0.1		6.0	
	내알칼리성	0.1	0.1	0.1		0.3	0.1		6.0	
	내시너성	0.1	0.1	0.1		0.5	0.1		6.0	
	내마모성,내알칼리성	0.1	0.2	0.7	0.5	0.4	0.2	4.5	1.0	
	내변퇴색성	0.1	0.2		1.0	0.5		110.5		
	도막 밀착력(테이프시험)	0.1	0.1	0.1	0.1			312.0		
	접착성	0.1	0.2	1.0	0.1	0.2	0.5	4.9	0.1	
	함수율	0.1	0.1	0.1	0.2	0.2	0.1	29.7	0.1	

종별	시험종목	인력(시간)						공공요금		
		시험관리		시험				전기	상수도	가스
		특급	중급	특급	고급	중급	초급	Kwh	m^3	m^3
천연무늬목 치장마루판	흡수두께팽창률	0.1	0.1	0.3		0.1		7.2	0.6	
	치수변화율	0.1	0.2	2.0		0.1	0.2	67.1	0.4	
	휨강도,습윤시휨강도	0.1	0.1	0.2	0.2	0.2	0.1	10.7	0.1	
	평면인장강도	0.1	0.1		0.1	0.2		5.7		
	실내공기오염물질 방출량	0.1	0.4		5.0	3.0	2.5	10.0	0.1	
섬유판	연질판/겉모양,치수,직각도	0.1	0.1	0.1	0.2	0.1	0.1			
	연질판/밀도	0.1	0.1		0.1	0.1	0.1	0.1		
	연질판/함수율	0.1	0.1		0.4		0.2	8.6	0.1	
	연질판/휨강도	0.1	0.1		0.2	0.1		6.0		
	연질판/흡수두께팽창률	0.1	0.1		0.1	0.2	0.2	4.0	0.6	
	연질판/단열성(열저항)	0.1	0.2	0.5				17.9		
	연질판/난연성	0.1	0.2	6.0				19.0		15.0
	중밀도판/겉모양,치수,직각도	0.1	0.1	0.1	0.2	0.1	0.1	1.0		
	중밀도판/밀도,함수율	0.1	0.1		0.1	0.1	0.1	1.1		
	중밀도판/휨강도	0.1	0.1		0.2	0.1		2.5		
	중밀도판/습윤시 휨강도	0.1	0.1	0.2	0.1	0.2	0.1	6.4		
	중밀도판/흡수두께팽창률	0.1	0.1		0.1	0.2	0.2	4.0	1.0	
	중밀도판/박리강도	0.1	0.1	0.5			0.2	3.5		
	중밀도판/나사못유지력	0.1	0.1	0.4	0.4			2.5		
	중밀도판/폼알데하이드 방산량	0.1	0.2		1.5	1.0	0.5	65.0		
	중밀도판/난연성	0.1	0.2	6.0				19.0		15.0
	경질판/겉모양,치수,직각도	0.1	0.1	0.1	0.2	0.1	0.1	1.0		
	경질판/밀도,함수율	0.1	0.1		0.4		0.2	1.1		
	경질판/휨파괴하중	0.1	0.1	0.2	0.1	0.2	0.1	1.0		
	경질판/휨강도,흡수율	0.1	0.1	0.3	0.2	0.3	0.1	3.5	1.0	
	경질판/흡수길이변화율	0.1	0.2	0.1		0.1	0.2	7.0	0.5	
	경질판/못 역인발 저항	0.1	0.2	1.3	0.8		0.8	4.0		
	경질판/평면인장강도	0.1	0.1		0.1	0.2	0.1	2.5		
	경질판/내충격성	0.1	0.1		0.3	0.5	0.2	3.0		
	경질판/내산성,내알칼리성	0.1	0.2	0.1		0.3	0.2	2.0		
	경질판/내오염성	0.1	0.1			0.2	0.1	2.0		
	경질판/내변퇴색성	0.1	0.1	0.2	1.0	0.5	0.2	31.8		
	경질판/내긁힘성	0.1	0.1			1.0	0.4	3.0		
	경질판/도막부착성	0.1	0.2			1.0	0.2	3.0		
	경질판/내세척성	0.1	0.2				0.4	3.0		
	경질판/내후성	0.1	0.2				3.0	286.0		
	경질판/난연성	0.1	0.2	6.0				19.0		15.0
파티클 보드	바탕,단판붙임/겉모양,치수,직각도	0.1	0.1	0.1	0.2	0.1	0.1	1.0		
	바탕,단판붙임/밀도	0.1	0.1		0.1	0.1	0.1	1.1		

종별	시험종목	인력(시간)						공공요금		
		시험관리		시험				전기	상수도	가스
		특급	중급	특급	고급	중급	초급	Kwh	m^3	m^3
	바탕,단판붙임/함수율	0.1	0.1		0.4		0.2	1.1		
	바탕,단판붙임/휨강도	0.1	0.1	0.3	0.3			2.5		
	바탕,단판붙임/습윤시험강도	0.1	0.1	0.2	0.1	0.2	0.1	6.4		
	바탕,단판붙임/흡수두께팽창률	0.1	0.1		0.1	0.2	0.2	4.0	1.0	
	바탕,단판붙임/박리강도	0.1	0.1		0.3		0.5	3.5		
	바탕,단판붙임/나사못유지력	0.1	0.1	0.4		0.5		2.5		
	바탕,단판붙임/폼알데하이드방산량	0.1	0.2		1.5	1.0	0.5	65.0		
	바탕,단판붙임/난연성	0.1	0.2	3.0		1.0		19.0		15.0
	바탕,단판붙임/단열성(열저항)	0.1	0.2		1.0	5.3		200.0	2.0	
	치장/겉모양,치수,직각도	0.1	0.1	0.1	0.2	0.1	0.1	1.0		
	치장/밀도	0.1	0.1		0.1	0.1	0.1	1.0		
	치장/함수율	0.1	0.1		0.4		0.2	1.1	1.6	
	치장/휨강도	0.1	0.1	0.3	0.3			2.5		
	치장/습윤시험강도	0.1	0.1	0.2	0.1	0.2	0.1	6.4		
	치장/흡수두께팽창률	0.1	0.1		0.1	0.2	0.2	4.0	1.0	
	치장/박리강도	0.1	0.1		0.3		0.5	3.5		
	치장/나사못유지력	0.1	0.1	0.4		0.5		2.5		
	치장/폼알데하이드방산량	0.1	0.2		1.5	1.0	0.5	5.0	1.0	
	치장/평면인장강도	0.1	0.1		0.1	0.2	0.1	4.5		
	치장/내충격성	0.1	0.1			0.1	0.2	5.0		
	치장/내산성	0.1	0.1			0.1	0.1	5.0	1.0	
	치장/내알칼리성	0.1	0.1			0.1	0.1	5.0	1.0	
	치장/내오염성	0.1	0.1			0.1	0.2	5.0	1.0	
	치장/내변퇴색성	0.1	0.1	0.2	1.0	0.5	0.2	7.3	1.0	
	치장/내긁힘성	0.1	0.1			0.4		7.3		
	치장/난연성	0.1	0.2	3.0		1.0		15.0		
	치장/단열성(열저항)	0.1	0.2		1.0	5.3		3.0		
석고보드	석고보드/겉모양,치수	0.1	0.1				0.1			
	석고보드/함수율	0.1	0.1				0.1	0.1	1.0	
	석고보드/휨파괴하중	0.1	0.1		0.2	0.2		3.5		
	석고보드/연소성능	0.1	0.2	1.0	10.0	7.0	3.0	30.0		
	석고보드/단열성	0.1	0.2			0.6		3.0		
	석고보드/실내공기오염물질방출량	0.1	0.4		5.0	3.0	2.5	50.0	6.0	
	방수석고보드/겉모양,치수	0.1	0.1				0.1			
	방수석고보드/함수율,흡수성	0.1	0.1				0.3	3.0	1.3	

종별	시험종목	인력(시간)						공공요금		
		시험관리		시험				전기	상수도	가스
		특급	중급	특급	고급	중급	초급	Kwh	m^3	m^3
	방수석고보드/흡수시내박리성	0.1	0.1		0.2	0.1		0.4	2.0	
	방수석고보드/휨파괴하중	0.1	0.1		0.2	0.2		4.5		
	방수석고보드/연소성능	0.1	0.2	1.0	10.0	7.0	3.0	30.0		
	방수석고보드/단열성	0.1	0.2			0.6		3.0		
	방수석고보드/실내공기오염물질방출량	0.1	0.4		5.0	3.0	2.5	50.0	6.0	
	방화석고보드/겉모양,치수	0.1	0.1				0.1			
	방화석고보드/함수율	0.1	0.1				0.1	0.1	2.0	
	방화석고보드/휨파괴하중	0.1	0.1		0.2	0.2		3.5		
	방화석고보드/내충격성	0.1	0.1		0.3	0.3				
	방화석고보드/내화염성, 연소성능	0.1	0.2	1.0	10.0	7.0	3.0			
	방화석고보드/단열성	0.1	0.2			0.6		3.0		
	방화석고보드/단위면적당질량	0.1	0.1				0.1	15.1		
	방화석고보드/실내공기오염물질방출량	0.1	0.4		5.0	3.0	2.5	50.0	6.0	
	석고라스보드/겉모양,치수	0.1	0.1				0.1			
	석고라스보드/함수율	0.1	0.1				0.1	0.1	2.0	
	석고라스보드/휨파괴하중	0.1	0.1		0.2	0.2		3.5		
	석고라스보드/실내공기오염물질방출량	0.1	0.4		5.0	3.0	2.5	50.0	6.0	
	치장석고보드/겉모양,치수	0.1	0.1				0.1			
	치장석고보드/함수율	0.1	0.1				0.1	0.1	2.0	
	치장석고보드/휨파괴하중	0.1	0.1		0.2	0.2		4.0		
	치장석고보드/내충격성	0.1	0.1		0.3	0.3				
	치장석고보드/연소성능	0.1	0.2	1.0	10.0	7.0	3.0			
	치장석고보드/단열성	0.1	0.2			0.6				
	치장석고보드/내변퇴색성	0.1	0.1			2.0		9.6		
	치장석고보드/실내공기오염물질방출량	0.1	0.4		5.0	3.0	2.5			
이중 바닥재	겉모양 및 치수	0.1	0.1				0.1			
	직각도,평탄도	0.1	0.1				0.1			
	국부 압축 저항성	0.1	0.2		0.6		0.8			
	내충격성	0.1	0.1				0.1			
	내연소성	0.1	0.1			0.4				
	대전성	0.1	0.4	8.0		12.0	12.0			
	누설저항성	0.1	0.4	7.0		8.0	10.0			
	방식성능/도막밀착성	0.1	0.1				0.1			
	방식성능/도막내식성	0.1	0.2		0.7		0.8			
섬유강화	파형시멘트판/겉모양및	0.1	0.1				0.1			

종별	시험종목	인력(시간)						공공요금		
		시험관리		시험				전기	상수도	가스
		특급	중급	특급	고급	중급	초급	Kwh	m^3	m^3
시멘트판	치수									
	파형시멘트판/휨파괴하중	0.1	0.2			0.4	0.3			
	파형시멘트판/흡수율	0.1	0.1		0.2	0.2		37.5	0.4	
	파형시멘트판/투수성	0.1	0.1		0.1	0.2				
	평형슬레이트/겉모양및치수	0.1	0.1				0.1			
	평형슬레이트/휨강도	0.1	0.1		0.2	0.2		2.1		
	평형슬레이트/흡수율	0.1	0.1		0.2	0.2		37.5	0.4	
	평형슬레이트/투수성	0.1	0.1		0.1	0.2				
	평형슬레이트/흡수에의한길이변화율	0.1	0.2	0.1	0.1	0.1	0.3	7.8	0.4	
	펄라이트판/겉모양및치수	0.1	0.1				0.1			
	펄라이트판/부피비중	0.1	0.2		0.1	0.2		2.6	0.3	
	펄라이트판/휨강도	0.1	0.1		0.2	0.2		2.1		
	펄라이트판/투수성	0.1	0.1		0.1	0.2				
	펄라이트판/흡수에의한길이변화율	0.1	0.2	0.1	0.1	0.1	0.3	7.8	0.4	
	펄라이트판/열전도율	0.1	0.1		0.6	0.7		3.0	0.4	
섬유강화 시멘트판	규산칼슘판/겉모양및치수	0.1	0.1				0.1			
	규산칼슘판/부피비중	0.1	0.2		0.1	0.2		2.6	0.3	
	규산칼슘판/휨강도	0.1	0.1		0.2	0.2		2.1		
	규산칼슘판/흡수에의한길이변화율	0.1	0.2	0.1	0.1	0.1	0.3	7.8	0.4	
	규산칼슘판/열전도율	0.1	0.1		0.6	0.7		3.0	0.4	
	슬래그석고판/겉모양및치수	0.1	0.1				0.1			
	슬래그석고판/부피비중	0.1	0.2		0.1	0.2		2.6	0.3	
	슬래그석고판/휨강도	0.1	0.1		0.2	0.2		2.1		
	슬래그석고판/투수성	0.1	0.1		0.1	0.2		3.0		
	슬래그석고판/흡수에의한길이변화율	0.1	0.2	0.1	0.1	0.1	0.3	7.8	0.4	
PVC계 바닥재	바닥타일/겉모양및치수	0.1	0.2		0.1	0.1		5.0	0.8	
	바닥타일/압입량	0.1	0.2		0.1	0.2		1.0		
	바닥타일/잔류압입률	0.1	0.2		0.1	1.2		0.5		
	바닥타일/가열에의한길이변화율	0.1	0.2		0.1	3.6		17.0		
	바닥타일/흡수에의한길이변화율	0.1	0.2		0.2	3.8		120.0	0.1	
	바닥타일/가열감량률	0.1	0.2		0.1	3.4		16.0		
	바닥타일/긁기시험	0.1	0.2		0.5	1.0		0.1		
	바닥타일/오염성	0.1	0.2		0.2	1.0				
	바닥시트/겉모양및치수	0.1	0.2		0.1	0.1				

종별	시험종목	인력(시간)						공공요금		
		시험관리		시험				전기	상수도	가스
		특급	중급	특급	고급	중급	초급	Kwh	m^3	m^3
	바닥시트/압입량	0.1	0.2		0.1	0.2		1.0		
	바닥시트/잔류압입률	0.1	0.2		0.1	1.2		0.5		
	바닥시트/가열에의한길이변화율	0.1	0.2		0.1	3.6		17.0		
	바닥시트/가열감량률	0.1	0.2		0.1	3.4		16.0		
	바닥시트/오염성	0.1	0.2		0.2	1.0				
	미끄럼성	0.1	0.1			0.5				
	난연성	0.1	0.4	2.0			1.0	1.0		0.5
도자기질 타일	겉모양및치수(모자이크타일제외)	0.1	0.1			0.1	0.1			
	뒤틀림	0.1	0.1				0.1	0.8		
	치수의불규칙도	0.1	0.1				0.1	0.8		
	흡수율	0.1	0.1		0.5		0.1	34.8	0.6	
	내균열성(시유타일)	0.1	0.2	0.3			0.1	4.4	0.4	
	내마모성(바닥타일)	0.1	0.2	0.2			0.3	1.0	1.0	
	꺾임강도	0.1	0.1	0.1		0.3	0.3	1.1		
	동결융해(외장,바닥타일)	0.1	0.2	0.8	1.3	0.4	0.9	209.9	1.0	
	내약품성	0.1	0.2		0.5		0.5	4.9	0.2	
	침지의접착성,박리성,재질및개구율(구성타일)	0.1	0.1				0.2			
점토기와	겉모양및치수	0.1	0.1				0.2			
	흡수율	0.1	0.1		0.2		0.1	52.4	1.0	
	휨파괴하중	0.1	0.2		0.2		0.2	2.8	1.0	
	내동해성	0.1	0.4		2.0	0.4	1.9	105.6	10.0	
건조시멘트 모르타르	압축강도(7.28일)	0.1	0.2		0.3	0.4		36.3	0.4	
	보수성	0.1	0.4		0.3	0.9		0.1	0.5	
	공기량	0.1	0.2		0.2	0.3			0.3	
	모래의함량	0.1	0.2		0.2	0.1		14.6		
	모래의 최대크기	0.1	0.2		0.3	0.3		29.0	0.4	
시 멘 트 계 자 기 수 평 모르타르	플로값	0.1	0.1				0.1	0.3	0.4	
	응결시간	0.1	0.2		0.4	0.4		4.3	1.1	
	휨강도	0.1	0.2		0.1	0.2		30.9	0.4	
	압축강도	0.1	0.2		0.3	0.4		30.9	0.4	
	부착강도	0.1	0.2		0.5	0.5		106.5	0.8	
	내충격성	0.1	0.2		0.3	0.3				
	길이변화율	0.1	0.2		0.4	0.3		4.0	0.4	
	내마모성	0.1	0.4		2.3	0.5		5.0	1.3	
주차장바닥 용표면마감재	부착성능	0.1	0.1				0.1	55.8	0.8	
	윤하중저항성능	0.1	0.2		13.7			3000.0		
	수밀성	0.1	0.2		2.4			45.0	1.0	
	내충격성	0.1	0.2		0.4	0.9		5.0		
	오염물질방출량	0.1	0.2		2.0	2.0		53.0	50.0	100.0

종별	시험종목	인력(시간)						공공요금		
		시험관리		시험				전기	상수도	가스
		특급	중급	특급	고급	중급	초급	Kwh	m^3	m^3
시멘트계바탕바름재	연도변화	0.1	0.1				0.1	1.3	0.3	
	부착강도	0.1	0.2		0.1	0.1		79.6	0.6	
	내잔갈림성	0.1	0.1				0.1	26.5	1.0	
	내충격성	0.1	0.1				0.1	1.0	1.0	
	온냉반복저항성	0.1	0.2	7.2		5.0		346.7	1.5	
	습기투과성	0.1	0.2		2.8	2.3	2.4	299.7	1.8	
	물흡수계수	0.1	0.2		0.7	0.5	1.3	91.3	1.7	
얇은마무리용벽바름재	외장/저온안정성	0.1	0.2		1.3	0.1		13.5	0.2	
	외장/내잔갈림성	0.1	0.1				0.1	1.0	1.0	
	외장/부착강도	0.1	0.2		0.1	0.1		54.3	0.6	
	외장/온냉반복저항성	0.1	0.2	7.2		5.0		172.1	2.0	
	외장/내세척성	0.1	0.2		0.1	0.1		2.0	0.3	
	외장/내충격성	0.1	0.1				0.1			
	외장/내알칼리성	0.1	0.1		0.1	0.1		2.0	0.3	
	외장/가요성	0.1	0.1				0.1			
	외장/물흡수계수	0.1	0.2		0.7	0.5	1.3	2.0	1.0	
	외장/내후성	0.1	0.2		1.0	2.0		25.5	3.0	5.0
	외장/습기투과	0.1	0.2		2.8	2.3	2.4	136.0	2.0	
	내장/저온안정성	0.1	0.2		1.3	0.1		13.0	0.6	3.0
	내장/내잔갈림성	0.1	0.1				0.1			
	내장/부착강도	0.1	0.2		0.1	0.1		54.3	0.6	
	내장/내세척성	0.1	0.2		0.1	0.1		2.0	0.3	
	내장/내충격성	0.1	0.1				0.1			
	내장/내알칼리성	0.1	0.1		0.1	0.1		2.0	0.3	
	내장/가요성	0.1	0.1				0.1			
	내장/내변퇴색성	0.1	0.2		1.0	2.0		6.3	3.0	
	내장/연소성능	0.1	0.2		2.0	2.0		7.0	1.0	10.0
	내장/가요성	0.1	0.1				0.1			

사. 도장공사

종별	시험종목	인력(시간)						공공요금		
		시험관리		시험				전기	상수도	가스
		특급	중급	특급	고급	중급	초급	Kwh	m^3	m^3
수성도료	1,2종/열안정성	0.1	0.2			0.5		293.4		
	1,2종/냉동안정성	0.1	0.2			0.5		220.7		
	1,2종/적신도막은폐율	0.1	0.2			0.1	0.5	134.6	0.1	
	1,2종/주도	0.1	0.1			0.2	0.2	1.0	0.1	
	1,2종/비휘발분	0.1	0.1			0.1	0.3	8.5	0.3	
	1,2종/안료분	0.1	0.2			0.2	0.1	12.5		
	1,2종/건조시간	0.1	0.1			0.2			0.1	
	1,2종/확산반사율	0.1	0.2			0.1	0.1	9.0	0.1	
	1,2종/광택	0.1	0.1			0.2	0.2	1.0	0.1	

종별	시험종목	인력(시간)						공공요금		
		시험관리		시험				전기	상수도	가스
		특급	중급	특급	고급	중급	초급	Kwh	m^3	m^3
	1,2종/은폐율	0.1	0.1			0.2	0.4	9.0	0.1	
	1,2종/내세척성	0.1	0.2			0.1	0.1	23.7	0.1	
	1,2종/내알칼리성	0.1	0.2			0.2	0.2	18.0	0.5	
	1,2종/촉진내후성	0.1	0.4	0.2		0.3	1.1	1069.2	4.3	
	1,2종/저장안정성	0.1	0.2	0.2		0.3		552.0		
	1,2종/냄새	0.1	0.1				0.1		0.1	
	1,2종/내곰팡이성	0.1	0.2	0.5		0.7	0.1	1008.0	0.3	
	1,2종/용기내상태	0.1	0.1				0.1	0.2	0.1	
	3종/연마용이성	0.1	0.1				0.1	0.2	0.1	
	3종/부착강도	0.1	0.2			1.0	0.2	2.5	0.1	
	3종/저온안정성	0.1	0.2	0.1		0.3		14.0	0.3	
	3종/상도적합성	0.1	0.1				0.1	0.2	0.1	
	3종/비휘발분	0.1	0.1			0.1	0.3	8.5	0.1	
	3종/건조시간	0.1	0.1			0.2			0.1	
	3종/용기내상태	0.1	0.1				0.1	0.2	0.1	
	3종/내수성	0.1	0.2				0.1		0.5	
	3종/내알칼리성	0.1	0.2			0.2	0.2	18.0	0.5	
유성도료	1종/색상	0.1	0.2	0.1				0.2	0.1	
	1종/용기내상태,안료분	0.1	0.2			0.2	0.1	9.9	0.1	
	1종/비휘발전색제	0.1	0.2				0.1	19.0	0.1	
	1종/광택	0.1	0.1			0.2	0.2	1.0	0.1	
	1종/은폐율	0.1	0.1			0.2	0.4	9.0	0.1	
	1종/확산반사율	0.1	0.1			0.2	0.2	9.0	0.1	
	1종/건조시간	0.1	0.1			0.2			0.1	
	1종/내굴곡성	0.1	0.1				0.1			
	1종/촉진내후성	0.1	0.4	0.1		0.3	1.1	752.3	3.5	
	2종/비휘발분	0.1	0.1			0.2	0.2	8.5	0.1	
	2종/용기내상태	0.1	0.1				0.1	0.2	0.1	
	2종/희석안정성,내수성	0.1	0.1				0.1	0.2	0.1	
	2종/내휘발유성	0.1	0.2	0.1			0.2	9.0	0.5	
	2종/나이프시험	0.1	0.1				0.1	9.0	0.8	
	2종/비휘발전색제분	0.1	0.2				0.1	19.0	0.1	
	2종/은폐율	0.1	0.1			0.2	0.4	9.0	0.1	
	2종/광택	0.1	0.1			0.2	0.2	1.0	0.1	
	2종/확산반사율	0.1	0.1			0.2	0.2	9.0	0.1	
	2종/건조시간,재도장시험	0.1	0.1				0.1		0.1	
	2종/굴곡성	0.1	0.1				0.1			
	2종/저장성	0.1	0.2	0.2		0.3	0.3	384.0		
	2종/촉진내후성	0.1	0.4	0.1		0.3	1.1	939.2	3.0	
	3종/내수성	0.1	0.1				0.1	18.0	0.5	
	3종/용기내상태	0.1	0.1				0.1	0.2	0.1	
	3종/고착건조시간	0.1	0.1			0.2			0.1	
	3종/광택	0.1	0.1			0.2	0.2	1.0	0.1	
	3종/은폐율	0.1	0.1			0.2	0.4	9.0	0.1	

종별	시험종목	인력(시간)						공공요금		
		시험관리		시험				전기	상수도	가스
		특급	중급	특급	고급	중급	초급	Kwh	m^3	m^3
	3종/비휘발분	0.1	0.1			0.2	0.2	9.8	0.1	
	3종/촉진내후성	0.1	0.4	0.1		0.3	1.1	548.8	0.6	
	3종/내굴곡성	0.1	0.1				0.1			
	4종/희석안정성	0.1	0.1				0.1	0.2	0.1	
	4종/내수성,내알칼리성	0.1	0.2	0.2		0.2		18.0	1.0	
	4종/비휘발분	0.1	0.1			0.2	0.2	15.2	0.1	
	4종/비휘발전색제분	0.1	0.2				0.1	19.0	0.1	
	4종/은폐율	0.1	0.1			0.2	0.4	9.0	0.1	
	4종/광택	0.1	0.1			0.2	0.2	1.0	0.1	
	4종/건조시간	0.1	0.1			0.2			0.2	
	4종/용기내상태	0.1	0.1				0.1	0.2	0.1	
	4종/재도장	0.1	0.1				0.1		0.1	
	4종/촉진내후성	0.1	0.4	0.1		0.3	1.1	740.0	0.1	
방청도료	1종/굴곡성	0.1	0.1				0.1			
	1종/안료분	0.1	0.2	0.1		0.1		14.0		
	1종/순광명단분	0.1	0.2	0.2		0.3		3.0	0.5	
	1종/순산화철분	0.1	0.2	0.1		0.4		8.0		
	1종/비휘발전색제분	0.1	0.2	0.1		0.1		19.0	0.1	
	1종/건조시간	0.1	0.1			0.2			0.1	
	1종/희석안정성	0.1	0.1				0.1	0.2	0.1	
	1종/용기내상태	0.1	0.1				0.1	0.2	0.1	
	2종/굴곡성	0.1	0.1				0.1			
	2종/내수성	0.1	0.1			0.1		24.0	0.5	
	2종/안료분	0.1	0.2	0.1		0.1		14.0		
	2종/비휘발분	0.1	0.2	0.1		0.1		19.0	0.1	
방청도료	2종/건조시간	0.1	0.1			0.2			0.2	
	2종/희석안정성	0.1	0.1				0.1	0.2	0.1	
	2종/용기내상태	0.1	0.1				0.1	0.2	0.1	
	2종/안료조성/크롬산,아연화	0.1	0.2	0.1		0.1		3.0	0.5	
	2종/안료조성/적색 산화철	0.1	0.1				0.2	3.0	0.5	
	2종/안료조성/이산화티탄	0.1	0.2			0.2		3.0	0.5	
	3종/굴곡성	0.1	0.1				0.1			
	3종/접착력	0.1	0.2	0.1		0.1		48.1	0.1	
	3종/내수성	0.1	0.1			0.1		24.0	0.5	
	3종/안료분	0.1	0.2	0.1		0.1		14.0		
	3종/안료분석/금속아연분	0.1	0.2		0.1	0.1		3.0	0.5	
	3종/안료분석/아연화분	0.1	0.2	0.1				3.0	0.5	
	3종/비휘발전색제분	0.1	0.2	0.1		0.1		9.0	0.1	
	3종/로진및그유도체	0.1	0.2	0.1		0.1			0.5	
	3종/건조시간	0.1	0.1			0.2			0.1	
	3종/용기내상태	0.1	0.1				0.1	0.2	0.1	
	4종/안료중산화아연	0.1	0.2	0.3				3.0	0.5	

종별	시험종목	인력(시간)						공공요금		
		시험관리		시험				전기	상수도	가스
		특급	중급	특급	고급	중급	초급	Kwh	m^3	m^3
	4종/인산(첨가제)	0.1	0.2	0.1		0.1		3.0	0.5	
	4종/내충격성	0.1	0.1				0.2			
	4종/비휘발분	0.1	0.2	0.1		0.1		9.0	0.1	
	4종/안료분	0.1	0.2	0.1		0.1		14.0		
	4종/안료중크롬산	0.1	0.1				0.2	3.0	0.5	
	4종/용기내상태	0.1	0.1				0.1	0.2	0.1	
	4종/가사시간	0.1	0.1				0.2		0.1	
	4종/고착건조	0.1	0.1			0.2			0.1	
	4종/내굴곡성	0.1	0.1				0.1			
	4종/내염수성	0.1	0.2	0.1		0.1		96.0	0.5	
	4종/내후성	0.1	0.2	9.0					0.5	
	5종/내굴곡성	0.1	0.1				0.1			
	5종/내염수성	0.1	0.2	0.1		0.1		96.0	0.5	
	5종/사삼산화납	0.1	0.1				0.1	3.0	0.5	
	5종/크롬산아연	0.1	0.1				0.2	3.0	0.5	
	5종/안료분	0.1	0.2	0.1		0.1		14.0		
	5종/비휘발분	0.1	0.2	0.1		0.1		9.0	0.1	
	5종/경화건조시간	0.1	0.1			0.2			0.1	
	5종/용기내상태	0.1	0.1				0.1	0.2	0.1	
	6종/가사시간	0.1	0.1				0.2		0.1	
	6종/내충격성,냉열반복	0.1	0.2	0.1		0.1		15.0		
	6종/내알칼리성,내휘발유성	0.1	0.2	0.2		0.1		84.1	0.4	
	6종/내산성,내유성,내습성	0.1	0.2	0.4		0.1		84.2	0.6	
	6종/에폭시수지검출	0.1	0.2	0.5		0.1		4.0	0.3	
	6종/용기내상태	0.1	0.1				0.1	0.2	0.1	
	6종/고착건조시간	0.1	0.1			0.2			0.1	
	6종/내굴곡성	0.1	0.1				0.1			
	6종/염수분무	0.1	0.2	0.2		0.1		300.0	0.8	
	6종/비휘발분	0.1	0.2	0.1		0.1		9.0	0.1	
래커도료	1,2,3종/연마용이성	0.1	0.1				0.1	0.2	0.1	
	1,2,3종/상도적합성	0.1	0.1				0.1	0.2	0.1	
	1,2,3종/블리딩	0.1	0.1				0.1	0.2	0.1	
	1,2,3종/내충격성	0.1	0.2	0.1		0.1				
	1,2,3종/내수성	0.1	0.1	0.1		0.2		2.0	0.5	
	1,2,3종/고화건조시간	0.1	0.1			0.2			0.1	
래커도료	1,2,3종/내굴곡성	0.1	0.1			0.2				
	1,2,3종/비휘발분	0.1	0.1				0.2	9.0	0.1	
	1,2,3종/용기내상태	0.1	0.1				0.1	0.2	0.1	
	4,5종/연마용이성	0.1	0.1				0.1	0.2	0.1	
	4,5종/상도적합성	0.1	0.1				0.1	0.2	0.1	
	4,5종/고화건조시간	0.1	0.1			0.2			0.1	
	4,5종/비휘발분	0.1	0.1				0.2	9.0	0.1	

종별	시험종목	인력(시간)						공공요금		
		시험관리		시험				전기	상수도	가스
		특급	중급	특급	고급	중급	초급	Kwh	m^3	m^3
	4,5종/용기내상태	0.1	0.1				0.1	0.2	0.1	
	6,7종/내블로킹성	0.1	0.1				0.1	0.2	0.1	
	6,7종/블리딩	0.1	0.1				0.1	0.2	0.1	
	6,7종/내수성,내휘발유성	0.1	0.1				0.1	2.0	3.6	
	6,7종/가열안정성	0.1	0.2	0.2		0.7		4.0	0.5	
	6,7종/투명성	0.1	0.1				0.1	0.2	0.1	
	6,7종/고화건조시간	0.1	0.1			0.2			0.1	
	6,7종/은폐율	0.1	0.2	0.1		0.1		9.0	0.1	
	6,7종/광택	0.1	0.2			0.1		1.0	0.1	
	6,7종/비휘발분	0.1	0.1				0.2	9.0	0.1	
	6,7종/용기내상태	0.1	0.1				0.1	0.2	0.1	
바니시	저온안정성(1종,2종)	0.1	0.2	0.1				72.0		
	내수성(1종,2종)	0.1	0.1				0.2		0.5	
	내수성(3종)	0.1	0.1				0.2		0.5	
	건조시간	0.1	0.1				0.2		0.1	
	비점착시간	0.1	0.2			0.5			0.1	
	인화점	0.1	0.2	0.1		1.0		2.5	0.1	
	드레프트시험	0.1	0.2	0.1					0.1	
	가스시험	0.1	0.2	0.1						0.1
	스키닝	0.1	0.1				0.1	96.0	0.1	
	내곰팡이성	0.1	0.2	1.5				672.0		
	비휘발분	0.1	0.2	0.1		0.1		9.0	0.1	
	산값	0.1	0.2	0.1		0.5			1.0	
	로진및유도체	0.1	0.2	0.1		0.5			0.5	
도료용희석제	비휘발성물질	0.1	0.1	0.1		0.1		30.0	0.1	
	증류시험(초류점,유출량,유출온도)	0.1	0.1			0.1		3.5		
	인화점	0.1	0.1	0.1		0.1		2.5	0.1	
	아닐린점(1종)	0.1	0.1			0.1				
	아닐린점(2종)	0.1	0.1			0.1				
	캐톤및에스테르	0.1	0.2	0.4		1.4				
	겉모양	0.1					0.1			
	점적시험	0.1	0.1				0.1			
	구리부식성	0.1	0.1	0.1		0.1		2.0		
	산값	0.1	0.2	0.1		0.1			1.0	
다채무늬도료	도료/용기내상태	0.1	0.1				0.1	0.2	0.1	
	도료/도장작업성	0.1					0.1	0.2	0.1	
	도료/주도	0.1	0.2	0.1		0.2		1.0	0.1	
	도료/비휘발분	0.1	0.1	0.1		0.1		9.0	0.1	
	도료/건조시간(고화)	0.1	0.1			0.2			0.1	
	도막/도막외관	0.1					0.1	0.2	0.1	
	도막/내광성(수은램프법)	0.1	0.2	0.3				144.0	0.3	

종별	시험종목	인력(시간)						공공요금		
		시험관리		시험				전기	상수도	가스
		특급	중급	특급	고급	중급	초급	Kwh	m^3	m^3
	도막/내알칼리성	0.1	0.2	0.1					0.5	
	도막/내세척성	0.1	0.2		0.1			9.0	0.1	
	폼알데하이드 방산량	0.1	0.2	0.5				560.0	0.1	
굽도리모르타르면 페인트	주도	0.1	0.1				0.1	1.0	0.1	
	연화도	0.1	0.1				0.1	0.2	0.1	
	비휘발분	0.1	0.1			0.1	0.1	8.5	0.3	
	건조시간(고화)	0.1					0.1		0.1	
	붓 작업성	0.1					0.1	0.2	0.1	
	광택	0.1	0.1			0.1	0.1	1.0	0.1	
	내수성 및 내알칼리성	0.1	0.1			0.4	0.4	56.0	0.5	
낙서방지용 페인트	도막의상태	0.1					0.1	0.2	0.1	
	용기내상태	0.1					0.1	0.2	0.1	
	안료분	0.1	0.2			0.2	0.1	12.5		
	주도	0.1	0.1				0.1	1.0	0.1	
	연화도	0.1	0.1				0.1	0.2	0.1	
	비휘발분	0.1	0.1			0.1	0.1	8.5	0.3	
	건조시간(경화)	0.1					0.1		0.1	
	붓작업성	0.1					0.1	0.2	0.1	
	광택	0.1	0.1			0.1	0.1	1.0	0.1	
	내구성및내알칼리성	0.1	0.2	0.2		0.1	0.5	62.0	0.5	
	내오염성	0.1	0.2	0.2		0.1	0.5	96.0	0.1	
에폭시바닥 마감재	하도/비휘발분(혼합)	0.1	0.1			0.1	0.5	8.5	0.3	
	하도/지촉건조시간	0.1	0.1			0.3	0.5		0.1	
	하도/경화건조시간	0.1	0.1			0.3	0.5		0.1	
	하도/도막의상태	0.1	0.1			0.1		0.2	0.1	
	하도/상도적합성	0.1	0.1			0.1	0.5	0.2	0.1	
	하도/주도(주제)	0.1	0.1			0.3	0.5	1.0	0.1	
	하도/가사시간	0.1	0.2			0.7	0.5		0.1	
	중상도/비휘발분(혼합)	0.1	0.1			0.1	0.5	8.5	0.3	
	중상도/용기내상태(주제)	0.1	0.1			0.1		0.2	0.1	
	중상도/연화도(주제)	0.1	0.2			0.2	0.5	0.2	0.1	
	중상도/주도(주제)	0.1	0.1			0.3	0.5	1.0	0.1	
	중상도/지촉건조	0.1	0.1			0.3	0.5		0.1	
	중상도/경화건조	0.1	0.1			0.3	0.5		0.1	
	중상도/가사시간	0.1	0.2			0.7	0.5		0.1	
	중상도/내수성	0.1	0.2	0.1		0.7	0.5	84.1	0.4	
	중상도/내알칼리성	0.1	0.2	0.1		0.7	0.5	84.1	0.2	
	중상도/부착강도	0.1	0.2			1.3	0.5	2.5		
	중상도/내마모성	0.1	0.2	0.3		0.5	0.5	2.9		
	중상도/도막의상태	0.1	0.1			0.1		0.2	0.1	
	중상도/광택	0.1	0.1			0.1	0.5	1.0	0.1	
	중상도/내충격성	0.1	0.2			0.3	0.5			
반광택방청	실크스크린작업성	0.1	0.1				0.1	0.2	0.1	
	침지성	0.1	0.1				0.1		0.5	

종별	시험종목	인력(시간)						공공요금		
		시험관리		시험				전기	상수도	가스
		특급	중급	특급	고급	중급	초급	Kwh	m^3	m^3
에나멜	재도장성	0.1	0.1				0.1	0.2	0.1	
	내수성	0.1	0.2	0.3				9.0	0.5	
	내휘발유성	0.1	0.2	0.3				9.0	0.5	
	비휘발분	0.1	0.2	0.1		0.1		9.0	0.1	
	안료분	0.1	0.2			0.1		14.0		
	비휘발분전색제분	0.1	0.1		0.1		0.1	19.0	0.1	
	프탈산무수물분	0.1	0.1		0.1		0.1	3.0	0.5	
	지방산분	0.1	0.1		0.1		0.1	3.0	0.5	
	불비누화물분	0.1	0.1		0.1		0.1	3.0	0.5	
	로진정성	0.1	0.1		0.1		0.1		0.5	
	페놀정성	0.1	0.1		0.1		0.1	3.0	0.5	
	전납분	0.1	0.2	0.2		2.0		3.0	0.5	
	전크롬산분	0.1	0.2	0.2		2.0		3.0	0.5	
	광명단분	0.1	0.2	0.2		2.0		3.0	0.5	
	아연화분	0.1	0.2	0.2		2.0		3.0	0.5	
	탄산칼슘	0.1	0.2	0.2		2.0		3.0	0.5	
	수분	0.1	0.1		0.1		0.1	2.0	0.5	
	점도	0.1	0.2	0.1		0.2		1.0	0.1	
	비중	0.1	0.1				0.1	0.2	0.1	
	인화점	0.1	0.1			0.1	0.1	2.5	0.1	
	건조시간	0.1	0.2				0.1		0.1	
	광택	0.1	0.1			0.1	0.1	1.0	0.1	
	연화도	0.1	0.1				0.1		0.1	
	은폐율	0.1	0.1			0.1	0.1	9.0	0.1	
	색상	0.1	0.1				0.1	0.2	0.1	
	용기내상태	0.1	0.1				0.1	0.2	0.1	
	저장안정성(용기에찼을때)	0.1	0.1				0.1	384.0		
	저장안정성(차지않았을때)	0.1	0.1				0.1	384.0		
	희석안정성	0.1	0.1				0.1	0.2	0.1	
	붓작업성	0.1	0.1				0.1	0.2	0.1	
	스프레이작업성	0.1	0.1				0.1	1.1	0.1	
	롤러작업성	0.1	0.1				0.1	0.2	0.1	
	냄새	0.1	0.1				0.1	0.2	0.1	
	굴곡성	0.1	0.1				0.1			
	나이프시험	0.1	0.1				0.1			
	내염수분무성	0.1	0.2	0.5		0.1		492.0	2.0	
	촉진내후성	0.1	0.2	0.3		0.3		806.0	3.0	
	특수용의 용제분석	0.1	0.2	2.5				3.0	0.1	
조합페인트	점착성	0.1	0.2			0.5		0.2	0.1	

종별	시험종목	인력(시간)						공공요금		
		시험관리		시험				전기	상수도	가스
		특급	중급	특급	고급	중급	초급	Kwh	m^3	m^3
목재 프라이머	리프팅	0.1	0.2			0.1		0.2	0.1	
	실링성(충전성)	0.1	0.2			1.0		0.2	0.1	
	내수성	0.1	0.2	0.1		0.1		18.0	0.5	
	나이프시험	0.1	0.2	0.1		0.1				
	안료분	0.1	0.2	0.1		1.0		14.0		
	불휘발전색제분	0.1	0.2	0.1		1.5		19.0	0.1	
	확산반사율	0.1	0.2	0.1		0.1		9.0	0.1	
	주도	0.1	0.2	0.1		0.5		1.0	0.1	
	건조시간(지촉,경화)	0.1	0.2	0.1		0.5			0.2	
	연화도	0.1	0.2			0.3		0.2	0.1	
	수분	0.1	0.2	0.1		1.0		2.0	0.5	
	용기내상태	0.1	0.2			0.1		0.2	0.1	
	색상	0.1	0.2			0.1		0.2	0.1	
	저장안정성(용기에찼을때)	0.1	0.2	0.3		0.5		384.0		
	저장안정성(차지않았을때)	0.1	0.2	0.3		0.5		384.0		
	붓칠작업성	0.1	0.2			1.0		1.1	0.1	
	스프레이작업성	0.1	0.2			0.5		0.2	0.1	
	내굴곡성시험	0.1	0.2	0.1		0.1				
	은폐율	0.1	0.2	0.1				9.0	0.1	

아. 기타

종별	시험종목	인력(시간)						공공요금		
		시험관리		시험				전기	상수도	가스
		특급	중급	특급	고급	중급	초급	Kwh	m^3	m^3
유리섬유 강화 플라스틱제 정화조	내압강도	0.1	0.2		1.0	1.0	1.0			
	칸막이 강도	0.1	0.1				0.1			
	접촉재 강도	0.1	0.1				0.1			
	재하 강도	0.1	0.1				0.1			
	수밀성	0.1	0.1				0.1			
	강성	0.1	0.1			0.1	0.1			
	용량	0.1	0.1				0.1			
	소음	0.1	0.1				0.1			
	경도	0.1	0.1				0.1			
	내약품성	0.1	0.2			0.1	0.1			
열경화성 수지 고압	일반용/겉모양	0.1					0.1			
	일반용/내열수성	0.1	0.2		0.5		0.2			

종별	시험종목	인력(시간)						공공요금		
		시험관리		시험				전기	상수도	가스
		특급	중급	특급	고급	중급	초급	Kwh	m^3	m^3
화장판	일반용/내끓임성	0.1	0.2		0.7		0.7			
	일반용/내열성	0.1	0.2		0.4		0.3			
	일반용/내오염성	0.1	0.2		0.1	0.3				
	일반용/내광성	0.1	0.2		0.1	0.2				
	일반용/내시가레트성	0.1	0.2		0.7		0.7			
	일반용/내마모성	0.1	0.2	0.2	1.2					
	일반용/치수변화율	0.1	0.2			0.1				
	일반용/내충격성	0.1	0.2			0.1	0.4			
	일반용/굴곡강도	0.1	0.2			0.2	0.2			
	일반용/파단변형량	0.1	0.2			0.2	0.2			
	일반용/탄성률	0.1	0.2			0.2	0.2			
	일반용/인장강도	0.1	0.2			0.2	0.2			
	수직면용/겉모양	0.1					0.1			
열경화성 수지 고압 화장판	수직면용/내오염성	0.1	0.2		0.1	0.3				
	수직면용/내광성	0.1	0.2		0.1	0.2				
	수직면용/내마모성	0.1	0.2	0.2	1.2					
	수직면용/치수변화율	0.1	0.2			0.1				
	수직면용/내충격성	0.1	0.2			0.1	0.4			
	수직면용/인장강도	0.1	0.2			0.2	0.2			
	포스트포밍용/겉모양	0.1					0.1			
	포스트포밍용/내오염성	0.1	0.2		0.1	0.3				
	포스트포밍용/내광성	0.1	0.2		0.1	0.2				
	포스트포밍용/내마모성	0.1	0.2	0.2	1.2			9.0		
	포스트포밍용/치수변화율	0.1	0.2			0.1		32.0		
	포스트포밍용/내충격성	0.1	0.2			0.1	0.4			
	포스트포밍용/굴곡성형성	0.1	0.2			0.2	0.2			
도자기질 타일용 접착제	겉모양	0.1	0.1				0.5			
	저장안정성	0.1	0.1		0.3	0.1	1.0	552.0		
	혼합종결확인용이성	0.1	0.1				0.1			
	접착강도	0.1	0.2			0.5	0.5	564.0		
	내열성	0.1	0.2		0.3	0.1		21.0		
	미끄럼 저항성	0.1	0.2		0.5		0.1			
	가사시간및 부착가능시간	0.1	0.2		0.1	0.2				
	실내공기오염물질 방출량	0.1	0.4		5.0	3.0	2.5	150.0		
벽용 보드류 접착제	작업성	0.1	0.2		0.2		0.1			
	맞붙임 가능 시간	0.1	0.2		0.5		0.1	74.5		

종별	시험종목	인력(시간)						공공요금		
		시험관리		시험				전기	상수도	가스
		특급	중급	특급	고급	중급	초급	Kwh	m^3	m^3
	사용가능시간	0.1	0.2		0.5		0.1	5.0		
	접착강도 시험방법	0.1	0.2		0.3		0.1	74.5		
	비중	0.1	0.1				0.2			
	실내공기오염물질 방출량	0.1	0.4		5.0	3.0	2.5	8.0		
천장용 보드류 접착제	맞붙임 가능 시간	0.1	0.2		0.5		0.1	74.5		
	작업성	0.1	0.2		0.2		0.1			
	늘어짐	0.1	0.2		0.3			144.0		
	접착강도/마스틱상 접착제	0.1	0.2		0.5			144.0		
	접착강도/페이스트 상접착제	0.1	0.2		0.5			144.0		
	비중	0.1	0.1				0.2	1.5		
	사용가능시간	0.1	0.2		0.5		0.1	5.0		
	실내공기오염물질 방출량	0.1	0.4		5.0	3.0	2.5	8.0		
비닐계 바닥재용 접착제	도포성	0.1	0.2		0.2		0.1			
	인장 접착강도(바닥타일)	0.1	0.2		0.5		0.5	105.5		
	90도 박리 접착 강도(바닥시트)	0.1	0.2		0.3		0.3	106.0		
	비중	0.1	0.2		0.2	0.5				
	실내공기오염물질 방출량	0.1	0.4		5.0	3.0	2.5	56.0		20.0
수도용 경질 염화비닐관용 접착제	접착력	0.1	0.2	0.1	0.7		0.3	8.4	0.1	
	건조감량	0.1	0.2		0.2		0.2	6.2	0.1	
	점도	0.1	0.1		0.1	0.4	0.2	4.7		
초산비닐 수지 에멀션목재 접착제	목재 오염성	0.1	0.1		0.1		0.3		5.0	
	접착력	0.1	0.2		0.3		0.5	12.6	0.1	
	요소수지 혼화성	0.1	0.1			0.3	0.3			
	조막성	0.1	0.1			0.1	0.2	1.0		
	겉모양	0.1	0.2			0.1				
	점도	0.1	0.2			0.4	0.3	4.3		
	회분	0.1	0.2			0.3	0.3	19.7		
	pH	0.1	0.2			0.3		1.8		
	증발 찌꺼기	0.1	0.2			0.3	0.2	6.2		
요소수지 목재접착제	겉모양	0.1	0.2			0.1				
	보존성	0.1	0.2			0.2		10.0		
	물 혼화성	0.1	0.2			1.0		10.0		
	아세트산비닐 혼화성	0.1	0.2			1.0				
	유리 폼알데하이드	0.1	0.2			4.0				
	압축 전단 접착 강도	0.1	0.2		0.1	2.0		2.3		
	합판 접착 강도	0.1	0.2		0.3	2.0		2.3		
	겔화시간	0.1	0.2		0.2	0.3		2.0		

종별	시험종목	인력(시간)						공공요금		
		시험관리		시험				전기	상수도	가스
		특급	중급	특급	고급	중급	초급	Kwh	m^3	m^3
	불휘발분	0.1	0.2		0.1	0.1		3.3		
	pH	0.1	0.2			0.3		0.5		
	점도	0.1	0.2			0.4	0.3	0.8		
황동 논슬립	겉모양및치수	0.1	0.2		0.2	0.2		1.0		
	화학성분시험	0.1	0.2		1.0	1.0		9.5		

【별표 5】

품질관리규정 작성기준(제13조제1항 관련)

항목	내용
1. 책임 및 권한	○최고경영자는 시험조직을 갖추고 구성원에 대한 책임과 권한을 규정할 것 ○최고경영자는 품질관리규정이 항상 이행되고 준수됨을 보장하기 위하여 품질책임자를 임명할 것.
2. 문서관리	○시험.검사와 관련된 문서의 작성, 검토, 승인, 등록, 이용, 변경 및 폐기를 포함한 문서관리절차를 갖출 것.
3. 기록관리	○시험.검사와 관련된 기록의 수집, 식별, 보관, 보호, 열람 및 처분을 포함한 기록관리절차를 갖출 것. ○<삭 제>
4. 교육훈련 및 자격부여	○교육훈련계획 수립, 실시 및 기록유지를 포함한 교육훈련절차를 갖출 것 ○책임기술인과 시험.검사자의 분야별 자격기준 및 자격부여 절차를 갖출 것 - 책임기술인 및 시험.검사자는 영 별표5의 등록요건에 따른 국가기술자격을 갖추고, 법 제21조제1항에 따라 신고한 자로서, 업무수행에 적절한 자로 자격부여 하 여야 한다.
5. 숙련도관리	○시험.검사자에 대한 숙련도평가절차를 갖출 것 비고 : 숙련도평가는 시험.검사자간 비교시험, 책임기술인에 의한 시험.검사자의 수행능력평가 등 조직규모에 적절한 방법으로 할 수 있음.
6. 신청서 관리	○품질시험 의뢰신청서의 접수, 검토, 보완, 변경 및 반려를 포함한 신청서검토절차를 갖출 것.
7. 시료 및 환경 조건관리	○시험.검사를 위해 제공된 시료의 수령, 봉인확인, 취급, 보호, 보관 및 처분을 포함한 시료관리절차를 갖출 것. - 시료의 수령시 발주자 또는 건설사업관리를 수행하는 건설기술용역사업자의 봉인 또는 확인을 거친 시료임이 확인되는 사진을 기록으로 남길 것 - 시료의 수령시 시료량을 정확히 기록하고 시험한 시료량과 남은 시료량을 기록할 것 ○시험.검사결과에 영향을 미칠 수 있는 환경조건의 관리기준 설정, 관리, 측정 및 기록을 포함한 환경조건관리절차를 갖출 것 비고 : 시험.검사의 품질에 영향을 미치는 지역은 접근 및 이용을 통제할 수 있음
8. 구매관리	○시험.검사와 관련된 시약, 소모품과 장비의 구매, 수령, 검사 및 보관을 포함한 구매관리절차를 갖출 것
9. 장비관리	○시험.검사와 관련된 장비의 식별, 취급, 운송, 보관, 교정, 보정, 점검, 사용 및 유지관

항목	내용
	리를 포함한 장비관리절차를 갖출 것 ㅇ장비의 사용에 관한 지침(장비제조자가 제공한 매뉴얼 포함)을 갖추고 권한을 부여받은 자가 조작할 것
10. 시험.검사의 실시	ㅇ시험.검사자 지정, 시험장비 선정, 시험일정관리, 고객의 시험.검사과정입회, 원시데이터 및 시험.검사일지 관리, 시험결과 보고 등을 포함한 시험검사 실시 절차를 갖출 것 ㅇ시험.검사항목별로 시험.검사방법을 정하고 문서화할 것 - 시험.검사항목별로 시험.검사프로세스(절차)를 갖출 것. 다만 KS 등의 표준을 최신본으로 보유.관리하는 경우는 예외로 한다. ㅇ시험.검사일지 및 원시데이터(Raw data)를 기록으로 유지할 것 - 원시데이터는 수기 또는 시험장비의 출력물로 기록한다. 다만, 시험·검사장비에서 출력되는 원시데이터가 전자적으로 기록관리가 가능한 경우는 연결된 컴퓨터 등에 원시데이터를 저장할 것 - 시험·검사 종목별로 시험·검사과정에 대해 품질검사의뢰자의 정보(접수번호, 의뢰자, 현장명 등)가 포함된 전, 후의 사진을 기록으로 남길 것
11. 시험.검사 결과의 검증	ㅇ시험.검사가 유효한 방법 및 품질관리규정에 적합하게 실시되었는지 여부를 확인하기 위한 검증절차를 갖출 것
12. 시험.검사성적서 발급	ㅇ성적서의 작성, 검토, 승인 및 발행을 포함한 시험.검사성적서관리절차를 갖출 것 - 성적서의 책임기술인, 시험.검사자 서명은 수기서명 또는 공인된 전자결재일 것 - 시험·검사의 일부 또는 전부를 위탁하여 성적서를 발행하여서는 아니된다. ㅇ성적서를 수정하여 발급할 필요가 있는 경우 수정된 성적서임을 표시하고 대체하는 원본에 대한 설명을 포함할 것
13. 부적합사항의 관리	ㅇ부적합 사항의 발견, 시정조치 및 예방조치를 포함한 부적합관리절차를 갖출 것 비고 : 부적합 사항은 숙련도 평가, 장비의 점검 및 교정, 시료 수령, 환경조건 측정, 구매품 검사, 시험.검사결과의 검증 단계에서 발견할 수 있음.

【별표 6】

품질검사를 대행하는 건설기술용역사업자 시험장비 보유기준 (제16조제1항 관련)

세부분야	시험분야	필수장비	선택장비
일반분야	인장.압축.휨시험	만능시험기(용량 5톤), 만능시험기(용량 100톤 이상)	압축시험기(용량30톤), 휨인성시험기, 치공구(지그), 가설기자재 만능시험기(높이 4m이상, 폭 1m이상)
	골재시험	항온항습장치, 건조로, 저울, 체가름시험기, 마모시험기, 모래당량 시험용기구, 단위중량 시험용기구, 안정성 시험용기구, 유기불순물 시험용기구, 비중시험용기구, 자동염화물함량 측정장치	씻기분석 시험용기구, 골재형상시험기, 알칼리골재반응시험장치, 잔골재 공극률시험기, 채움재 공극률시험기, 석재충격강도시험기, 골재파쇄시험기, 모래상대밀도시험기
	지반조사	오거보링기계, 정적 콘 관입시험기, 동적 콘 관입시험기, 앵커인발시험기	탄성파시험기, 정재하강도시험기, 암석용 삼축압축시험기, 대형직접전단시험기, 암석 절리면 전단강도 시험기, 보링기계
	토질시험	건조로, 저울, 체가름시험기, 항온수조, 액성한계시험기, 소성한계시험기, 수축한계시험기, 비중 시험용기구, 자동다짐기, 실내CBR시험기, 현장CBR시험기, 현장밀도시험기, 평판재하시험기, 투수시험기, 압밀시험기, 전단시험기, 일축압축시험기, 삼축압축시험기	-
	시멘트시험	모르타르혼합기, 항온수조, 전기로, 화학저울(감도 0.1mg 및 0.01g), 분말도시험기, 시멘트안정도 시험장치, 응결시간측정기, 플로테이블, 주도시험기	몰탈 인장시험기, 수화열시험기, 몰탈투수시험기, 타일인발시험기
	콘크리트 시험	슬럼프 시험용기구, 공기량시험기, 블리딩시험기, 동결융해시험기, 동탄성계수측정기, 씻기분석 시험용기구<삭제>, 믹서, 코어채취기, 컨시스턴시시험기	반발경도시험기, 콘크리트 균열측정현미경, 콘크리트 초음파 측정기, 콘크리트 수화열 측정기, 철근탐상기, 복합열화시험기, 콘크리트투수압시험장치, pH측정기, 전위차 측정기

세부분야	시험분야	필수장비	선택장비
	아스팔트 시험	신도시험기, 침입도시험기, 휴롤점도계, 박막가열오븐, 항온수조, 인화점시험기	연화점시험기, 입자전하시험기, 플룻시험기, 앱슨장치, 엥글러점도계
	아스팔트 콘크리트 시험	마샬안정도시험기, 항온수조, 밀도 시험용기구, 아스팔트함량시험기, 코어채취기, 평탄성시험기, 미끄럼저항시험기, 피막박리시험기, 자동다짐기, 믹서	최대이론밀도시험기, 변형강도시험기, 간접인장강도시험기, 잔골재 공극률시험기, 채움재 공극률시험기, 벤켈만 빔시험기, 아스팔트 증발감량시험기, 아스팔트콘크리트투수시험기, 항온항습기(-18~+60℃)
	환경시험	열전도율시험기, 양생수조, 함수율측정기	음향시험 장치, 바닥충격음 시험장치, 풍동시험, 소음 측정기
	그밖의 장비	이동시험차, 탄소 및 유황함량 분석장치	수직가열장치, 수평가열장치, 기둥가열장치, 가스유해성시험기, 콘칼로리메타시험기, 성분분석기, 연소성시험기, 화학분석시험기, 발광분광분석기, 목재수분측정기
토목분야	인장.압축.휨시험	만능시험기(용량 5톤), 만능시험기(용량 100톤 이상)	압축시험기(용량30톤), 휨인성시험기, 치공구(지그), 가설기자재 만능시험기(높이 4m이상, 폭 1m이상)
	골재시험	항온항습장치, 건조로, 저울, 체가름시험기, 마모시험기, 모래당량 시험용기구, 단위중량 시험용기구, 안정성 시험용기구, 유기불순물 시험용기구, 비중 시험용기구, 자동염화물함량 측정장치	씻기분석 시험용기구, 골재형상시험기, 알칼리골재반응시험기, 잔골재 공극률시험기, 채움재 공극률시험기, 석재 충격강도시험기, 골재파쇄시험기, 모래상대밀도시험기
	지반조사	오거보링기계, 정적 콘 관입시험기, 동적 콘 관입시험기	보링기계, 탄성파시험기, 점재하강도시험기, 암석용 삼축압축시험기, 대형직접전단시험기, 앵커인발시험기, 암석절리면 전단강도 시험기
	토질시험	건조로, 저울, 체가름시험기, 항온수조, 액성한계시험기, 소성한계시험기, 수축한계시험기, 비중 시험용기구, 자동다짐기, 실내CBR시험기, 현장CBR시험기, 현장밀도시험기, 평판재하시험기,	삼축압축시험기

세부분야	시험분야	필수장비	선택장비
		투수시험기, 압밀시험기, 전단시험기, 일축압축시험기	
	시멘트시험	모르타르혼합기, 항온수조, 전기로, 화학저울(감도 0.1mg 및 0.01g), 분말도 시험기, 시멘트안정도 시험장치, 응결 시간측정기, 플로테이블, 주도시험기	몰탈 인장시험기, 수화열시험기, 몰탈 투수시험기, 타일인발시험기
	콘크리트 시험	슬럼프 시험용기구, 공기량시험기, 블리딩시험기, 씻기분석시험용기구<삭제>, 믹서, 코어채취기, 컨시스턴시시험기	반발경도시험기, 콘크리트 균열측정현미경, 콘크리트 초음파 측정기, 콘크리트 수화열 측정기, 철근탐사기, 복합열화시험기, 콘크리트투수압시험장치, pH측정기, 전위차 측정기, 동결융해시험기, 동탄성계수측정기
	아스팔트 시험	신도시험기, 침입도시험기, 휴롤점도계, 박막가열오븐, 항온수조, 인화점시험기	연화점시험기, 입자전하시험기, 플룻시험기, 앱슨장치, 엥글러점도계
	아스팔트 콘크리트 시험	마샬안정도시험기, 항온수조, 밀도 시험용기구, 아스팔트함량시험기, 코어채취기, 평탄성시험기, 미끄럼저항시험기, 피막박리시험기, 자동다짐기, 믹서	최대이론밀도시험기, 변형강도시험기, 간접인장강도시험기, 잔골재 공극률시험기, 채움재 공극률시험기, 벤켈만빔 시험기, 아스팔트 증발감량시험기, 아스팔트콘크리트투수시험기, 항온항습기(-18~+60℃)
	그밖의 장비	이동시험차, 탄소 및 유황함량 분석장치	음향시험 장치, 풍동시험장치, 소음 측정기, 화학분석시험기, 발광분광분석기, 목재 수분측정기
건축분야	인장.압축.휨시험	만능시험기(용량 5톤), 만능시험기(용량 100톤 이상)	압축시험기(용량30톤), 치공구(지그), 가설기자재 만능시험기(높이 4m이상, 폭 1m이상)
	골재시험	항온항습장치, 건조로, 저울, 체가름시험기, 마모시험기, 모래당량 시험용기구, 단위중량 시험용기구, 안정성 시험용기구, 유기불순물 시험용기구, 비중 시험용기구, 자동염화물함량 측정장치	씻기분석 시험용기구, 알칼리골재반응시험기, 석재 충격강도시험기, 골재파쇄시험기 등

세부분야	시험분야	필수장비	선택장비
	지반조사 및 토질시험	평판재하시험기, 앵커인발시험기	-
	시멘트시험	모르타르혼합기, 항온수조, 전기로, 화학저울,(감도 0.1mg 및 0.01g), 분말도시험기, 시멘트안정도 시험장치, 응결시간측정기, 플로테이블, 주도시험기	몰탈 인장시험기, 수화열시험기, 몰탈투수시험기, 타일인발시험시
	콘크리트시험	슬럼프 시험용기구, 공기량시험기, 블리딩시험기, 컨시스턴시시험기, 씻기분석 시험용기구<삭제>, 믹서, 코어채취기	반발경도시험기, 콘크리트 균열측정현미경, 콘크리트 초음파 측정기, 콘크리트 수화열 측정기, 철근탐사기, 복합열화시험기, 콘크리트투수압시험장치, pH측정기, 전위차 측정기, 동결융해시험기, 동탄성계수측정기,
	환경시험	열전도율시험기, 양생수조, 함수율측정기	음향시험 장치, 바닥충격음 시험장치, 풍동시험장치, 소음 측정기
	그밖의 장비	이동시험차, 탄소 및 유황함량 분석장치	수직가열장치, 수평가열장치, 기둥가열장치, 가스유해성시험기, 콘칼로리메타시험기, 성분분석기, 연소성시험기, 화학분석시험기, 발광분광분석기, 목재수분측정기
특수분야(골재)	-	항온항습장치, 건조로, 저울, 체가름시험기, 마모시험기, 모래당량 시험용기구, 단위중량 시험용기구, 안정성 시험용기구, 유기불순물 시험용기구, 비중시험용기구, 자동염화물함량 측정장치, 씻기분석 시험용기구	골재형상시험기, 알칼리골재반응시험장치, 잔골재 공극률시험기, 채움재 공극률시험기, 석재 충격강도시험기, 골재파쇄시험기, 모래상대밀도시험기
특수분야(콘크리트)	-	슬럼프 시험용기구, 저울, 체가름시험기, 마모시험기, 모래당량 시험용기구, 단위중량 시험용기구, 안정성 시험용기구, 유기불순물 시험용기구, 비중 시험용기구, 자동염화물함량 측정장치, 씻기분석 시험용기구<삭제>, 공기량시험기, 압축시험기(100톤 이상)	반발경도시험기, 콘크리트 균열측정현미경, 콘크리트 초음파 측정기, 콘크리트 수화열 측정기, 철근탐사기, 복합열화시험기, 콘크리트투수압시험장치, pH측정기, 전위차 측정기, 동결융해시험기, 블리딩시험기, 동탄성계수측정기, 믹서, 코어채취기, 컨시스턴시시험기, 모르타르혼합기, 항온수조, 전기로,

세부분야	시험분야	필수장비	선택장비
			화학저울(감도 0.1mg 및 0.01g), 분말도시험기, 시멘트안정도 시험장치, 응결시간측정기, 플로테이블, 주도시험기, 몰탈 인장시험기, 수화열시험기, 몰탈 투수시험기, 타일인발시험기
특수분야(아스팔트콘크리트)	-	마샬안정도시험기, 믹서, 침입도시험기, 항온수조, 아스팔트 함량시험기, 저울, 코어채취기, 피막박리시험기, 자동다짐기, 체가름시험기, 밀도 시험용 기구, 신도시험기, 휴롤점도계, 박막가열오븐, 인화점시험기	최대이론밀도시험기, 변형강도시험기, 간접인장강도시험기, 잔골재 공극률시험기, 채움재 공극률시험기, 벤켈만 빔 시험기, 아스팔트 증발감량시험기, 아스팔트콘크리트투수시험기, 항온항습기(-18~+60℃), 신도시험기, 침입도시험기, 휴롤점도계, 박막가열오븐, 항온수조, 인화점시험기, 연화점시험기
특수분야(철강재)	-	만능시험기(용량 100톤 이상), 탄소 및 유황함량 분석장치, 저울, 두께측정기	치공구(지그), 경도시험기, 굽힘시험기, 샤르피충격시험기, 도막두께측정기, 가설기자재 만능시험기(높이 4m이상, 폭 1m이상)
특수분야(섬유)	-	광학현미경, 진탕기, 두께측정기, 중량측정기, 만능시험기(용량 5톤), 수직투수시험기, 수평투수시험기, 유효구멍측정기, 내후성시험기, 항균방미 시험장치, 항온수조, 마모시험기, 파열강도시험기, 구멍막힘시험기(크로킹시험기)	배수성능시험기
특수분야(용접)	방사선비파괴검사	감마선조사기 또는 엑스선발생장치	캠브리지게이지, 필렛용접게이지, 합금성분측정기
	초음파비파괴검사	초음파탐상장치	위상배열초음파탐상장치, 캠브리지게이지, 필렛용접게이지, 합금성분측정기
	자기비파괴검사	자분탐상장비	캠브리지게이지, 필렛용접게이지, 합금성분측정기
	침투비파괴검사	침투탐상검사약품	캠브리지게이지, 필렛용접게이지, 합금성분측정기
특수분야	정재하	정재하시험기(용량 500톤 이상),	건전도시험기, 연직도시험기

세부분야	시험분야	필수장비	선택장비
(말뚝재하)	시험	자동화 계측시스템(로드셀, LVDT), 토목구조기술사 또는 건축구조기술사의 구조검토를 거친 500톤이상 재하대	
	동재하 시험	동재하시험기	

비고 : 1. 일반, 토목 및 건축분야가 특수 분야의 시험·검사를 하려는 경우에는 해당 특수 분야의 필수장비를 갖추어야 한다. 이 경우 해당 특수 분야의 필수장비 중 일반, 토목 및 건축분야의 필수장비와 중복되는 것은 이를 갖춘 것으로 본다.

2. 필수장비 외의 장비로 시험·검사를 하려는 경우에는 해당 선택장비를 반드시 갖추어야 하며, 이 때 선택장비에 규정된 목록 이외의 건설분야 유사 시험·검사장비도 활용할 수 있다.

【별표 7】

소요인원 및 평가일수(제19조제1항 관련)

구분	등록 평가			적정성 평가		
	소요인원		평가일수	소요인원		평가일수
	선임평가사	평가사		선임평가사	평가사	
종합분야	1인	1인	2일	1인	1인	2일
일반분야	1인	1인	2일	1인	1인	2일
토목분야	1인	1인	1.5일	1인	1인	1.5일
건축분야	1인	1인	1.5일	1인	1인	1.5일
특수분야	1인	1인	1일	1인	1인	1일

비고

1. 품질검사를 대행하는 건설기술용역사업자가 시험.검사 수행을 위해 다수의 지사.지원을 보유하고 있는 경우에는 모든 지사.지원에 대해 평가하고 평가일수를 지사.지원별로 분야에 따라 평가일수를 추가한다.

【별표 8】

평가사 자격기준(제28조제2항 관련)

선임평가사	평가사
. 건설부문 KS Q ISO 9001 선임심사원 이상의 자격을 가진 자 . 건설부분 KS Q ISO /IEC 17025 KOLAS 선임평가사 이상의 자격을 가진 자 .「건설기술진흥법」의 특급기술인에 해당하는 자로서 시험.검사분야 10년 이상 경험이 있는 자 . 건설분야 학사 이상 또는 기사 이상의 자격 소지자로서 평가기관에서 5년 이상 평가업무에 종사한 자	. 건설부문 KS Q ISO 9001 심사원 이상의 자격을 가진 자 . 건설부분 KS Q ISO /IEC 17025 KOLAS 선임평가사 이상의 자격을 가진 자 .「건설기술진흥법」의 고급기술인에 해당하는 자로서 시험.검사분야 5년 이상 경험이 있는 자 . 건설분야 학사 이상 또는 기사 이상의 자격 소지자로서 평가기관에서 1년 이상 평가업무에 종사한 자

※ 비고 : 특급기술인, 고급기술인는「건설기술진흥법 시행령」 별표1 에 의한 구분이다.

【별표 9】

혼화재를 사용한 레미콘의 품질관리(제38조제2항 관련)

구분	품질관리 기준
품질	·혼화재를 사용한 레미콘은 KS F 4009 레디믹스트 콘크리트 5. 품질에 정한 바에 따른 워커빌리티.강도.내구성을 가져야 한다.
재료	1. 시멘트는 KS L 5201(포틀랜드 시멘트)에 적합한 1종 보통포틀랜드 시멘트를 사용하여야 한다. 2. 고로슬래그 미분말은 KS F 2563(콘크리트용 고로슬래그 미분말)에 적합한 것이어야 한다. 3. 플라이애시는 KS L 5405(플라이애시)에 적합한 것이어야 한다. 4. 그 밖의 재료는 KS F 4009 레디믹스트콘크리트 3. 재료에 따른다.
배합	1. 레미콘의 배합은 KS F 4009 레디믹스트 콘크리트 7. 배합에 따른다. 2. 혼화재의 사용량, 단위수량 및 단위포틀랜드 시멘트량은 다음 각 목에서 정한 바에 따른다. 가. 혼화재의 종류 및 사용량은 사용목적에 따라 다음 범위로 한다. 1) 고로슬래그 미분말의 치환율 10퍼센트 이상 50퍼센트 이하 2) 플라이애시의 치환율 10퍼센트 이상 25퍼센트 이하 나. 레미콘의 단위수량은 원칙적으로 185kg/m^3 이하로 하며, 소요되는 강도, 내구성, 수밀성, 균열저항성 및 작업에 적합한 워커빌리티를 갖는 범위 내에서 단위수량을 가능한 적게 하도록 한다. 다. 단위 보통포틀랜드 시멘트량은 원칙적으로 200kg/m^3 이상으로 하되, 이 외의 경우에는 구입자와 협의하여 정한다.
제조	·레미콘의 제조는 KS F 4009 레디믹스트 콘크리트 8. 제조에 따르며, 고로슬래그 미분말 및 플라이애시의 저장은 다음 각 호에 따른다. 1. 저장설비는 방습적인 구조를 갖추고 품종별로 구분하여 저장할 수 있는 것이어야 하며, 원칙적으로 사일로에 저장하되 항시 시료를 채취할 수 있는 구조이어야 한다. 2. KS 인증제품이 아닌 혼화재를 사용하는 경우 플라이애시는 강열감량, 고로슬래그 미분말은 비표면적(분말도)을 매 입고 시 마다 자체시험 또는 외부시험을 통하여 확인하여야 한다.
타설	·레미콘의 타설은 콘크리트 표준시방서 제2장 3.4에 따르며, 타설 시 콘크리트의 온도는 섭씨 10도 이상 이어야 한다.
양생, 탈형	1. 레미콘의 양생, 거푸집의 탈형은 콘크리트 표준시방서 제2장 3.5, 4장 3.5에 따른다. 2. 기초, 보옆, 기둥 및 벽의 측벽 거푸집 해체는 구조물과 동일조건에서 양생한 현장양생공시체의 콘크리트 압축강도가 5MPa 이상에 도달하였음을 압축강도 시험에 의해 확인된 경우

<table>
<tr><td></td><td>에 해체할 수 있다. 다만, 다음 각 목의 어느 하나에 해당하는 경우에는 압축강도 시험에 따른 확인없이 거푸집 해체가 가능하다.
가. 평균 외기온도가 섭씨 20도 이상이며 콘크리트의 재령이 5일 이상
나. 평균 외기온도가 섭씨 10도 이상 섭씨 20도 미만이며 콘크리트 재령이 8일 이상</td></tr>
<tr><td>품질관리 및 검사</td><td>1. 사용재료의 시험.검사.확인은 콘크리트 표준시방서 제2장 2.6에 따른다.
2. 고로슬래그 미분말 및 플라이애시에 대한 품질시험·검사는 다음 표에 따라 실시하며, 혼화재의 저장기간이 3개월 이상 경과한 경우 품질시험·검사를 재실시 한다.
<table>
<tr><th>구분</th><th>항목</th><th>시험.검사방법</th><th>시기.회수</th><th>판정기준</th></tr>
<tr><td rowspan="2">고로 슬래그 미분말</td><td>고로슬래그 미분말의 종류</td><td>제조회사의 성적서 또는 납품서에 의한 확인</td><td>공사시작전</td><td>시방내용 또는 공사감리자의 승인을 받은 것일 것</td></tr>
<tr><td>밀도
비표면적
활성도지수
플로값비
산화마그네슘
삼산화황
강열감량
염화물이온</td><td>제조회사의 성적서에 의한 확인 또는 KS F 2563의 방법</td><td>공사시작전 및 공사중 1회/월 이상 및 3개월이상 저장한 경우</td><td>KS F 2563(콘크리트용 고로슬래그 미분말)에 적합할 것</td></tr>
<tr><td rowspan="2">플라이 애시</td><td>플라이애시의 종류</td><td>제조회사의 성적서또는 납품서에 의한 확인</td><td>공사시작전</td><td>시방내용 또는 공사감리자의 승인을 받은 것일 것</td></tr>
<tr><td>이산화규소
수분
강열감량
밀도
분말도
플로값비
활성도지수</td><td>제조회사의 성적서에 의한 확인 또는 KS L 5405의 방법</td><td>공사시작전 및 공사중 1회/월 이상 및 3개월이상 저장한 경우</td><td>KS L 5405(플라이애시)에 적합할 것</td></tr>
</table>
3. 현장품질관리는 제10조(시공 품질관리 시험.검사 등)에 따르며, 고로슬래그 미분말 및 플라이애시의 치환율은 다음 표에 따라 검사를 실시한다.
<table>
<tr><th>항목</th><th>시험방법</th><th>시기</th><th>판정기준</th></tr>
<tr><td>고로슬래그 미분말 또는 플라이애시의 치환율</td><td>배합표 및 콘크리트의 제조관리기록에 따른 확인</td><td>① 타설 초기
② 타설중에 품질에 변화가 발견될 때</td><td>혼화재 사용량의 차이가 ±2% 범위 이내일 것.</td></tr>
</table></td></tr>
</table>

※ 치환율의 범위 등 이 지침에서 규정하지 않는 사항은 KS F 4009 레디믹스트 콘크리트, 콘크리트 표준시방서 및 해당 기관의 전문시방서 등에 따른다.

【별표 10】

철강구조물 제작공장 인증의 세부기준(제46조제1항 관련)

<table>
<tr><td colspan="9">1. 공장개요</td></tr>
<tr><td rowspan="2">구분</td><td colspan="2" rowspan="2">항 목</td><td rowspan="2">단위</td><td rowspan="2">배 점</td><td colspan="2">교 량 분 야</td><td colspan="2">건 축 분 야</td></tr>
<tr><td>상한점</td><td>필수점</td><td>상한점</td><td>필수점</td></tr>
<tr><td rowspan="5">가. 공장개요</td><td>(1)</td><td>공장부지 면적</td><td>㎡</td><td>1/1,000㎡</td><td>1급 60
2급 30
3급 20
4급 10</td><td>1급 30</td><td>1급 50
2급 24
3급 15
4급 10</td><td>1급 30</td></tr>
<tr><td>(2)</td><td>제품가공작업장 면적</td><td>㎡</td><td>1/100㎡</td><td>1급 75
2급 50
3급 30
4급 10</td><td>1급 50
2급 40
3급 20
4급 5</td><td>1급 75
2급 50
3급 30
4급 10</td><td>1급 40
2급 30
3급 10
4급 4</td></tr>
<tr><td>(3)</td><td>가조립장 면적</td><td>㎡</td><td>1/100㎡</td><td>1급 30
2급 20
3급 10
4급 5</td><td>1급 20
2급 15
3급 7</td><td></td><td></td></tr>
<tr><td>(4)</td><td>연간 가공실적</td><td>톤</td><td>1/150톤/년</td><td>1급75
2급50
3급20
4급10</td><td>1 급 32</td><td>1급 75
2급 50
3급 20
4급 10</td><td>1급 32</td></tr>
<tr><td colspan="4">판정 기준점</td><td colspan="2">1급 160 2급 98
3급 39 4급 15</td><td colspan="2">1급 129 2급 67
3급 25 4급 11</td></tr>
<tr><td>비고</td><td colspan="8">* 3항(가조립장 면적) : 건축분야 제외</td></tr>
</table>

2. 기술인력

구분	항목			단위	배 점	교량분야 상한점	교량분야 필수점	건축분야 상한점	건축분야 필수점
가. 관리기술인	(1)	강구조 관련 기술인	특급	자격	10/자격	1급 110 2급 75 3급 40 4급 25	1급 40 2급 30 3급 10 4급 5	1급 110 2급 75 3급 40 4급 25	1급 40 2급 30 3급 10 4급 5
			고급		7/자격				
			중급		5/자격				
			초급		3/자격				
	(2)	용접기술인	특급	자격	10/자격	1급 110 2급 70 3급 40 4급 20	1 급 40 2 급 30 3 급 10 4 급 5	1급 110 2급 70 3급 40 4급 20	1급 30 2급 20 3급 10 4급 5
			고급		7/자격				
			중급		5/자격				
			초급		3/자격				
	(3)	비파괴검사 기술인	특급	자격	10/자격	1급 50 2급 40 3급 20 4급 10	1급 10 2급 5	1급 50 2급 40 3급 20 4급 10	1급 8 2급 5
			고급		7/자격				
			중급		5/자격				
			초급		3/자격				
	(4)	비파괴검사 기능자 (UT, RT)		자격	5/자격				
	(5)	비파괴검사 기능자 (MT, PT)		자격	3/자격				
	(6)	품질관리 담당자		인	2/인	1급 10 2급 8 3급 6 4급 4	1급 6 2급 4 3급 2 4급 1	1급 10 2급 8 3급 6 4급 4	1급 4 2급 3 3급 2 4급 1
	판정 기준점					1급 132 2급 91 3급 38 4급 19		1급 110 2급 65 3급 27 4급 15	
비고	* 1항~3항 : 필수점을 만족하는 경우에 한하여 기술사 5점/인, 기사 3점/인, 산업기사 2점/인 가산가능((3)항에서 외주인력일 경우 가산점 불인정) * 3항~5항 : 3항과 4, 5항은 동일인 불인정(단 4항과 5항은 인정)								
나. 기능자	(1)	용접관련 기능자 .기능장 .기능사		자격	2/자격 1.5~0.8/자격	1 급 90 2 급 65 3 급 20 4 급 10	1 급 40 2 급 25 3 급 6 4 급 2	1 급 65 2 급 40 3 급 20 4 급 10	1 급 25 2 급 15 3 급 4 4 급 2
	(2)	강구조 제작 관련 기능자		자격	2/자격 0.5/인	1 급 30 2 급 25 3 급 20 4 급 10		1 급 30 2 급 25 3 급 20 4 급 10	
	판정 기준점					1급 59 2급 42 3급 13 4급 7		1급 42 2급 27 3급 11 4급 7	

3. 제작 및 시험설비

구분	항 목		단위	배 점	교량분야		건축분야	
					상한점	필수점	상한점	필수점
가. 제작용 설비기기	(1)	원형 또는 밴드절단기 ·H 강절단폭: 650㎜이상 450㎜이상 기타	대	 10/대 8/대 5/대	1급 25 2급 20 3급 15 4급 10		1급 30 2급 25 3급 15 4급 10	1급 10 2급 8
	(2)	·이동식 자동가스절단기 ·개선가공 전용기 ·대형 자동가스절단기 ·NC형 대형가스절단기	대	5/대 10/대 10/대 10/대	1급 60 2급 45 3급 30 4급 15	1급 40 2급 15	1급 60 2급 45 3급 30 4급 15	1급 35 2급 15
	(3)	·직립 천공기 ·레이디알천공기 ·거더 레이디알천공기 ·자석식 전기천공기 ·3방향 다축천공기 (H형강용) ·NC형 겐트리천공기	대	2/대 3/대 3/대 2/대 10/대 10/대	1급 60 2급 45 3급 30 4급 15	1급 30 2급 12	1급 60 2급 40 3급 25 4급 15	1급 20 2급 10
	(4)	·프레스(100톤 이상) ·플랜지 교정기	대	5/대	1급 10 2급 10 3급 10 4급 5	1급 5 2급 5	1급 10 2급 10 3급 10 4급 5	1급 5
	(5)	.쇼트 블라스트 머신 .그리트 블라스트 머신 .블라스트 자동화설비	대	5/대 5/대 10/대	1급 30 2급 20 3급 10 4급 5	1급 5 2급 5	1급 30 2급 20 3급 10 4급 5	1급 5 2급 5
	(6)	.페이싱머신 .밀링머신	대	5/대	1급 10 2급 10 3급 5 4급 5		1급 15 2급 10 3급 10 4급 10	<삭제> <삭제>
	(7)	.벤딩로울러 .밴더 .절단기 .천공기 .프레스	대	1/대	1급 5 2급 5 3급 5 4급 5		1급 5 2급 5 3급 5 4급 5	<삭제> <삭제>
	판정 기준점				1급 116 2급 72 3급 45 4급 26		1급 122 2급 78 3급 35 4급 18	

3. 제작 및 시험설비

구분	항 목		단위	배점	교량분야 상한점	교량분야 필수점	건축분야 상한점	건축분야 필수점
나. 용접용 설비기기	(1)	반자동 아크용접기	대	2/대	1급 110 2급 80 3급 40 4급 15	1급 54 2급 39 3급 11 4급 2	1급 110 2급 90 3급 50 4급 20	1급 50 2급 35 3급 11 4급 2
	(2)	자동 용접기	대	5/대				
	(3)	온도조절기 부착 건조기	kg	1/25kg	1급 15 2급 7 3급 6 4급 4	1급 10 2급 5 3급 3 4급 2	1급 20 2급 15 3급 10 4급 5	1급 10 2급 5 3급 3 4급 2
	(4)	아크 에어 가우징 AC 아크 에어 가우징 DC	대	1/대 2/대	1급 10 2급 6 3급 4 4급 2	1급 6 2급 4	1급 10 2급 8 3급 4 4급 2	1급 5 2급 4
	(5)	하향 용접용 회전장치	대	5/대	1급 20 2급 15 3급 10 4급 5	<삭제> <삭제>	1급 20 2급 15 3급 10 4급 5	1급 10 2급 5
	판정 기준점				1급 102 2급 67 3급 26 4급 9		1급 106 2급 73 3급 30 4급 11	
비고	* 나.(5)항(하향용접용 회전장치) : 제작물 이송과 회전이 자동화된 설비는 5점/대 가산							
다. 기중기	(1)	천정주행 크레인 ·30톤 이상 ·15톤이상 30톤미만 ·3톤이상 15톤미만	대	30/대 15/대 8/대	1 급 80 2 급 50 3 급 30 4 급 20	1 급 50 2 급 50 3 급 15 4 급 8	1 급 80 2 급 40 3 급 30 4 급 20	1 급 50 2 급 30 3 급 8
	(2)	기타 크레인 및 지게차	톤	1/톤	1 급100 2 급 50 3 급 20 4 급 10	1 급 40 2 급 30	1 급 50 2 급 30 3 급 20 4 급 10	1 급 20 2 급 10
	판정 기준점				1급 117 2급 79 3급 29 4급 19		1급 88 2급 49 3급 20 4급 8	
비고	* 1항(천정주행 크레인) : 전자석 부착장비는 10/대 가산							

3. 제작 및 시험설비

<table>
<tr><th rowspan="2">구분</th><th colspan="2" rowspan="2">항 목</th><th rowspan="2">단위</th><th rowspan="2">배점</th><th colspan="2">교 량 분 야</th><th colspan="2">건 축 분 야</th></tr>
<tr><th>상한점</th><th>필수점</th><th>상한점</th><th>필수점</th></tr>
<tr><td rowspan="7">라.
시험 검사 설비기기</td><td>(1)</td><td>초음파 탐상기</td><td>대</td><td>10/대</td><td rowspan="2">1급 40
2급 20
3급 10
4급 5</td><td rowspan="2">1급 20
2급 10</td><td rowspan="2">1급 40
2급 20
3급 10
4급 5</td><td rowspan="2">1 급 20
2 급 10</td></tr>
<tr><td>(2)</td><td>자분탐상 장치
침투탐상 용구</td><td>대
세트</td><td>2/대
1/세트</td></tr>
<tr><td>(3)</td><td>전 류 계</td><td>대</td><td>1/대</td><td>1급 3
2급 3
3급 2
4급 2</td><td>1급 2
2급 2
3급 1
4급 1</td><td>1급 3
2급 3
3급 2
4급 2</td><td>1 급 2
2 급 2
3 급 1
4 급 1</td></tr>
<tr><td>(4)</td><td>도막 게이지</td><td>개</td><td>2/개</td><td>1급 4
2급 4
3급 4
4급 4</td><td>1급 2
2급 2
3급 2
4급 2</td><td>1급 4
2급 4
3급 4
4급 4</td><td>1 급 2
2 급 2
3 급 2
4 급 2</td></tr>
<tr><td>(5)</td><td>광파기</td><td>대</td><td>10/대</td><td>1급 10
2급 10</td><td>1급 10
2급 10</td><td></td><td></td></tr>
<tr><td colspan="4" rowspan="2">판정 기준점</td><td colspan="2" rowspan="2">1급 39 2급 21
3급 8 4급 6</td><td colspan="2" rowspan="2">1급 23 2급 13
3급 8 4급 6</td></tr>
<tr></tr>
<tr><td>비고</td><td colspan="8">* 2항 : 침투탐상 용구는 최대 5세트만 인정하고 초과분은 불인정</td></tr>
</table>

4. 품질관리실태

구분	항 목		단위	배점	교 량 분 야		건 축 분 야	
					상한점	필수점	상한점	필수점
가. 종합관리	(1)	경영자, 관리자의 품질확보에 대한 관리방침과 그 상황	-	5점	1급 5 2급 5 3급 5 4급 5	1급 4 2급 3 3급 2 4급 2	1급 5 2급 5 3급 5 4급 5	1급 4 2급 3 3급 2 4급 2
	(2)	관리조직 및 품질시스템의 확립상태	-	5점	1급 5 2급 5 3급 5 4급 5	1급 4 2급 3 3급 2 4급 2	1급 5 2급 5 3급 5 4급 5	1급 4 2급 3 3급 2 4급 2
	(3)	교육 및 품질향상 개선에 대한 활동상황	-	8점	1급 8 2급 8 3급 8 4급 8	1급 6 2급 5 3급 4 4급 3	1급 8 2급 8 3급 8 4급 8	1급 6 2급 5 3급 4 4급 3
	(4)	사외 교육실시 현황	인/일	0.5/인/일	1급 12 2급 10 3급 8 4급 7	1급 10 2급 5 3급 4 4급 3	1급 12 2급 10 3급 8 4급 7	1급 10 2급 5 3급 4 4급 3
	(5)	사내 교육실시 현황	회/년	0.5/회/년	1급 6 2급 5 3급 4 4급 3	1급 3 2급 2 3급 1 4급 1	1급 6 2급 5 3급 4 4급 3	1급 3 2급 2 3급 1 4급 1
	(6)	제작회의 및 제작후 품평회의	회/년	0.5/회/년	1급 5 2급 5 3급 4 4급 3	1급 4 2급 3 3급 2 4급 2	1급 5 2급 5 3급 4 4급 3	1급 4 2급 3 3급 2 4급 2
	판정 기준점				1급 36 2급 29 3급 24 4급 22		1급 36 2급 29 3급 24 4급 22	

4. 품질관리실태

구분	항 목		단위	배점	교 량 분 야		건 축 분 야	
					상한점	필수점	상한점	필수점
나. 제작기술	(1)	관리기술인의 기술, 지식수준	-	8점	1급 8 2급 8 3급 8 4급 8	1급 6 2급 4 3급 2 4급 2	1급 8 2급 8 3급 8 4급 8	1급 6 2급 4 3급 2 4급 2
	(2)	제작도 작성, 검토 상황과 내용	-	6점	1급 6 2급 6 3급 6 4급 6	1급 4 2급 4 3급 2 4급 2	1급 6 2급 6 3급 6 4급 6	1급 4 2급 4 3급 2 4급 2
	(3)	시공계획서의 정비상황과 내용	-	7점	1급 7 2급 7 3급 7 4급 7	1급 6 2급 5 3급 3 4급 2	1급 7 2급 7 3급 7 4급 7	1급 6 2급 5 3급 3 4급 2
	(4)	기술관련 도서의 활용상태	-	7점	1급 7 2급 7 3급 7 4급 7	1급 6 2급 5 3급 3 4급 2	1급 7 2급 7 3급 7 4급 7	1급 6 2급 5 3급 3 4급 2
	판정 기준점				1급 25 2급 23 3급 19 4급 15		1급 25 2급 23 3급 19 4급 15	

4. 품질관리실태

구분	항 목		단위	배점	교량분야		건축분야	
					상한점	필수점	상한점	필수점
다. 제작상황 및 품질관리	(1)	강재의 보관, 취급 상황	-	5점	1급 5 2급 5 3급 5 4급 5	1급 4 2급 3 3급 2 4급 1	1급 5 2급 5 3급 5 4급 5	1급 4 2급 3 3급 2 4급 1
	(2)	용접재료, 고력 볼트 및 도료등 부자재의 보관 취급상황	-	9점	1급 9 2급 9 3급 9 4급 9	1급 8 2급 6 3급 4 4급 3	1급 9 2급 9 3급 9 4급 9	1급 8 2급 6 3급 4 4급 3
	(3)	볼트 천공구멍 가공 마찰면 처리상황	-	6점	1급 6 2급 6 3급 6 4급 6	1급 4 2급 4 3급 2 4급 2	1급 6 2급 6 3급 6 4급 6	1급 4 2급 4 3급 2 4급 2
	(4)	절단, 개선가공 스칼럽 가공상황	-	7점	1급 7 2급 7 3급 7 4급 7	1급 6 2급 5 3급 3 4급 2	1급 7 2급 7 3급 7 4급 7	1급 6 2급 5 3급 3 4급 2
	(5)	용접공 자격과 작업내용의 상황	-	9점	1급 9 2급 9 3급 9 4급 9	1급 7 2급 5 3급 3 4급 2	1급 9 2급 9 3급 9 4급 9	1급 7 2급 5 3급 3 4급 2
	(6)	가용접 조립상황 및 그 검사실시 상황	-	10점	1급 10 2급 10 3급 10 4급 10	1급 8 2급 6 3급 4 4급 3	1급 10 2급 10 3급 10 4급 10	1급 8 2급 6 3급 4 4급 3
	(7)	용접외관 및 받침쇠, 엔드탭의 처리상황	-	10점	1급 10 2급 10 3급 10 4급 10	1급 8 2급 6 3급 4 4급 3	1급 10 2급 10 3급 10 4급 10	1급 8 2급 6 3급 4 4급 3
	(8)	제품검사 실시 기록 상황	-	9점	1급 9 2급 9 3급 9 4급 9	1급 8 2급 6 3급 4 4급 3	1급 9 2급 9 3급 9 4급 9	1급 8 2급 6 3급 4 4급 3
	(9)	외주제품의 관리상황	-	5점	1급 5 2급 5 3급 5 4급 5	1급 4 2급 3 3급 2 4급 1	1급 5 2급 5 3급 5 4급 5	1급 4 2급 3 3급 2 4급 1
	(10)	불량처리 시스템과 그 실시 상황	-	5점	1급 5 2급 5 3급 5 4급 5	1급 4 2급 3 3급 2 4급 1	1급 5 2급 5 3급 5 4급 5	1급 4 2급 3 3급 2 4급 1

4. 품질관리실태

다. 제작상황 및 품질관리	(11)	비파괴검사 실시 시스템의 상황과 기록 취급상황	-	8점	1급 8 2급 8 3급 8 4급 8	1급 7 2급 5 3급 3 4급 2	1급 8 2급 8 3급 8 4급 8	1급 7 2급 5 3급 3 4급 2
	(12)	검사장비의 정비 및 활용 상황	-	9점	1급 9 2급 9 3급 9 4급 9	1급 8 2급 6 3급 4 4급 3	1급 9 2급 9 3급 9 4급 9	1급 8 2급 6 3급 4 4급 3
	(13)	가조립 상황 및 그 검사 실시 상황	-	10점	1급 10 2급 10 3급 9 4급 9	1급 8 - - -		
	(14)	용접방법 시험시행 실적	건	1/건/년	1급 10 2급 10 3급 8 4급 6	1급 4 2급 3 3급 2 4급 1	1급 10 2급 10 3급 8 4급 6	1급 4 2급 3 3급 2 4급 1
	(15)	제작공정 관련 개선적용 시험 시행사례	건	1/건/년	1급 10 2급 10 3급 8 4급 6	1급 8 2급 6 3급 4 4급 3	1급 10 2급 10 3급 8 4급 6	1급 8 2급 6 3급 4 4급 3
	(16)	용접공 기량시험 시행	건	0.5/건/년	1급 10 2급 10 3급 8 4급 6	1급 3 2급 2 3급 1 4급 1	1급 10 2급 10 3급 8 4급 6	1급 3 2급 2 3급 1 4급 1
	판정 기준점				1급: 116 2급: 98 3급: 77 4급: 63		1급: 107 2급: 96 3급: 71 4급: 60	
비고	* 13항(가조립 상황 및 그 검사실시 상황) : 건축분야 제외							
라. 작업환경	(1)	공장 정리정돈 상태	-	6점	1급 6 2급 6 3급 6 4급 6	1급 4 2급 3 3급 2 4급 2	1급 6 2급 6 3급 6 4급 6	1급 4 2급 3 3급 2 4급 2
	(2)	작업장의 환경관리 상태	-	6점	1급 6 2급 6 3급 6 4급 6	1급 4 2급 3 3급 2 4급 2	1급 6 2급 6 3급 6 4급 6	1급 4 2급 3 3급 2 4급 2
	(3)	안전관리 시스템과 그 실시 상황	-	6점	1급 6 2급 6 3급 6 4급 6	1급 4 2급 3 3급 2 4급 2	1급 6 2급 6 3급 6 4급 6	1급 4 2급 3 3급 2 4급 2
	판정 기준점				1급: 15 2급: 13 3급: 12 4급: 12		1급: 15 2급: 13 3급: 12 4급: 12	

【별표 11】

철강구조물 제작공장 실태조사 세부기준(제72조제2항 관련)

주요 심사항목	세부 심사항목	1차	2차	3차
공장 개요	가. 공장부지 면적	○		
	나. 제품가공 작업장 면적	○		
	다. 가조립장 면적	○		
	라. 연간가공실적	○		
기술인력	가. 관리기술인	○	○	○
	나. 기능자	○	○	○
제작 및 시험설비	가. 제작용 설비기기		○	
	나. 용접용 설비기기			○
	다. 크레인 설비기기			○
	라. 시험검사 설비기기	○		
품질관리실태	가. 종합관리	○	○	○
	나. 제작기술	○	○	○
	다. 제작 상황 및 품질관리	○	○	○
	라. 작업환경	○	○	○

비고 : 심사 세부항목, 상한점, 필수점 및 판정기준점은 별표 9에 따른다.

【별표 12】

철강구조물 제작공장 인증업무의 인력편성(제52조 관련)

가. 관리책임자	1) 토목·건축·기계분야 박사학위를 취득한 자로서 철강구조물제작공장 인증업무 실무경력 5년 이상인 자 2) 토목·건축·기계분야 석사 이상의 학위를 취득한 자로서 품질경영체제(KS Q ISO 9001) 인증기관 실무경력 5년 이상인 자 3) 품질경영체제(KS Q ISO 9001) 검증심사원 이상의 자격을 취득한 자로서 철강구조물제작공장 인증업무 운영관련 실무경력 7년 이상인 자 4) 건설기술진흥법 시행령 제4조관련 별표1의 건설기술인의 범위 중 특급기술인	1명
나. 심사기관 소속 심사자	1) 토목·건축·기계분야 석사 이상의 학위를 취득한 자로서 철강구조물제작공장 인증업무 실무경력 5년 이상인 자 2) 토목·건축·기계분야 학사 이상의 학위를 취득한 자로서 철강구조물제작공장 인증업무 실무경력 7년 이상인 자 3) 품질경영체제(KS Q ISO 9001) 심사원 이상의 자격을 취득한 자로서 철강구조물제작공장 인증업무 실무경력 5년 이상인 자 4) 건설기술진흥법 시행령 제4조관련 별표1의 건설기술인의 범위 중 고급기술인 이상인 자	4명 이상

※ 외부심사자는 심사기관에서 정한 규정에 따른다.

[별지 제1호서식]

(12쪽 중 제1쪽)

품질관리계획서 검토 · 승인서

1. 개 요

공 사 명			
발 주 자			
건설사업관리 기술인			
시 공 자			
착 공 일		준공예정일	
공사위치			
공사금액		도급금액	
품질관리계획서 문서번호			

(주) 1. 검토결과 시정요구 사항이 있는 경우는 조치확인을 완료한 후 승인을 요청한다.

2. 이 요령의 검토사항은 일반적인 사항에 대한 것이므로 해당 공사의 규모, 특성, 중요도 등에 따라 필요한 검토사항을 추가하여 사용할 수 있다.

3. 발주자 중 발주청이 아닌 자는 미리 인·허가기관에 제출하여 검토 받는다.

2. 결 과

판 정	[ ] 적정 [ ] 조건부적정(사유 :) [ ] 부적정 (사유 :)
승 인 자	소속 및 직위 : 성명 : (서명 또는 인) 일자 : 년 월 일

210㎜×297㎜[백상지(80g/㎡) 또는 중질지(80g/㎡)]

3. 검토의견

검 토 자	소속 및 직위 :	성명 :	(서명 또는 인)
	일자 : 년 월 일		
조치 확인자	소속 및 직위 :	성명 :	(서명 또는 인)
	일자 : 년 월 일		

품질관리계획 작성기준	만 족	시정요구	조치확인
1. 일반사항			
2. 적용범위 및 인용표준			
3. 용어 정의			
4. 조직상황 4.1 건설공사의 정보			
4.2 이해관계자의 요구와 기대관리			
4.3 프로세스 관리			
5. 리더십 5.1 품질방침			
5.2 책임과 권한			
6. 기획 6.1 리스크 및 기회관리			
6.2 품질목표관리			
6.3 품질관리계획의 변경관리			
7. 지원 7.1 자원관리			
7.2 모니터링 자원 및 측정자원의 관리			
7.3 조직의 지식관리			
7.4 역량/적격성관리			
7.5 의사소통관리			
7.6 문서화된 정보 및 정보의 관리			
8. 운용 8.1 건설공사 요구사항 검토 및 준비			
8.2 건설공사 요구사항 변경			
8.3 설계관리			
8.4 기자재 구매관리			
8.5 외부에서 제공되는 프로세스관리			
8.6 공사관리			
8.7 중점품질관리			
8.8 식별 및 추적관리			
8.9 고객 또는 외부공급자의 재산관리			
8.10 보존관리			
8.11 검사 및 시험, 모니터링			
8.12 부적합 공사의 관리			
8.13 공사준공 및 인계			
9. 성과관리 9.1 고객만족			
9.2 분석 및 평가			
9.3 내부심사			
9.4 경영검토			
10. 개선 10.1 부적합 및 시정조치			
10.2 지속적 개선			

210㎜×297㎜[백상지(80g/㎡) 또는 중질지(80g/㎡)]

4. 시정요구 사항

□ 품질관리계획서

요구사항	시 정 내 용

□ 기타 절차서 및 지침서, 시험계획서 등

문서명	시 정 내 용

210㎜×297㎜[백상지(80g/㎡) 또는 중질지(80g/㎡)]

항 목 및 검 토 사 항	검 토 내 용 (품질관리계획서 관련 조항 기술)
1. 일반사항 ㅇ품질관리계획서의 작성 근거(영 제89조 제1항의 각 호 등)를 명시하고 있는지? ㅇ품질관리계획서의 제정 및 개정현황을 작성하고 있는지 확인.	
2. 적용범위 및 인용표준 ㅇ건설공사의 현장 특성 때문에 이 작성기준의 일부를 적용하지 않은 경우에는 제외기준과 사유를 명시하고 있는지?	
3. 용어 정의 ㅇ품질관리계획서 작성에 사용한 용어는 건설공사 품질관리 업무지침 제2조 및 KS Q ISO 9000:2015(품질경영시스템-기본사항과 용어)를 참조하였는지?	
4. 조직 상황 4.1 건설공사의 정보 ㅇ건설공사와 관련된 공사개요 등 계약 일반현황에 관한 요약 정보를 문서화된 정보로 유지하고 있는지?	
4.2 이해관계자의 요구와 기대관리 ㅇ건설공사와 관련되는 이해관계자 파악 및 이해관계자 요구사항을 파악하여 문서화된 정보로 정하고 있는지? ㅇ이해관계자 및 이해관계자 요구사항에 대한 정보를 모니터링하고 검토 관리하는 방법을 문서화된 정보로 정하고 있는지? ※ 이해관계자란 의사결정 또는 활동에 영향을 줄 수 있거나, 영향을 받을 수 있거나 또는 영향을 받는다고 생각하는 사람 또는 조직을 말한다.	
4.3 프로세스 관리 ㅇ건설공사 전반의 프로세스를 파악하여 프로세스의 순서와 상호작용을 결정하고 문서화된 정보로 정하고 있는지?(예, 프로세스 맵핑) ㅇ파악된 각각의 프로세스에 대하여 다음 각 호의 사항을 문서화된 정보로 정하고 있는지? ▪요구되는 입력과 프로세스로부터 기대되는 출력의 결정 ▪프로세스의 효과적 운용과 관리를 위한 필요한 기준과 방법의 결정과 적용(모니터링, 측정 및 관련 성과지표를 포함) ▪프로세스에 필요한 자원의 결정과 자원의 가용성 보장 ▪프로세스에 대한 책임과 권한의 부여 ▪파악된 리스크와 기회의 조치 ▪프로세스의 평가, 프로세스의 결과 달성을 위한 모든 변경사항의 실행	

210㎜×297㎜[백상지(80g/㎡) 또는 중질지(80g/㎡)]

5. 검토사항

항 목 및 검 토 사 항	검 토 내 용 (품질관리계획서 관련 조항 기술)
1. 일반사항 ○ 품질관리계획서의 작성 근거(영 제89조 제1항의 각 호 등)를 명시하고 있는지? ○ 품질관리계획서의 제정 및 개정현황을 작성하고 있는지 확인.	
2. 적용범위 및 인용표준 ○ 건설공사의 현장 특성 때문에 이 작성기준의 일부를 적용하지 않은 경우에는 제외기준과 사유를 명시하고 있는지?	
3. 용어 정의 ○ 품질관리계획서 작성에 사용한 용어는 건설공사 품질관리 업무지침 제2조 및 KS Q ISO 9000:2015(품질경영시스템-기본사항과 용어)를 참조하였는지?	
4. 조직 상황 **4.1 건설공사의 정보** ○ 건설공사와 관련된 공사개요 등 계약 일반현황에 관한 요약 정보를 문서화된 정보로 유지하고 있는지?	
4.2 이해관계자의 요구와 기대관리 ○ 건설공사와 관련되는 이해관계자 파악 및 이해관계자 요구사항을 파악하여 문서화된 정보로 정하고 있는지? ○ 이해관계자 및 이해관계자 요구사항에 대한 정보를 모니터링하고 검토관리하는 방법을 문서화된 정보로 정하고 있는지? ※ 이해관계자란 의사결정 또는 활동에 영향을 줄 수 있거나, 영향을 받을 수 있거나 또는 영향을 받는다고 생각하는 사람 또는 조직을 말한다.	
4.3 프로세스 관리 ○ 건설공사 전반의 프로세스를 파악하여 프로세스의 순서와 상호작용을 결정하고 문서화된 정보로 정하고 있는지?(예, 프로세스 맵핑) ○ 파악된 각각의 프로세스에 대하여 다음 각 호의 사항을 문서화된 정보로 정하고 있는지? ▪ 요구되는 입력과 프로세스로부터 기대되는 출력의 결정 ▪ 프로세스의 효과적 운용과 관리를 위한 필요한 기준과 방법의 결정과 적용(모니터링, 측정 및 관련 성과지표를 포함) ▪ 프로세스에 필요한 자원의 결정과 자원의 가용성 보장 ▪ 프로세스에 대한 책임과 권한의 부여 ▪ 파악된 리스크와 기회의 조치 ▪ 프로세스의 평가, 프로세스의 결과 달성을 위한 모든 변경사항의 실행	

210㎜×297㎜[백상지(80g/㎡) 또는 중질지(80g/㎡)]

항 목 및 검 토 사 항	검 토 내 용 (품질관리계획서 관련 조항 기술)
5. 리더십 **5.1 품질방침** ○ 현장 최고책임자는 건설공사의 목적과 발주자의 기대 및 요구에 적절한 현장의 품질방침을 정하고, 문서화된 정보로 정하고 있는지? ○ 품질방침은 다음 각 호의 사항에 대한 의지표명을 포함하여 문서화된 정보로 정하고 있는지? ■ 건설공사 요구사항과 적용되는 법적 및 규제적 요구사항 충족시킴. ■ 리스크와 기회를 결정하고 처리. ■ 필요한 자원 지원 및 인원을 적극 참여시키고, 지휘하고 지원. ■ 고객만족을 위해 노력. ■ 품질확보를 위한 지속적 개선 ○ 품질방침이 공사수행 구성원에게 의사소통 및 이해되며 적용 하도록 정한 방법을 정하고 있는지?	
5.2 책임 및 권한 ○ 품질관리계획을 수립, 실행 및 유지할 수 있도록 본사 조직과 연계된 현장 조직을 구성하고 있는지? ○ 현장 단위조직 및 공사수행 구성원의 책임과 권한에 다음 각 호의 사항을 문서화된 정보로 정하고 있는지? ■ 개별 단위조직에 대한 활동의 계획, 실행 및 유지, 모니터링 ■ 건설공사 관련 모든 조직과의 의사소통, 공사 관련자간 공유영역에서 일어나는 문제의 해결 ■ 내•외부 점검 및 결과 조치(심사, 품질관리 적절성 확인 등) ■ 시정조치의 관리	
6. 기획 **6.1 리스크 및 기회관리** ○ 발주자 및 건설공사 요구사항, 적용되는 법적 및 규제요구사항, 이해관계자의 이슈 등을 고려하여 다음 각 호의 사항을 포함하여 문서화된 정보로 정하고 있는지? ■ 리스크와 기회 파악 ■ 파악된 리스크와 기회를 조치하고 효과성 평가	
6.2 품질목표관리 ○ 건설공사 요구사항과 발주자의 기대 및 요구사항을 달성하기 위하여 현장의 품질목표를 수립하고 관리하는 방법을 정하고 있는지? ○ 품질목표는 현장 품질방침과 일관성이 있고, 공사목적물의 적합성과 고객만족 증진과 관련되어 있으며, 측정 가능하도록 정하고 있는지? ○ 품질목표는 공사수행 구성원들에게 의사소통되고, 모니터링 및 필요에 따라 갱신하는 방법을 정하고 있는지? ○ 품질목표를 달성하기 위하여 다음 각 호의 사항을 포함한 품질목표 추진계획을 수립하도록 문서화된 정보로 정하고 있는지? ■ 품질목표 달성대상 결정과 달성을 위한 일정계획 ■ 품질목표 달성을 위한 필요한 자원, 책임자 지정, 완료시기 ■ 달성도 확인 주기 및 결과 평가방법	

210㎜×297㎜[백상지(80g/㎡) 또는 중질지(80g/㎡)]

항 목 및 검 토 사 항	검 토 내 용 (품질관리계획서 관련 조항 기술)
6.3 품질관리계획의 변경관리 ○ 현장 내부심사 및 경영검토, 지속적 개선 등의 결과를 근거로 품질관리계획를 변경하도록 정하고 있는지? ○ 품질관리계획의 변경은 다음 각 호의 사항을 고려하여 변경계획을 수립하고 이행하는 방법을 문서화된 정보로 정하고 있는지? ▪ 변경의 목적과 잠재적결과 ▪ 품질관리계획서 작성기준 ▪ 자원의 사용 가능성 ▪ 책임과 권한의 부여 또는 재부여	
7. 자원 **7.1 자원관리** ○ 품질관리계획서의 효과적인 실행, 프로세스의 운용과 관리에 필요한 인원(관련 법령, 발주자 요구 등)의 결정 및 관리에 관한 방법을 정하고 있는지? ○ 건설공사의 성공적인 수행을 위한 기반구조와 작업환경의 결정, 확보, 유지관리에 관한 방법을 정하고 있는지? ※ 기반구조란 건물 및 연관된 유틸리티, 장비(하드웨어, 소프트웨어 포함), 운송자원, 정보통신기술 등을 말한다.	
7.2 모니터링 자원 및 측정자원의 관리 ○ 모니터링 자원 및 측정자원의 관리는 임대 또는 대여하여 사용하거나, 하수급자 또는 개인이 사용하는 장비를 포함하도록 정하고 있는지? ○ 모니터링 자원 및 측정자원의 관리 방법은 다음 각 호의 사항을 문서화된 정보로 정하고 있는지? ▪ 필요한 검사 및 시험, 모니터링에 사용될 장비 및 각 장비의 관리기준(정밀 • 정확도) 결정과 확보에 관한 사항 ▪ 규정된 주기 또는 사용전에 교정 실시, 교정성적서의검토와 사용여부의 판단, 교정 상태의 식별 표시 방법 ▪ 장비별 고유의 식별, 취급, 유지보전 및 보관방법 ▪ 성능저하를 발견하기 위한 적정한 점검주기, 점검기준 및 점검방법 ▪ 장비가 장비의 관리기준에서 벗어난 것으로 판명된 경우 이전의 검사 및 시험과 모니터링 결과에 대한 유효성 평가 및 필요한 경우 적절한 조치방법	
7.3 조직의 지식관리 ○ 공사목적물 완성에 필요한 지식을 관리하는 방법에는 다음 각 호의 사항을 문서화된 정보로 정하고 있는지? ▪ 필요한 지식의 파악 및 결정 ▪ 정해진 지식(내부 및 외부)의 유지관리 및 이용 방법. ▪ 신규 지식 및 요구 지식이 적용될 경우 입수 또는 이용방법 ※ 지식이란 건설공사 수행을 위하여 활용되고 공유되는 정보이다 (예: 계약서, 건설기준, 적용 코드 및 표준, 사내표준, 적용 법규, 공법, 유사공사들의 우수/실패 사례 등)	

210㎜×297㎜[백상지(80g/㎡) 또는 중질지(80g/㎡)]

항 목 및 검 토 사 항	검 토 내 용 (품질관리계획서 관련 조항 기술)
7.4 역량/적격성관리 ○품질관리계획서 및 건설공사 요구사항을 수행하는 인원의 역량/적격성관리에 대하여 다음 각 호의 사항을 문서화된 정보로 정하고 있는지? ▪역량/적격성이 필요한 업무 결정 ▪해당 업무수행에 요구되는 적절한 학력, 교육훈련, 숙련도, 경험, 관련법령 등의 역량/적격성 기준결정 ▪결정된 역량/적격성이 있음을 보장하는 방법 ▪역량/적격성이 보장된 인원의 배치 ○교육훈련방법에는 다음 각 호의 사항을 문서화된 정보로 정하고 있는지? ▪교육훈련의 필요성 파악(건설공사 수행과 관련된 법령 및 품질관리계획의 요구사항, 작업방법 및 절차, 검사 및 시험방법, 측량기법, 적용되는 신기술 또는 신공법, 품질관리에 관한 사항 등) ▪자체교육, 위탁교육 등 교육훈련계획의 수립 ▪교육훈련의 실시 ▪교육훈련결과의 보고 ▪교육훈련의 효과성 평가	
7.5 의사소통관리 ○품질관리계획의 이행 및 건설공사 운영과 관련하여 다음 각 호의 사항을 위한 내부 및 외부에서의 효과적인 의사소통방안(시기, 대상, 방법, 담당자)을 문서화된 정보로 정하고 있는지? ▪건설공사와 관련된 요구사항 및 정보의 교환 ▪공사 관계자간의 조직적 및 기술적 연계성 ▪부적합 사항, 부적합 공사 등 당면한 문제의 해결 ▪민원, 발주자, 공사감독자 또는 건설사업관리기술인를 포함한 건설공사 관계자의 불평 해결, 이에 대한 후속활동 ▪비상시 대비 및 대응 ▪공사관련자 회의체 구성 등	
7.6 문서화된 정보 및 정보의 관리 ○품질관리계획서(필요시 절차서, 지침서 등), 시공계획서, 작업절차서 등 내부의 문서화된 정보와 계약문서, 설계도서, 법규, 건설기준 등 외부의 문서화된 정보를 관리하도록 정하고 있는지? ○문서화된 정보의 유지를 위하여 다음 각 호의 사항을 문서화된 정보로 정하고 있는지? ▪작성, 검토, 승인, 식별 및 내용(예: 제목, 날짜, 작성자, 문서번호 등) ▪형식(예: 언어, 소프트웨어 버전, 그래픽) ▪매체(예: 종이, 전자 매체) ○문서화된 정보의 보유를 위하여 다음 각 호의 사항을 문서화된 정보로 정하고 있는지? ▪배포, 접근, 검색 및 사용에 관한 방법 ▪가독성 보존을 포함하는 보관 및 보존방법 ▪변경관리(예: 버전관리) 방법 ▪법적 및 규제 요구사항을 충족하는 보유 및 폐기방법 ▪외부의 문서화된 정보 식별 및 관리방법 ▪의도하지 않은 수정으로부터 보호방법	

210㎜×297㎜[백상지(80g/㎡) 또는 중질지(80g/㎡)]

항 목 및 검 토 사 항	검 토 내 용 (품질관리계획서 관련 조항 기술)
8. 운용 **8.1 건설공사 요구사항 검토 및 준비** ○ 건설공사 수행과 관련된 요구사항을 검토하는 시기, 방법 및 책임자를 정하고 있는지? ○ 상충되거나 모호한 요구사항, 현장 실정과 부합되지 않는 요구사항의 해결방법을 정하고 있는지? ○ 건설공사 수행과 직접적으로 관련된 제반 준비사항에 대한 관리방법을 정하고 있는지?	
8.2 건설공사 요구사항 변경 ○ 설계변경을 포함한 계약변경의 요청 및 처리방법을 정하고 있는지? ○ 계약이 변경되는 경우, 관련 문서가 수정되고 관련 인원이 변경된 요구사항을 인식하도록 하는 방법을 정하고 있는지?	
8.3 설계관리 ○설계관리에는 다음 각 호의 사항을 문서화된 정보로 정하고 있는지? ▪설계계획의 수립 및 관리방법 ▪설계입력 요구사항의 문서화된 정보 유지방법 ▪설계관리(검토, 검증, 실현성 확인)의 수행방법 ▪설계출력의 입력요구사항 충족의 문서화된 정보의 보유방법 ▪설계변경의 식별, 검토 및 관리방법	
8.4 기자재 구매관리 ○기자재 구매관리 방법에는 다음 각 호의 사항을 문서화된 정보로 정하고 있는지? ▪기자재 수급계획 수립 ▪구매할 기자재명, 규격, 납기, 검사기준 및 관련 구매정보를 포함한 발주서 작성 방법 ▪발주 방법 ▪구매한 기자재의 검사 및 시험, 또는 검증, 유지관리 방법 ▪부적합 기자재의 처리 방법 ▪제작품 구매의 경우, 검증방법 및 출하방법을 발주서에 명시	
8.5 외부에서 제공되는 프로세스관리 ○하도급된 공종을 관리하는 방법에는 다음 각 호의 사항을 문서화된 정보로 정하고 있는지? ▪하도급 계획 수립방버 ▪하도급 계약 요구사항을 충족시킬 능력을 근거로 한 하도급업체의 평가 및 선정방법(필요한 경우) ▪하도급 계약과 관련된 요구사항의 결정방법(요구되는 절차, 사용되는 기자재와 장비에 관련된 보고 및 승인에 대한 사항, 인력의 자격 인정에 대한 사항 및 그 밖의 필요한 사항) ▪하도급 계약체결 방법(필요한 경우) ▪하도급자에게 제공하는 교육훈련, 품질관련 절차서, 기자재, 정보 등 하도급자에 대한 지원업무 범위 ▪하도급된 공종에 대한 검사 및 시험, 검증과 모니터링 방법 ▪필요한 기록의 종류, 기록의 제출 시기 및 방법	

210㎜×297㎜[백상지(80g/㎡) 또는 중질지(80g/㎡)]

항 목 및 검 토 사 항	검 토 내 용 (품질관리계획서 관련 조항 기술)
8.6 공사관리 ○ 건설공사를 관리하는 방법에는 다음 각 호의 사항을 문서화된 정보로 정하고 있는지? ■ 시공계획 수립 및 관리방법 ■ 필요한 경우 작업절차 또는 작업지침의 수립방법 ■ 공사진도관리방법(필요한 경우 부진공정 만회대책 및 수정공정계획 포함) ■ 시공상세도, 준공도의 작성 및 관리방법 ■ 요구되는 자격 및 역량 있는 인원 선정방법	
8.7 중점품질관리 ○ 부적합 공사로 판명될 경우 시정이 어렵고 많은 노력과 경비가 소요되는 공종 또는 부위의 중점 품질관리방법에는 다음 각 호의 사항을 문서화된 정보로 정하고 있는지? ■ 중점 품질관리 대상의 결정 ■ 작업에 이용되는 장비에 대한 기준 및 승인 방법 ■ 작업자에 대한 자격기준 및 자격인정 방법 ■ 작업방법 및 모니터링 방법	
8.8 식별 및 추적관리 ○ 기자재와 공사 목적물에 대한 식별 및 추적방법에는 다음 각 호의 사항을 문서화된 정보로 정하고 있는지? ■ 식별 대상의 결정 및 식별방법 ■ 추적 요구사항을 고려한 추적 대상의 파악, 추적의 범위, 정도 및 방법 ■ 기자재와 공사 목적물에 대한 검사 및 시험 상태의 식별방법 ○ 선정된 식별대상 및 추적대상과 방법은 적절하게 정하고 있는지?	
8.9 고객 또는 외부공급자의 재산관리 ○ 고객 또는 외부공급자의 재산이 있는 경우, 재산을 관리하는 방법에는 다음 각 호의 사항을 문서화된 정보로 정하고 있는지? ■ 재산의 파악 및 수급계획 방법 ■ 재산의 검사 및 시험 방법과 검증결과 부적합한 경우 처리하기 위한 방법 ■ 보관시 재산의 손상, 분실되거나 사용하기에 부적절한 것으로 판명된 경우, 보고를 포함한 처리 방법 ■ 재산의 입체 또는 대체 사용이 필요한 경우, 그 처리방법 ■ 잉여 재산의 처리방법 ※ 고객 또는 외부공급자의 재산은 고객 또는 조직의 일부분이 아닌 공급자가 지급하는 재산(예: 자재, 부품, 공구 및 장비, 고객 부동산, 지적 소유권 및 개인정보 등)	
8.10 보존관리 ○ 건설공사를 수행할 때부터 공사 목적물을 인계할 때까지 기자재 및 공사 목적물이 분실, 손상 또는 열화되지 않도록 보존 관리하여야 한다. ○ 기자재 및 공사 목적물을 보존하는 관리방법는 다음 각 호의 사항을 문서화된 정보로 정하고 있는지? ■ 기자재의 운반 및 투입에 있어 필요한 특별한 취급방법 ■ 기자재의 품질유지를 위한 보관장소 및 보관방법, 반입과 반출방법 ■ 공사 목적물의 인계전까지 품질보호를 위한 보호방안 ■ 화재 및 보안관리	

210㎜×297㎜[백상지(80g/㎡) 또는 중질지(80g/㎡)]

항 목 및 검 토 사 항	검 토 내 용 (품질관리계획서 관련 조항 기술)
8.11 검사 및 시험, 모니터링 ○ 투입되는 자재, 시공공정 및 공사 목적물과 관련된 특성을 검사, 시험 및 모니터링하는 방법에는 다음 각 호의 사항을 문서화된 정보로 정하고 있는지? ■ 적절한 공정단계에서 검사 및 시험 계획(ITP)의 수립 방법 ■ 각 단계에서의 검사 및 시험 항목, 합격판정기준, 빈도, 사용되는 장비 및 기법 ■ 검증시기, 장소 및 방법 ■ 발주자, 공사감독자 또는 건설사업관리기술인의 입회시기, 방법 등(필요한 경우에만 해당한다) ■ 검사 및 시험, 모니터링의 실시 및 결과 보고 방법 ■ 검사 및 시험을 외부에 의뢰하는 방법 및 결과의 검토 방법 ○ 수립된 검사 및 시험계획(항목, 판정기준, 빈도 등)은 관련 법령 또는 발주자 요구사항이 반영되었는지?	
8.12 부적합 공사의 관리 ○ 품질기준에 적합하지 않은 부적합 공사를 관리하는 방법에는 다음 각 호의 사항을 문서화된 정보로 정하고 있는지? ■ 부적합 공사 특성에 따른 식별방법 ■ 부적합 공사의 상태에 대한 문서화 방법 ■ 부적합의 검토와 분석, 부적합 원인의 결정 방법 ■ 유사한 부적합의 존재 또는 잠재적인 발생 여부 확인 방법 ■ 현상사용, 보완시공 또는 재시공 등 부적합 공사에 대한 조치의 결정 및 실행 방법 ■ 부적합 공사의 처리방안 결정 방법 ■ 보완시공 및 재시공시 품질 요구사항에 따른 재검사의 실시 방법 ■ 취해진 모든 조치의 효과성 검토방법	
8.13 공사준공 및 인계 ○ 공사 목적물이 완공되었음을 입증하는 방법에는 다음 각 호의 사항을 문서화된 정보로 정하고 있는지? ■ 필요시 시운전을 위한 계획 및 시운전 절차 수립 방법 ■ 준공검사 신청 방법 ■ 필요시 부적합공사에 대한 처리 방법 ■ 준공도면의 검토 및 제출 방법 ■ 준공표지의 설치 방법 ○ 공사 목적물이 완공되었음이 입증되어 인계하는 방법에는 다음 각 호의 사항을 문서화된 정보로 정하고 있는지? ■ 시설물 인계 계획의 수립 방법 ■ 본사로 이관될 현장문서 및 기록의 파악 및 인계 방법 ■ 건설사업관리기술인 또는 발주자에게 인계할 현장문서 및 기록의 파악 및 인계 방법	
9. 성과관리 **9.1 고객만족** ○ 발주자 및 이해관계자의 요구 및 기대를 관리하는 방법에는 다음 각 호의 사항을 문서화된 정보로 정하고 있는지? ■ 정보 수집 방법 ■ 모니터링(설문조사, 피드백, 미팅, 칭찬, 클레임 등) 및 검토 방법	

210㎜×297㎜[백상지(80g/㎡) 또는 중질지(80g/㎡)]

항 목 및 검 토 사 항	검 토 내 용 (품질관리계획서 관련 조항 기술)
9.2 분석 및 평가 ○품질관리계획의 지속적 개선을 위한 분석 및 평가 방법에는 다음 각 호의 데이터를 문서화된 정보로 정하고 있는지? ▪발주자 및 이해관계자의 만족도 조사 결과 ▪주요자재의 품질경향 ▪부적합 공사의 발생 빈도 및 특성 ▪내부심사 결과 및 품질관리 적절성 확인 등의 결과	
9.3 내부심사 ○건설공사 수행에 대한 내부심사를 현장 자체적으로 년 1회 이상 수행하도록 정하고 있는지? ○내부심사 방법에는 다음 각 호의 사항을 문서화된 정보로 정하고 있는지? ▪심사주기, 심사범위, 심사기준, 역량/적격성에 적합한 심사자 선정을 포함한 심사 계획의 수립 방법 ▪심사 수행방법 및 심사결과 보고 방법 ▪필요한 경우 부적합 사항의 시정조치 수행 방법 ▪취해진 후속조치의 검증 및 검증결과의 보고 방법	
9.4 경영검토 ○건설공사 운영과 관련된 개선사항의 결정과 조치를 위하여 년 1회 이상 현장 자체적으로 건설공사 운영성과를 검토하도록 정하고 있는지? ○건설공사 경영검토 방법에는 다음 각 호의 사항을 문서화된 정보로 정하고 있는지? ▪전년도 건설공사 경영검토에 따른 조치 결과(해당되는 경우) ▪건설공사 수행에 영향을 줄 수 있는 외부 및 내부 이슈의 변경사항 ▪자원의 충족성 ▪파악된 리스크와 관련하여 취해진 조치의 효과성 ▪문제점, 애로사항의 개선 사항 ▪품질관리계획의 성과 및 효과성 정보 • 고객 만족 및 발주자와 관련 이해관계자로부터의 피드백(불만사항 포함) • 현장 품질목표의 달성 정도 • 부적합 공사의 발생 빈도 및 특성과 시정조치 사항 • 검사 및 시험, 모니터링 및 측정결과 • 현장 내부심사 및 품질관리 적절성 확인 등 내•외부의 결과 • 외부공급자의 성과 ○건설공사 경영검토결과에 따라 후속조치를 하도록 정하고 있는지?	

210㎜×297㎜[백상지(80g/㎡) 또는 중질지(80g/㎡)]

항 목 및 검 토 사 항	검 토 내 용 (품질관리계획서 관련 조항 기술)
10. 개선 **10.1 부적합 및 시정조치** ○ 건설공사 운영성과 검토 결과, 부적합 또는 잠재적인 부적합이 발견된 경우, 시정조치를 하는 방법을 정하고 있는지? ○ 건설공사 수행과정에서 부적합 공사, 발주자 및 이해관계자의 불만 등이 발생한 경우, 시정조치 방법에는 다음 각 호의 사항을 문서화된 정보로 정하고 있는지? ■ 부적합 원인의 결정 ■ 유사한 부적합의 존재 여부 또는 잠재적인 발생 여부 결정 ■ 필요한 모든 조치의 결정 및 실행 ■ 취해진 모든 시정조치의 효과성 검토 ■ 필요한 경우, 결정된 리스크와 기회 갱신 ■ 필요한 경우, 품질관리계획의 변경	
10.2 지속적 개선 ○ 품질관리계획을 지속적으로 개선하기 위하여 요구 또는 기회를 결정하는 방법에는 다음 각 호의 사항을 문서화된 정보로 정하고 있는지? ■ 분석 및 평가의 결과 ■ 건설공사 경영검토 결과	

비고 : 각 항목에서 검토사항을 추가할 필요가 있을 경우 추가.검토할 수 있음

[별지 제2호서식]

(12쪽 중 제1쪽)

품질관리 적절성 확인점검표

1. 점검개요 **점검일 년 월 일**

공사명			
발주자			
시공자			
착공일		준공예정일	
공사위치			
공사금액		도급금액	
공사감독자/ 건설사업관리 기술인	소속: 성명: (서명 또는 인)		
입회자	현장대리인: 성명 (서명 또는 인)		
공사개요			
첨부 (참고자료)			
점검자	소속 및 직위 성명: (서명 또는 인)		
	소속 및 직위 성명: (서명 또는 인)		
	소속 및 직위 성명: (서명 또는 인)		

2. 품질관리계획에 대한 점검사항

점검항목	점검사항	점검내용	결과
1. 일반사항	가. 품질관리계획서 작성 근거 명시 및 검토·승인여부 ○ 품질관리계획서의 작성 근거(영 제89조 제1항의 각 호 등)를 명시하였는지 확인. ○ 품질관리계획서의 제정 및 개정현황 등을 작성하였는지 확인. ○ 품질관리계획서를 공사감독자 또는 건설사업관리 기술인의 검토와 발주자에게 승인을 받고, 관련근거를 문서화된 정보로 보유하고 있는지 확인(품질관리계획서 변경도 동일).		
2. 적용범위 및 인용표준	가. 품질관리계획서 작성기준 준수 및 적용범위 여부 ○ 품질관리계획서 작성기준[별표1]에 따라 모든 항목과 내용이 작성되었는지 확인. ○ 건설공사의 현장 특성 때문에 품질관리계획서 작성기준[별표1]의 일부를 제외하였다면 제외한 사유가 명시 되었는지와 사유가 타당한지 확인.		

210㎜×297㎜[백상지(80g/㎡) 또는 중질지(80g/㎡)]

점검항목	점검사항	점검내용	결과
3. 용어 정의	가. 품질관리계획서 작성 용어 준수 여부 ○ 품질관리계획서 작성에 사용하는 용어는 건설공사 품질관리 업무지침 제2조 및 KS Q ISO 9000:2015(품질경영시스템-기본사항과 용어)를 참조하여 작성하였는지 확인.		
4. 조직 상황 4.1 건설공사의 정보	가. 발주자 요구사항의 결정 및 충족 여부 ○ 건설공사와 관련된 일반현황과 계약내용에 대한 요약정보가 문서화된 정보로 유지하고 있는지 확인.		
4.2 이해관계자의 요구와 기대 관리	가. 이해관계자의 요구와 기대 파악 여부 ○ 건설공사와 관련되는 이해관계자를 파악하고 문서화된 정보로 유지하고 있는지 확인. ○ 건설공사와 관련되는 이해관계자의 요구사항과 적용되는 법적 및 규제적 요구사항을 파악 및 결정하고 문서화된 정보로 보유하고 있는지 확인. ○ 이러한 요구사항에 대한 정보를 모니터링하고 검토하여 반영하고 있는지 확인.		
4.3 프로세스 관리	가. 건설공사의 프로세스 결정 및 운영 여부 ○ 건설공사 전반의 프로세스를 정하고 상호관계를 명시하였는지 확인. ○ 프로세스별로 요구되는 입력과 출력이 결정되었는지 확인. ○ 프로세스별로 필요한 기준 및 방법(모니터링, 측정 및 관련 성과지표를 포함), 자원의 결정, 프로세스 평가 및 개선 등을 결정하고 운영하는지 확인.		
5. 리더십 5.1 품질방침	가. 품질방침의 수립 여부 ○ 현장 최고책임자가 건설공사의 목적과 발주자의 기대 및 요구에 적절한 품질방침을 수립하고, 이용 가능하도록 문서화된 정보로 유지하고 있는지를 확인. ○ 수립된 품질방침에는 건설공사 요구사항과 적용 되는 법적 및 규제적 요구사항 충족시킴, 리스크와 기회를 결정하고 처리, 필요한 자원 지원 및 인원을 적극 참여시키고, 지휘하고 지원함, 고객만족을 위해 노력, 품질확보를 위한 지속적으로 개선하겠다는 의지표명이 포함되어 있는지 확인. 나. 공사 참여자의 동기부여 여부 ○ 품질방침의 주기적인 교육, 사무실 및 현장 게시 등을 통해 공사수행 구성원들에게 의사소통 되고 이해하고 있는지를 확인 ○ 품질방침이 소통•이해•적용되고 있는지를 문서화된 정보로 보유하고 있는지 확인.		

210mm×297mm[백상지(80g/㎡) 또는 중질지(80g/㎡)]

점검항목	점검사항	점검내용	결과
5.2 책임과 권한	가. 조직편성 및 적정인력 배치 여부 ○본사 조직과 연계된 현장 조직을 구성하였는지 확인. ○계약 및 법적요구 인원을 포함하여 원활한 공사 수행을 위한 적정인력이 배치되어 있는지 확인 나. 각 조직 인원의 업무분장 실시 여부 ○현장 각 조직과 조직 구성원 개개인에 대하여 책임 및 권한(업무분장)이 명확히 부여되어 문서화된 정보로 보유하고 운영되고 있는지 확인 ○조직 구성원 개개인의 책임과 권한은 의사소통 되었는지 문서화된 정보로 보유하고 있는지 확인 ○조직 구성원의 변경시 책임과 권한이 변경(개정) 관리되고 있는지 확인		
6. 기획 6.1 리스크 및 기회관리	가. 리스크 파악 및 관리여부 ○발주자 및 건설공사 요구사항, 적용되는 법적 및 규제요구사항, 이해관계자의 이슈 등에 대하여 리스크와 기회를 파악하여 문서화된 정보로 유지하고 있는지 확인. ○파악된 리스크는 조치되고 결과에 대하여 효과성을 평가하고 문서화된 정보로 보유하는지 확인.		
6.2 품질목표 관리	가. 품질목표 수립여부 ○품질목표는 품질방침과 일관성이 있고 측정 가능하도록 설정되어 있는지 확인. ○품질목표는 공사목적물의 적합성과 고객만족 증진과 관련된 내용으로 설정되어 있는지 확인. ○품질목표는 지속적 개선 결과를 반영하여 설정되고 문서화된 정보로 유지하고 있는지 확인 나. 품질목표 추진계획의 수립 및 실행 여부 ○품질목표 추진계획에 달성대상의 결정과 달성을 위한 일정계획, 필요한 자원, 책임자 지정, 완료시기, 달성도 확인주기 등을 수립하여 문서화된 정보로 유지하고 있는지 확인. ○품질목표 추진계획에 따른 달성 결과를 평가하고, 필요한 경우 변경하고 문서화된 정보로 보유하고 있는지 확인. 다. 공사참여자의 동기부여 여부 ○품질목표의 주기적인 교육, 사무실 및 현장 게시 등을 통해 공사수행 구성원들에게 의사소통 되고 이해하고 있는지를 확인 ○품질목표가 소통•이해•적용되고 있는지를 문서화된 정보로 보유하고 있는지 확인.		
6.3 품질관리 계획의 변경관리	가. 품질관리계획서 변경 관리 여부 ○품질관리계획서가 변경된 경우, 품질관리계획서 작성기준에 적합하게 변경하고 문서화된 정보를 보유하는지 확인. ○품질관리계획서가 변경된 경우, 공사감독자 또는 건설사업관리기술인의 검토와 발주자에게 승인을 받았는지 확인.		

210㎜×297㎜[백상지(80g/㎡) 또는 중질지(80g/㎡)]

점검항목	점검사항	점검내용	결과
7. 자원 7.1 자원관리	가. 품질관리(검사, 시험 등) 업무수행자의 적격인력 배치 여부 ㅇ관련법령 및 설계도서에서 정한 품질관리 업무를 수행하는 건설기술인가 배치기준에 맞게 배치되어 있는지 확인 ㅇ품질관리업무를 수행하는 건설기술인이 시험.검사를 포함한 전반적인 품질관리를 주관할 수 있도록 공사.공무부문과 독립(예 : 겸임금지, 조치요구권 부여 등)되어 있는지 확인 나. 기반구조 및 작업환경의 확보 및 유지 여부 ㅇ공사수행을 위한 적절한 기반구조(건물 및 연관된 유틸리티, 장비, 운송자원, 정보통신기술 등)와 작업환경이 확보 및 유지 관리되고 있음을 문서화된 정보로 유지하고 보유하고 있는지 확인 ※ 기반구조란 건물 및 연관된 유틸리티, 장비(하드웨어, 소프트웨어 포함), 운송자원, 정보통신기술 등을 말한다.		
7.2 모니터링 자원 및 측정자원의 관리	가. 모니터링 자원 및 측정자원 확보, 교정검사 및 유지관리 여부 ㅇ검사 및 시험, 측정에 필요한 각 장비의 관리기준(정밀•정확도)을 결정하여 장비를 확보하고 문서화된 정보로 유지하고 있는지 확인 ㅇ대여받아 사용하거나, 하도급사 또는 개인이 사용하는 장비를 포함하여 정해진 주기로 교정검사를 받고 있는지를 확인 ㅇ교정성적서의 결과값을 장비관리기준과 비교 검토한 결과를 문서화된 정보로 보유하고 있는지 확인. ㅇ장비가 관리기준을 벗어난 경우, 이전 검사 및 시험과 모니터링 결과에 대한 유효성 평가가 실시되고 문서화된 정보로 보유하고 있는지를 확인 ㅇ장비에 교정검사필증을 부착하였는지를 확인 ㅇ보유한 장비는 식별 관리되고 취급과 유지보전을 위한 적절한 보관환경에서 관리되고 있는지를 확인 ㅇ장비에 대한 주기적인 점검을 실시하고 문서화된 정보로 보유하고 있는지 확인		
7.3 조직의 지식관리	가. 지식 결정 및 관련조직과 공유 여부 ㅇ건설공사 수행에 필요한 지식(계약서, 건설기준, 적용 코드 및 표준, 사내표준, 적용 법규, 공법, 유사공사들의 우수/실패 사례 등)을 파악하여 문서화된 정보로 유지하고 활용하고 있는지 확인. ㅇ파악된 지식은 유지·관리되고 관련 조직과 공유되고 있는지 확인.		

210㎜×297㎜[백상지(80g/㎡) 또는 중질지(80g/㎡)]

점검항목	점검사항	점검내용	결과
7.4 역량/적격성관리	가. 품질에 영향을 미치는 인원의 역량/적격성 보유여부 ○해당 업무수행에 필요한 학력, 교육훈련, 숙련도, 경험, 관련법령 등을 근거로 역량/적격성 기준을 결정하고 문서화된 정보로 유지하고 있는지 확인. ○공사수행에 배치된 인원들에 대하여 역량/적격성 기준에 적정한지 평가하고 문서화된 정보를 보유하는지 확인 나. 품질에 영향을 미치는 업무를 수행하는 모든 종사자의 교육훈련 실시 여부 ○모든 공사참여자(하도급자, 기능공 포함)에 대해 교육훈련의 필요성을 파악하여 문서화된 정보로 보유하고 있는지를 확인 ○법적 정기교육을 포함한 교육훈련계획을 수립하여 문서화된 정보로 보유하고 있는지를 확인 ○교육훈련계획에 따라 교육훈련이 실시되고 교육훈련결과(교육내용 포함)를 보고하고 문서화된 정보로 보유하고 있는지 확인 ○실시한 교육훈련에 대하여 효과성은 평가하고 문서화된 정보로 보유하고 있는지 확인.		
7.5 의사소통관리	가. 품질관리계획의 이행과 건설공사 운영을 위한 내.외부 의사소통의 적절성 여부 ○품질관리계획의 이행과 건설공사 운영에 관련된 모든 사항에 대하여 내.외부 의사소통 방안이 결정되고 문서화된 정보로 유지하고 실행되고 있는지를 확인 ○의사소통 방안에는 의사소통 내용, 시기, 대상, 방법, 담당자 등이 포함되었는지 확인. ○필요한 경우 의사소통은 내부 및 외부 관계자로 부터의 의견접수, 검토, 전달, 문서화 및 회신이 포함되어 문서화된 정보로 보유하고 있는지를 확인 나. 이해관계자 불만 및 부적합 공사에 대한 처리 여부 ○건설공사와 관련되는 이해관계자의 불만 사항이 관련자와 의사소통 및 처리하고 문서화된 정보를 보유 하고 있는지 확인 ○부적합 사항 및 부적합 공사에 대하여 관련자와 의사소통 및 처리하고 문서화된 정보를 보유하고 있는지 확인		

210㎜×297㎜[백상지(80g/㎡) 또는 중질지(80g/㎡)]

점검항목	점검사항	점검내용	결과
7.6 문서화된 정보 및 정보의 관리	가. 품질관리계획을 운영하는 방식의 적절성 ○현장 품질문서(품질계획서, 절차서, 지침서 등)가 등록되고 관련업무 담당에게 배포하여 문서화된 정보로 유지하고 활용되고 있는지를 확인 ○효력이 상실된 구문서는 폐기하고 문서화된 정보로 보유하며, 보관이 필요한 경우 식별 관리하고 있는지를 확인 나. 고객문서와 자료의 비치 및 관리 상태 ○발주자 및 건설사업관리기술인의 문서(계약문서, 설계도서, 지시서 등)와 자료(법령, 건설기준 등)가 파악되고, 최신본으로 보유하고 관리됨을 문서화된 정보로 보유하고 있는지 확인 다. 문서화된 정보의 보유 상태 ○문서화된 정보가 유형별로 식별되고 검색 및 사용이 용이한지를 확인 ○문서화된 정보의 보유기간이 법적 및 규제적 요구사항을 충족하도록 정하여 문서화된 정보로 보유되고 보관장소 및 관리책임자를 지정하여 양호한 상태로 관리되고 있는지를 확인 ○문서화된 정보를 폐기할 경우, 절차에 따라 이행하고 문서화된 정보로 보유하고 있는지 확인 ○현장에서 관리할 문서화된 정보의 보유 목록이 정해지고 문서화된 정보로 보유하고 있는지를 확인		
8. 운용 8.1 건설공사 요구사항 검토 및 준비	가. 설계도서, 법규 및 건설기준 등의 시공전 검토여부 ○설계도서.법규.건설기준, 표준 등을 포함한 건설공사 수행과 관련된 요구사항을 검토하여 문서화된 정보로 보유하고 있는지 확인 ○검토결과에 따라 필요한 경우, 후속조치를 취하고 문서화된 정보를 보유하고 있는지를 확인		
8.2 건설공사 요구사항 변경	가. 계약변경(설계변경 포함) 관리의 적절성 ○설계변경을 포함한 계약변경의 요청 및 처리가 문서화된 정보로 보유하고 있는지를 확인 ○계약변경이 발생한 경우 관련 문서화된 정보가 수정되고 관련 인원이 변경된 요구사항을 인식하고 있는지를 확인		

210mm×297mm[백상지(80g/㎡) 또는 중질지(80g/㎡)]

점검항목	점검사항	점검내용	결과
8.3 설계관리	가. 설계계획의 수립 여부 및 적절성 ○ 설계계획이 적절히 수립되고 문서화된 정보로 보유하고 있는지를 확인 ○ 설계변경시 참여하는 현장내 인원간의 기술적인 정보공유가 적절히 이루어지고 있는지를 확인 나. 설계입력 기준의 적절성과 설계출력물의 관리 여부 ○ 설계입력 요구사항이 결정되어 문서화된 정보로 보유되고 있는지를 확인 ○ 설계출력물에는 건설공사 수행을 위한 각종 정보가 제시되어 문서화된 정보로 보유하고 있는지를 확인 다. 설계검토, 설계검증 및 설계타당성 확인의 실시여부 및 방법의 적절성 ○ 적절한 설계단계에서 설계에 대한 체계적인 검토가 실시되고 검토된 결과는 필요한 경우 조치되고 문서화된 정보로 보유하고 있는지를 확인 ○ 설계검증, 설계실현성 확인이 실시되고, 결과는 필요한 경우 조치되고 문서화된 정보로 보유하고 있는지를 확인		
8.4 기자재 구매관리	가. 기자재 수급계획의 수립, 검증, 식별, 보관, 재고관리 및 주기적인 점검실시 여부 ○ 기자재수급계획을 수립하여 문서화된 정보로 보유하고 있는지를 확인 ○ 기자재 구매발주시 명확한 구매정보(기준)가 발주서로 제공되고 문서화된 정보로 보유하고 있는지를 확인 ○ 구매한 기자재의 검사 및 시험 또는 검증되고 식별, 재고관리, 주기적인 점검 등의 유지관리가 되고 문서화된 정보로 보유하고 있는지를 확인 ○ 제작품의 경우, 발주서에 검증계획 및 운반방법이 명시되어 있는지 확인.		
8.5 외부에서 제공되는 프로세스 관리	가. 하도급에 대한 선정 및 평가 여부 ○ 하도급계획이 수립되고 문서화된 정보로 보유하고 있는지 확인 ○ 하도급업체 선정 및 평가결과에 따라 하도급업체가 선정되고 선정 또는 평가내용은 문서화된 정보로 보유하고 있는지를 확인(필요한 경우) ○ 선정된 하도급업체는 관련 이해관계자에게 의사소통되고 문서화된 정보로 보유하고 있는지 확인 나. 하도급에 대한 계약 및 이행상태 관리 여부 ○ 하도급 계약요구사항이 명확히 결정되고 계약체결시 전달되고 있는지를 확인 ○ 하도급된 공종에 대한 검사 및 시험, 검증과 모니터링이 실시되고 문서화된 정보로 보유하고 있는지를 확인		

210㎜×297㎜[백상지(80g/㎡) 또는 중질지(80g/㎡)]

점검항목	점검사항	점검내용	결과
8.6 공사관리	가. 공종의 파악 및 계획의 수립과 이행 여부 ○공종과 공정이 파악.관리되고 공종별로 특성에 맞는 시공계획을 수립하여 문서화된 정보로 유지하고 있는지를 확인 ○공사 진도관리를 위한 계획을 수립하고 이행하여 문서화된 정보로 유지 및 보유하고 있는지를 확인 나. 작업방법 수립 및 적격 인원 투입여부 ○작업에 필요한 작업절차 또는 작업지침을 수립하여 문서화된 정보로 유지하고 절차 또는 지침에 따라 이행하여 문서화된 정보로 보유하고 있는지 확인. ○작업에 투입되는 인원은 요구되는 자격 및 역량을 파악하여 문서화된 정보로 유지하고, 파악된 자격 및 역량에 근거하여 투입하고 문서화된 정보로 보유하고 있는지 확인 다. 시공상세도, 준공도의 관리 여부 ○시공상세도, 준공도의 작성기준이 설정되고 권한을 가진 자에 의해 작성.검토.승인되고 있는지를 확인 ○승인된 시공상세도, 준공도는 검색이 용이하도록 보관 관리하고 있는지를 확인 ○작업자는 최신본의 도면을 사용하여 작업하고 있고, 구도면은 회수하여 관리하고 있는지 확인.		
8.7 중점품질 관리	가. 중점품질관리 대상의 관리 여부 ○중점품질관리 대상이 공사 특성에 맞게 지정하여 문서화된 정보로 유지하고 있는지를 확인 ○사용장비에 대한 명확한 기준이 설정되고 권한을 가진 자에 의해 장비사용을 승인하고 문서화된 정보로 유지 및 보유하고 있는지를 확인 ○작업자의 자격기준이 작업특성에 맞게 설정되고 자격기준에 적합여부를 평가하고 배치하고 문서화된 정보로 유지 및 보유하고 있는지를 확인 ○작업방법의 수립.사용되고 공정변수에 대한 모니터링(감시) 결과가 문서화된 정보로 유지 및 보유하고 있는지를 확인		
8.8 식별 및 추적관리	가. 식별 및 추적관리 대상 파악 및 이행 여부 ○식별 및 추적관리 대상과 방법을 현장특성에 맞게 정하여 문서화된 정보로 유지하고 있는지를 확인 ○식별 및 추적방법에 따른 식별이 실시되고 추적이 가능하도록 문서화된 정보를 보유하고 있는지를 확인 나. 검사 및 시험상태(검사대기, 검사중, 부적합) 식별 여부 ○검사 및 시험에 관하여 자재, 공정의 적합 또는 부적합을 나타내는 적정한 검사단계별(검사대기 • 검사중.부적합) 식별이 이루어지고 있는지를 확인 ○식별표시 및 제거의 권한을 가진 자가 지정되어 있는지를 확인		

210㎜×297㎜[백상지(80g/㎡) 또는 중질지(80g/㎡)]

점검항목	점검사항	점검내용	결과
8.9 고객 또는 외부공급자의 재산관리	가. 재산 수급계획의 수립, 식별, 검증, 보관(분실, 손상관리 포함), 재고관리의 적정 수행 여부 ㅇ재산을 파악하여 수급계획을 문서화된 정보로 유지 및 보유하고 있는지를 확인 ㅇ재산이 검사 및 시험, 또는 검증되고 식별, 재고관리, 주기적인 점검 등이 실시되고 문서화된 정보로 보유하고 있는지를 확인 ㅇ재산의 입체 또는 대체 사용이 필요한 경우 적절히 처리되고 문서화된 정보로 보유하고 있는지를 확인 ㅇ잉여 재산의 처리 사항이 문서화된 정보로 보유하고 있는지를 확인		
8.10 보존관리	가. 기자재, 기 시공부위 및 완성된 시설물의 보존상태 ㅇ시공에 사용될 자재의 운반, 사용 등에 있어 자재의 특성별로 취급되고 적절한 환경에서 보관하고 있는지를 확인 ㅇ장기 보관시 열화나 손상이 되는 자재는 적정한 주기로 점검하고 문서화된 정보로 보유하고 있는지를 확인 ㅇ기 시공부위의 품질상태를 유지하기 위한 보호방안을 수립하여 이행하고 문서화된 정보로 유지 및 보유하고 있는지를 확인		
8.11 검사 및 시험, 모니터링	가. 검사 및 시험계획에 대한 항목, 합격판정기준, 빈도 등의 적절성 ㅇ검사 및 시험계획서(ITP)에 검사 및 시험대상의 항목, 합격판정기준, 빈도, 사용장비, 기법, 발주자/건설사업관리기술인의 입회시기.장소.방법이 등이 건설공사 요구사항, 법적 및 규제적 요구사항에 적합하게 수립되어 문서화된 정보로 유자하고 있는지 확인 나. 자재 및 공정 검사의 적기 실시 여부와 검사 및 시험결과에 대한 기록의 적절성 ㅇ검사 및 시험계획서(ITP)에 따라 검사 또는 시험을 적기에 누락 없이 실시하여 문서화된 정보를 보유하고 있는지를 확인 ㅇ검사 및 시험결과에는 측정값이 기록되고 검사기준에 따른 합격, 불합격 여부를 명확히 하여 문서화된 정보로 보유하고 있는지를 확인 ㅇ합격판정 전에 자재의 사용 또는 후속공정이 진행되지 않도록 관리하고 있는지를 확인 ㅇ검사 또는 시험을 품질검사를 대행하는 건설기술용역사업자에게 의뢰하는 경우, 건설기술진흥법령에서 정한 품질검사의뢰서 및 품질검사성적서를 문서화된 정보로 보유하고 있는지 확인. ㅇ검사 또는 시험의 결과가 건설공사 요구사항에 적합한지 검토하고 있는지를 확인		

210㎜×297㎜[백상지(80g/㎡) 또는 중질지(80g/㎡)]

점검항목	점검사항	점검내용	결과
8.12 부적합 공사의 관리	가. 부적합 공사(자재 포함) 발생에 대한 처리방법 및 이행의 적절성 ○부적합한 공사(자재.공정 등) 특성에 적합하게 식별 및 관리되고 있는지 확인. ○부적합한 내용이 부적합보고서 등으로 문서화된 정보로 유지하고 있는지를 확인. ○부적합한 내용을 검토•분석하여 원인을 명확히 결정하고, 이와 유사한 부적합이 존재 또는 발생 가능성이 있는지를 검토하고 있는지 확인. ○부적합 공사 발생시 발주자 및 건설사업관리기술인과 협의를 통해 적절한 조치방안을 마련.이행하고 있는지를 확인 ○부적합한 자재 또는 공정이 적절하게 처리되고 있는지(재검사 여부, 현상사용시 권한 가진 자의 승인 여부 포함)를 확인 ○유사한 부적합이 지속적으로 발생하고 있는지 확인.		
8.13 공사준공 및 인계	가. 공사준공 및 인계 관리의 적절성 여부 ○공사준공을 위한 제반사항을 준비하고 있는지를 확인 ○완성된 시설물의 인계계획을 수립하여 실시하고 문서화된 정보로 유지 및 보유하고 있는지를 확인. ○발주자 및 건설사업관리기술인, 본사에 인계할 문서화된 정보의 대상목록을 파악.관리되고 있는지를 확인		
9. 성과관리 9.1 고객만족	가. 요구 및 기대에 대한 모니터링 실시 여부 ○발주자 및 이해관계자의 요구 및 기대에 대한 충족 여부를 모니터링 하는 방법을 문서화된 정보로 유지하고 있는지 확인. ○요구 및 기대에 대한 모니터링을 실시하고 문서화된 정보로 보유하고 있는지 확인.		
9.2분석 및 평가	가. 발주자와 이해관계자의 만족도 조사에 대한 분석의 실시 여부 ○발주자와 이해관계자의 만족 또는 불만족을 포함한 건설공사 수행의 만족도를 분석하여 활용하고 문서화된 정보로 보유하고 있는지를 확인 나. 품질개선을 위한 데이터의 분석 및 활용에 대한 이행 여부 ○주요자재의 품질경향, 부적합 공사의 발생빈도 및 특성, 내.외부 점검결과 등을 분석하여 활용하고 문서화된 정보로 보유하고 있는지를 확인		

210㎜×297㎜[백상지(80g/㎡) 또는 중질지(80g/㎡)]

점검항목	점검사항	점검내용	결과
9.3 내부심사	가. 품질관리계획의 적합성, 효과성, 이행성 등에 대한 내부심사 실시 여부 ㅇ내부심사 계획을 현장에 배치된 품질관리자가 수립하고 이행하여 문서화된 정보로 유지 및 보유하고 있는지를 확인 ㅇ내부심사를 수행하는 심사자의 역량/적격성 기준을 정하고, 평가하여 문서화된 정보로 유지 및 보유하고 있는지 확인. ㅇ심사자의 역량/적격성에 적합한 자가 내부심사를 실시하였는지 확인. ㅇ내부심사는 계획된 주기로 실시하고 심사결과보고서는 문서화된 정보로 보유하고 있는지를 확인 ㅇ심사체크리스트 및 심사내용이 구체적으로 작성하였는지 확인. ㅇ심사결과 부적합한 사항이 있는 경우 시정 또는 시정조치되고 문서화된 정보로 보유하고 있는지를 확인 ㅇ취해진 후속조치에 대하여 유효성을 검증하고 문서화된 정보로 보유하고 있는지 확인		
9.4 경영검토	가. 품질관리계획의 운영전반에 대한 성과검토 실시 여부 ㅇ건설공사 경영검토가 계획된 주기로 실시되고 검토보고서를 문서화된 정보로 보유하고 있는지 확인 ㅇ다음 사항을 검토하고 검토내용은 문서화된 정보로 보유하고 있는지를 확인. · 전년도 건설공사 경영검토에 따른 조치 결과(해당되는 경우) · 건설공사 수행과 관련된 외부 및 내부 이슈의 변경사항 · 자원의 충족여부 · 파악된 리스크와 관련하여 취해진 조치의 효과성 · 문제점 및 애로사항의 개선 사항 · 품질관리계획의 성과 및 효과성 정보 등 ㅇ품질관리계획의 성과 및 효과성 정보에는 고객 만족 및 발주자와 관련 이해관계자로부터의 피드백(불만사항 포함), 현장 품질목표의 달성 정도, 부적합 공사의 발생 빈도 및 특성과 시정조치 사항, 검사•시험•모니터링•측정결과, 내부심사 및 품질관리 적절성 확인 등 내•외부의 점검결과, 외부공급자의 성과 등이 포함되어 있는지를 확인. ㅇ검토결과에 따라 필요시 후속조치를 실시하고, 문서화된 정보로 보유하고 있는지를 확인		

210㎜×297㎜[백상지(80g/㎡) 또는 중질지(80g/㎡)]

점검항목	점검사항	점검내용	결과
10.개선 10.1부적합 및 시정조치	가. 품질관리계획 운영과 관련하여 취해진 부적합 및 시정조치의 적절성 여부 ㅇ실제 또는 잠재적인 부적합 사항은 근본원인을 파악하고, 근본원인을 고려한 시정과 재발방지 대책을 수립하여 이행하고 문서화된 정보를 유지 및 보유하고 있는지를 확인 ㅇ취해진 시정조치의 효과성을 검토하고 문서화된 정보를 보유하고 있는지를 확인 ㅇ부적합 및 시정조치 결과가 품질관리계획서 변경 또는 결정된 리스크와 기회를 갱신하여야 하는지 검토하고 이행하여 문서화된 정보로 보유하고 있는지를 확인.		
10.2지속적 개선	가. 지속적인 개선 계획 수립 및 개선활동 실시 여부 ㅇ지속적 개선을 위하여 분석 및 평가 결과, 경영검토 결과를 반영하여 지속적 개선계획을 수립하여, 문서화된 정보로 보유하고 있는지를 확인. ㅇ지속적 개선계획에 따라 개선활동을 실시하고, 문서화된 정보로 보유하고 있는지 확인.		

3. 품질시험계획에 대한 점검사항

점검사항	점검내용	결과
가. 품질시험·검사에 필요한 관련 자료의 구비·활용 여부		
나. 품질시험계획 내용의 적절성 여부 1) 주요 자재의 검사포함 여부 2) 주요 공정의 검사포함 여부		
다. 품질관리 관련 법령·규정, 품질시험계획에 필요한 품질관리를 수행하는 건설기술인, 시설 및 장비 등의 적정 확보 여부		
라. 품질시험계획에 따른 품질시험·검사의 적기, 적정빈도 실시 여부		
마. 품질시험·검사 성과의 기록유지 여부		
바. 품질시험·검사 장비의 관리 여부 1) 교정검사 실시 및 교정 상태의 식별 표시 2) 검사장비·측정장비 및 시험장비의 적정관리		
사. 부적합품 및 부적합공정 처리 등의 적정 여부		

비고

가. 품질관리계획 수립대상 공사에는 품질관리계획에 대한 점검사항을 적용하며, 품질시험계획에 대한 점검사항을 포함하여 점검할 수 있다.

나. 품질시험계획 수립대상 공사에는 품질시험계획에 대한 점검사항을 적용한다.

다. 이 점검표는 일반적인 공통사항에 대한 것이므로 해당 공사의 규모·특성·중요도 등에 따라 필요한 부분을 추가·수정 또는 삭제하여 사용할 수 있다.

라. 점검내용란에는 점검시 확인한 문서화된 정보를 상세히 기록하여야 한다.

210㎜×297㎜[백상지(80g/㎡) 또는 중질지(80g/㎡)]

[별지 제3호서식]

품질검사를 대행하는 건설기술용역사업자 평가계획서

신청사	기관명		법인등록번호	
	대표자		주 소	
	담당자		연락처	

평가분야, 평가종류 및 기간

평 가 분 야	
평 가 종 류	[ ] 등록평가 [ ] 적정성평가 [ ] 재평가 [ ] 기타 ( )
평 가 기 간	년 월 일 ~ 년 월 일 (일간)

평 가 반 명 단

구 분	성 명	소 속	평가분야	비고
반장				
반원				

평 가 일 정

평가일자	평가자	평가항목	비고

위와 같이 품질검사를 대행하는 건설기술용역사업자 평가계획을 알려드립니다.

년 월 일

평 가 반 장 :

210㎜×297㎜[백상지(80g/㎡) 또는 중질지(80g/㎡)]

[별지 제4호서식]

청렴서약 및 이해관계확인서

기관명		대 표 자	
평가사			

(평가사)

- 위 기관에 대한 평가를 수행함에 있어 평가계획서를 준수하고, 어떠한 상황에서도 공명정대하게 평가를 수행하겠으며, 발견된 부적합사항을 묵인 또는 은폐하거나, 이와 관련하여 금품수수 및 향응 등 평가원으로서의 품위를 손상하는 행위를 하지 않을 것과 평가를 통하여 알게 된 모든 기밀사항을 누설하지 않을 것을 서약합니다.
- 위 기관에 대한 평가를 수행함에 있어 ① 위 기관의 경영진과 친분관계(친인척 등)가 없으며, ② 위 기관의 경영진으로 활동했던 적이 없으며, ③ 위 기관에 연구, 자문 또는 자체평가를 제공한 적이 없으며, ④ 위 기관의 주식 보유 등 재정적 이해관계가 없음을 확인합니다.

(관계자)

- 위 평가사의 평가수행과 관련하여 평가가 능률적으로 진행될 수 있도록 성실하게 임하겠으며, 발견된 부적합사항을 묵인 또는 은폐하고자, 평가사에게 금품수수 및 향응제공 등의 품위를 손상하는 행위를 하지 않을 것을 서약합니다.
- 위 평가사는 ① 우리 기관의 경영진과 친분관계(친인척 등)가 없으며, ② 우리 기관의 경영진으로 활동했던 적이 없으며, ③ 우리 기관의 연구, 자문 또는 자체평가를 제공한 적이 없으며, ④ 우리 기관의 주식 보유 등 재정적 이해관계가 없음을 확인합니다.

년 월 일

평 가 사 : 소속 직급 성명 (서명)
소속 직급 성명 (서명)
소속 직급 성명 (서명)

관 계 자 : 소속 직급 성명 (서명)
소속 직급 성명 (서명)
소속 직급 성명 (서명)

[별지 제5호서식]

<table>
<tr><td colspan="5">품질검사를 대행하는 건설기술용역사업자 평가보고서</td></tr>
<tr><td rowspan="3">신청자</td><td>기관명</td><td></td><td>법인등록번호</td><td></td></tr>
<tr><td>대표자</td><td></td><td>주 소</td><td></td></tr>
<tr><td>담당자</td><td></td><td>연락처</td><td></td></tr>
<tr><td colspan="5">평가분야, 평가종류 및 기간</td></tr>
<tr><td colspan="2">평 가 분 야</td><td colspan="3"></td></tr>
<tr><td colspan="2">평 가 종 류</td><td colspan="3">[ ] 등록평가 [ ] 적정성평가 [ ] 재평가 [ ] 기타 ( )</td></tr>
<tr><td colspan="2">평 가 기 간</td><td colspan="3">년 월 일 ~ 년 월 일 (일간)</td></tr>
<tr><td colspan="5">평가 결과</td></tr>
<tr><td colspan="2">종합
판정</td><td colspan="3">[ ] 등록증 발급 추천 [ ] 전문기관 자격 유지
[ ] 시정조치 요구 (건) [ ] 등록기준 미달 ( )건</td></tr>
<tr><td colspan="5">위와 같이 품질검사를 대행하는 건설기술용역사업자 평가결과를 보고합니다.

년 월 일

반장 소속 : 성명 : (서명 또는 인)
반원 소속 : 성명 : (서명 또는 인)
반원 소속 : 성명 : (서명 또는 인)</td></tr>
<tr><td>붙 임</td><td colspan="2">[ ] 부적합보고서 ( )매
[ ] 기술인력 관리 현황</td><td colspan="2">[ ] 시설 및 장비 관리 현황
[ ] 품질관리규정 운영 현황</td></tr>
</table>

210㎜×297㎜[백상지(80g/㎡) 또는 중질지(80g/㎡)]

[별지 제6호서식]

<table>
<tr><th colspan="4">품질검사를 대행하는 건설기술용역사업자 부적합보고서</th></tr>
<tr><td>기 관 명</td><td></td><td>발행번호</td><td></td></tr>
<tr><td>평가종류</td><td colspan="3">[ ] 등록평가 [ ] 적정성평가 [ ] 재평가 [ ] 기타 ( )</td></tr>
<tr><td>부적합
내 용</td><td colspan="3"></td></tr>
<tr><td>시정조치
기 한</td><td colspan="3">부적합보고서 발행 후 1개월 이내</td></tr>
<tr><td>평 가 사</td><td>성명 : (서명 또는 인)</td><td>평가 반장</td><td>성명 : (서명 또는 인)</td></tr>
<tr><td>회사확인</td><td colspan="3">직책 : 성명: (서명 또는 인) 일자 :</td></tr>
<tr><td rowspan="5">시정조치
결 과</td><td colspan="3">※ 부적합사항에 대한 원인분석, 시정, 재발방지대책을 포함하여 작성(여백이 부족한 경우 첨부)</td></tr>
<tr><td>원인
분석</td><td colspan="2"></td></tr>
<tr><td>시 정</td><td colspan="2"></td></tr>
<tr><td>재발방지
대책</td><td colspan="2"></td></tr>
<tr><td>작 성 자</td><td colspan="2">직책 : 성명 : (서명 또는 인) 일자 :</td></tr>
<tr><td rowspan="3">시정조치
결과확인</td><td colspan="3">[ ] 적합 [ ] 부적합 판정</td></tr>
<tr><td colspan="3">[확인 내용]</td></tr>
<tr><td>평가반장</td><td colspan="2">성명 : (서명 또는 인) 일자 :</td></tr>
</table>

210㎜×297㎜[백상지(80g/㎡) 또는 중질지(80g/㎡)]

[별지 제7호서식]

<table>
<tr><td colspan="5">품질검사를 대행하는 건설기술용역사업자 확인보고서</td></tr>
<tr><td rowspan="3">신청자</td><td>기관명</td><td></td><td>법인등록번호</td><td></td></tr>
<tr><td>대표자</td><td></td><td>주소</td><td></td></tr>
<tr><td>담당자</td><td></td><td>연락처</td><td></td></tr>
<tr><td colspan="5">평가분야, 평가종류 및 기간</td></tr>
<tr><td colspan="2">평 가 분 야</td><td colspan="3"></td></tr>
<tr><td colspan="2">평 가 종 류</td><td colspan="3">[ ] 등록평가 [ ] 적정성평가 [ ] 재평가 [ ] 기타 ( )</td></tr>
<tr><td colspan="2">평 가 기 간</td><td colspan="3">년 월 일 ~ 년 월 일 (일간)</td></tr>
<tr><td colspan="5">평가 결과</td></tr>
<tr><td colspan="2">종합
판정</td><td colspan="3">[ ] 등록증 발급 추천 [ ] 전문기관 자격 유지
[ ] 시정조치 요구 (건) [ ] 등록기준 미달 ( )건
[ ] 기타( )</td></tr>
<tr><td colspan="5">위와 같이 부적합사항 조치내용 확인결과를 보고합니다.

년 월 일

확인자 소속 : 성명 : (서명 또는 인)</td></tr>
<tr><td colspan="2">붙 임</td><td colspan="3">[ ] 부적합보고서 ( )매</td></tr>
</table>

210㎜×297㎜[백상지(80g/㎡) 또는 중질지(80g/㎡)]

[별지 제8호서식]

(5쪽 중 제1쪽)

레미콘공장 사전(정기)점검표

<table>
<tr><td>공 장 명</td><td colspan="2">(대표 :)</td><td>점 검
일 자</td><td colspan="2">년 월 일</td></tr>
<tr><td>공장위치</td><td colspan="2">시(도) 군 면(동)
리 번지</td><td>공사명</td><td colspan="2"></td></tr>
<tr><td>점 검 자
(발주청 관계자)</td><td colspan="5">소속 직위(급) 성명 (서명 또는 인)</td></tr>
<tr><td>점 검 자
(공사감독자)</td><td colspan="5">소속 직위(급) 성명 (서명 또는 인)</td></tr>
<tr><td>점 검 자
(시공자)</td><td colspan="5">소속 직위(급) 성명 (서명 또는 인)</td></tr>
<tr><td>수 검 자
(공장관계자)</td><td colspan="5">소속 직위(급) 성명 (서명 또는 인)</td></tr>
<tr><td>운반가능 시간</td><td colspan="2">타설 현장까지의 거리/시간
( )km / ( )분</td><td>KS 인증</td><td colspan="2">[ ] 인증 [ ] 미인증</td></tr>
<tr><td>일최대생산량</td><td colspan="2">㎥/일</td><td>전년도 생산량</td><td colspan="2">㎥/년</td></tr>
<tr><td>운반시설</td><td colspan="2">형식 :
용량 :
대수 :</td><td>폐레미콘
재생설비</td><td colspan="2">[ ] 구비 [ ] 미구비</td></tr>
<tr><td>중요시험설비 비치 및
관리 상태</td><td>[ ] 적 정
[ ] 부적정
- 부적정 사유기재</td><td>품질 시험
기술인</td><td colspan="3">성 명 :
자격보유종목 :
교육이수 현황
- 이수교육명
- 교육기관 및 기간</td></tr>
</table>

210㎜×297㎜[백상지(80g/㎡) 또는 중질지(80g/㎡)]

점검부위	점 검 항 목	점 검 결 과	조치 결과
골 재 저 장 설 비	**1. 1일 최대출하량 이상의 골재를 저장할 수 있으며, 규격별로 저장용량이 표시되어 있는가?**		
	2. 적당한 배수시설이 설치되어 있는 등 저장시설 바닥의 배수는 용이한가?		
	3. 바닥은 토사가 골재에 혼입되지 않도록 콘크리트 등 강성 바닥으로 되어 있는가?		
	4. 규격별 골재의 혼입을 방지하기 위한 칸막이가 설치되어 있는가?		
	5. 우수, 빙설, 직사광선에 보호될 수 있는 시설이 설치되어 있는가?		
	6. 함수율 관리를 위한 살수장치가 설치되어 있는가?(하절기)		
옥외시험 및 검사	1. 레미콘의 슬럼프, 공기량, 염화물이온량(Cl-) 등 품질시험을 실시한 결과는 적정한가?		
	2. 운반차의 드럼내 잔수를 페레미콘 재생설비에서 제거후 레미콘을 적재하고 있는가?		
시멘트 저 장 설 비	1. 사일로는 방습을 위한 보호시설이 되어 있는가?		
	2. 종류별·제조사별로 보관하고 식별표시는 되어 있는가?		
	3. 투입구는 풍화방지를 위한 장치가 되어 있는가?		
혼 화 재 료 저 장 설 비	1. 혼화제는 직사광선, 동해 또는 우수의 침입에 의해 변질되지 않도록 저장되어 있는가?		
	2. 종류별·제조사별로 보관하고 식별표시는 하고 있는가?		
	3. 혼화제는 희석시 침전되지 않도록 교반기를 설치하고 가동되는가?		
	4. 혼화재 사일로는 방습을 위한 보호시설이 되어 있는가?		
	5. 플라이애쉬, 고로슬래그 미분말 사이로내 시료채취구 설치 여부		

210㎜×297㎜[백상지(80g/㎡) 또는 중질지(80g/㎡)]

점검부위	점 검 항 목	점 검 결 과	조치 결과
운반장치	1. 골재 저장장치 하부 개폐장치가 닫힌 상태에서 belt conveyer 부분으로 우수 등이 침투되어 누수되는 곳은 없는가?(포화상태의 골재 투입여부 확인)		
	2. 잔골재.굵은골재 운반용 belt conveyer 등 시설이 파손되어 운반중 재료손실이 발생할 부분은 없는가?		
	3. 옥외에 설치된 운반장치는 우수로부터 보호되어 있는가?		
회수수 처리시설 및 폐레미콘 처리시설	1. 회수수를 집수하기 위한 시설주변에 이물질 등이 투입될 가능성은 없는가?		
	2. 회수수 설비 내 불순물은 없으며, 교반기는 정상적으로 작동하고 있는가?		
	3. 폐레미콘 처리시설이 설치되어 있고 적정하게 가동하여 사용하고 있는가?		
믹서 등 기계장치	1. 교반날개 끝부분과 믹서내벽과의 간격이 20㎜ 이하인가?(믹서 확인이 불가한 경우, 정기적으로 점검.관리하고 있는지 기록으로 확인)		
	2. 믹서 및 호퍼에서 재료의 누출은 없는가?		
	3. 점검구는 개폐가 용이한가?		
	4. 시멘트, 물, 골재, 혼화재료 계량장치는 교정필증이 부착되어 있는가?		
	5. 기계실내 누유, 누수 등이 발생하여 믹서내로 투입되는 곳은 없는가?		
운전실	1. 입력한 배합대로 생산하고 일일 현장배합표와 일치하는가?(자동계량기록지 출력물과 현장배합표를 상호 비교)		
	2. 골재의 표면수율(일 2회 이상 또는 150㎥마다), 골재입도(일 1회 이상)를 측정하여 일일 현장배합으로 보정하고 있는가?		
	3. 원자재의 밀도변화, 골재의 조립율 변동 등 변화에 따라 시방배합을 보정하고 있는가?		
	4. 생산개시전 모르타르로 믹서를 가동시킨 기록을 유지하고 있는가?		
	5. 계량조에는 믹서로 배출 후 영점 관리가 되고 있는가?		
	6. 계량기 교정검사에 따른 보정값을 반영하고 있는가?		
	7. 각 재료별 계량오차의 허용범위 내에서 계량되고 작동상태는 정상적인가?		
	8. 정하중검사(년 2회 이상), 동하중검사(일 1회 이상)를 실시하고 있는가?		

210㎜×297㎜[백상지(80g/㎡) 또는 중질지(80g/㎡)]

점검부위	점 검 항 목	점 검 결 과	조치 결과
시험실	1. 시험기구의 교정관리는 규정대로 실시하고 있는가?		
	2. 각종 시험기구의 설치 및 작동상태는 정상적인가?(마모시험기 철구무게, 체가름시험기 고정상태, 양생수조 온도 등)		
	3. 공장 품질관리 업무를 수행하는 건설기술인은 자체시험항목에 대한 KS규정에 의한 시험방법을 숙지하고 있는가?		
품질관리 기록 등	1. 레미콘 생산시 공장의 품질관리 직원이 상주하여 품질관리업무를 수행하고 있는가?		
	2. 상시 레미콘의 압축강도, 슬럼프, 공기량, 염화물이온량(Cl-) 등 품질시험을 실시하고 기록은 유지하고 있는가?		
	3. 골재 시험항목에 대하여 정기적으로 자체시험 또는 품질검사전문기관에 의한 시험을 실시하고 기록은 유지하고 있는가? (필요시 기록내용 확인을 위한 시험병행) ※ 밀도, 흡수율, 입도, 조립률, 0.08mm체 통과량, 입자모양판정 실적율, 염분함유량(NaCl), 마모감량은 월 1회 이상 또는 골재원 변경시마다, 안정성과 알칼리골재반응 시험은 년 1회 이상 또는 골재원 변경시 마다 실시		
	4. 원자재는 승인된 자재를 사용하고 있는가?		
	5. 해당공사 시방규정에 적합한 골재를 계속 사용할 수 있는가?		
	6. 시멘트의 검사항목에 대하여 입고시 제조사의 시험성적서를 관리하고, 월 1회(KS제품은 2월 1회) 이상 자체시험 또는 건설기술 진흥법상 품질검사전문기관에 의한 시험(분말도)을 실시하고 기록은 유지하고 있는가?		
	7 <삭 제>		
	8. 혼화재(플라이애쉬, 고로슬래그, 팽창재, 실리카퓸 등)에 대해 제조사 시험성적서가 관리되고 있으며, 월 1회(KS제품은 2월 1회) 이상 자체시험 또는 건설기술 진흥법상 품질검사전문기관에 의한 시험(강열감량, 분말도)을 실시하고 기록은 유지하고 있는가?		

210㎜×297㎜[백상지(80g/㎡) 또는 중질지(80g/㎡)]

점검부위	점 검 항 목	점 검 결 과	조치 결과
	9. 혼화재(플라이애쉬, 고로슬래그, 팽창재, 실리카 퓸 등) 사용시 공급원 승인권자와 혼화재 품질 등에 관하여 협의후 사용하는가?(계약서, 납품서 등의 비치 및 기록 확인, 혼화재 품질시험 기록 확인)		
	10. 혼화재료의 반입시기를 기록하고 유지하고 있는가?		
	11. 혼화제 저장설비에 대해 주기적으로 청소를 실시하고 기록은 유지하고 있는가?		
	12. 믹서의 혼합시간 결정시험은 제대로 하고 있는가?		
	13. 11번에서 결정된 근거대로 믹서의 혼합시간이 준수.관리되고 있으며, 생산기록지에 표기되고 있는가?		
	14. 사용수(년 1회 이상)와 회수수(일 1회 이상)의 수질검사를 실시하고 기록은 유지하고 있는가? (단, 회수수는 고형분율에 대해 검사를 실시함)		
	15. 회수수 설비에 대한 점검을 실시하고 기록은 유지하고 있는가?		
	16. 혼합골재를 사용하는 경우 혼합하는 골재의 종류, 혼합비율, 혼합방법을 명시하고 정기적으로 (월 1회 이상) 품질시험을 실시하고 기록은 유지하고 있는가?		
	17. 운반차(트럭 애지테이터)에 대한 성능시험을 주기적으로 실시하고 기록은 유지하고 있는가?		
	18. 운반차(트럭 애지테이터)의 운전요원에 대해 주기적으로 교육훈련을 실시하고 기록은 유지하고 있는가?		
	19. 원자재 및 제품 품질시험 등은 원시데이터(Raw data : 최종시험 결과가 도출되기까지의 중간과정을 기록한 기록지)가 관리되고 있는가?		
기타	기타 품질관리에 영향을 미치는 사항		
종합의견			

※ 점검표 작성요령

1) 점검결과 및 조치결과는 점검자 책임하에 실제 점검한 내용을 구체적으로 작성하고 공장내에서 즉시 확인이 가능한 사항 등에 대하여 불필요한 증빙서류를 요구하지 말것.

2) 필요시 점검결과 등의 작성란 크기조정을 위한 서식조정 가능(종에서 횡으로 조정)
210㎜×297㎜[백상지(80g/㎡) 또는 중질지(80g/㎡)

[별지 제9호서식]

(4쪽 중 제1쪽)

아스콘공장 사전(정기) 점검표

<table>
<tr><td>공 장 명</td><td colspan="2">(대표 :   )</td><td>점 검
일 자</td><td>년 월 일</td></tr>
<tr><td>공장위치</td><td colspan="2">시(도) 군 면(동) 리
번지</td><td>공사명</td><td></td></tr>
<tr><td>점 검 자
(발주청 관계자)</td><td colspan="4">소속 직위(급) 성명 (서명 또는 인)</td></tr>
<tr><td>점 검 자
(공사감독자)</td><td colspan="4">소속 직위(급) 성명 (서명 또는 인)</td></tr>
<tr><td>점 검 자
(시공자)</td><td colspan="4">소속 직위(급) 성명 (서명 또는 인)</td></tr>
<tr><td>수 검 자
(공장 관계자)</td><td colspan="4">소속 직위(급) 성명 (서명 또는 인)</td></tr>
<tr><td>운반가능 시간</td><td colspan="2">포설 현장까지의 거리/시간
(   )km / (   )분</td><td>KS 인증</td><td>[ ] 인증 [ ] 미인증</td></tr>
<tr><td>일최대생산량</td><td colspan="2">톤/일</td><td>전년도
생산량</td><td>톤/년</td></tr>
<tr><td>운반시설</td><td colspan="2">형식 :
용량 :
대수 :</td><td>폐아스콘
재생설비
구비 또는
처리계획
적정여부</td><td>[ ] 구비 또는 적정
[ ] 미구비 또는 부적정
- 부적정 사유 기재</td></tr>
<tr><td>중요시험설비
비치 및 관리 상태</td><td>[ ] 적 정
[ ] 부적정
- 부적정 사유기재</td><td>품질시험
기술인</td><td colspan="2">성 명 :
자격보유종목 :
교육이수 현황
- 이수교육명
- 교육기관 및 기간</td></tr>
</table>

10㎜×297㎜[백상지(80g/㎡) 또는 중질지(80g/㎡)]

점검부위	점 검 항 목	점 검 결 과	조 치 결 과
골재저장 설 비	1. 1일 최대출하량 이상의 골재를 저장할 수 있으며, 규격별로 저장용량이 표시되어 있는가?		
	2. 적당한 배수시설이 설치되어 있으며, 바닥의 배수는 용이한가?		
	3. 바닥은 토사가 골재에 혼입되지 않도록 콘크리트 등 강성 바닥으로 되어 있는가?		
	4. 규격별 골재의 혼입을 방지하기 위한 칸막이 설치는 적정한가?		
	5. 우수, 빙설에 보호될 수 있는 시설이 설치되어 있는가?		
아스팔트 저장설비	1. 자기온도계에는 교정필증이 부착되어 있는가?		
	2. 종류별.제조사별로 보관하며 식별표시하고 있는가?		
채 움 재 저장설비	1. 사일로는 방습을 위한 보호시설이 되어 있는가?		
	2. 종류별.제조사별로 보관하고 식별표시는 되어 있는가?		
	3. 투입구는 풍화 방지를 위한 장치가 되어 있는가?		
콜드빈 (Cold bin)	1. 골재공급시 이물질 등의 혼입을 방지하기 위한 장치를 설치하고 관리하는가?		
	2. 옥외에 설치된 운반장치는 우수로부터 보호되어 있는가?		
드라이어 및 스크린	1. 드라이어 출구에 부착된 자기온도계에는 교정필증이 부착되어 있는가?		
	2. 예비 스크린은 종류별로 보유하고 관리되고 있는가?		
하트빈 (Hot bin)	1. 각 빈에 시료 채취장치를 설치하고 있는가?		
	2. Overflow pipe가 설치되어 있는가?		
	3. 자기온도계에는 교정필증이 부착되어 있는가?		
믹서	1. 출구 부분에서 재료나 혼합물이 새는 경우는 없는가?		
	2. 믹서 내부로 구리스 등 이물질의 혼입 요인은 없는가?(믹서 확인이 불가한 경우, 정기적으로 점검.관리하고 있는지 기록으로 확인)		
계량장치	아스팔트, 골재, 채움재 계량장치에 교정필증이 부착되어 있는가?		

210㎜×297㎜[백상지(80g/㎡) 또는 중질지(80g/㎡)]

점검부위	점 검 항 목	점 검 결 과	조 치 결 과
운전실	1. 입력한 배합대로 생산하고 일일 현장배합표와 일치하는가?		
	2. 골재를 콜드빈(cold bin)에서 채취하여 일1회 이상 입도시험을 실시하고 입도 변화에 따른 보정을 실시하고 있는가?		
	3. 골재를 하트빈(hot bin)에서 채취하여 일 1회 이상 입도시험을 실시하고 입도변화에 따른 하트빈별 배합비를 보정하고 있는가?		
	4. 하트빈, 드라이어 출구, 아스팔트 저장소에 부착된 자기온도계는 정상적이며 교정검사를 주기적으로 실시하는가?		
	5. 골재 공급상태는 모니터로 확인이 되는가?		
	6. 계량기별로 하중검사를 정해진 방법에 따라 년 1회 이상 실시하고 있는가?		
	7. 계량기 교정검사에 따른 보정값을 반영하고 있는가?		
	8. 계량정도는 각 재료별 계량오차의 허용범위 내에 계량되고 작동상태는 정상적인가?		
	9. 계량조에서 믹서로 배출 후 영점 관리가 되고 있는가?		
시험실	1. 시험기구의 교정관리는 규정대로 실시하고 있는가?		
	2. 각종 시험기구의 설치 및 작동상태는 정상적인가?(마모시험기 철구무게, 체가름시험기 고정상태, 다짐시험기 받침, 항온수조 온도 등)		
	3. 공장 품질관리 업무를 수행하는 건설기술인은 자체시험항목에 대한 KS규정에 의한 시험방법을 숙지하고 있는가?		
품질관리 기록 등	1. 아스콘 생산시 공장에 품질관리 직원이 상주하여 품질관리업무를 수행하고 있는가?		
	2. 아스콘 안정도, 흐름값, 공극률, 포화도 검사 등 품질시험을 실시하고 기록은 유지하고 있는가?		
	3. 골재 시험항목(밀도, 흡수율, 입도, 마모율, 안정성, 편장석율 등)에 대하여 월1회 이상 자체시험을 실시하고 기록은 유지하고 있는가?(필요시 품질시험 병행)		

210㎜×297㎜[백상지(80g/㎡) 또는 중질지(80g/㎡)]

	4. 콜드빈 유출량(하트빈 골재사용) 시험을 골재 변경시 또는 반기별 1회 이상 실시하는가?(보정 포함)		
	5. 원자재는 승인된 자재를 사용하고 있는가?		
	6. 아스콘 생산 전에 배합설계시의 골재 품질과 동일여부를 확인하여 상이할 경우 시방규정에 맞도록 골재 합성비율을 재조정 및 재배합을 하고 있는가?		
	7. 아스팔트의 시험항목에 대한 제조사의 시험성적서가 관리되고 있으며, 월 1회(KS제품의 경우 2월 1회) 이상 자체시험 또는 건설기술 진흥법상 품질검사전문기관에 의한 시험(침입도 등)을 실시하고 기록은 유지하고 있는가?		
	8. 채움재의 검사항목에 대하여 제조공장의 시험성적서를 재료 입고시 마다 확인하고 있거나 또는 자체 검사를 실시하는가?		
	9. 믹서의 혼합조건(혼합량, 혼합시간, 혼합온도), 혼합성능을 정하는 시험혼합을 실시하고 있는가?		
	10. 9번에서 결정된 근거대로 혼합조건을 준수하고 있는가?		
	11. 채움재의 반입량, 반입일 등 기록은 유지하고 있는가?		
	12. 페아스콘을 재생하여 사용하는 경우 공급원 승인권자와 협의한 후 배합설계 등 품질에 대한 기록은 유지하고 있는가(폐아스콘 재생설비를 갖춘 공장만 해당)		
	13. 회수 더스트를 채움재로 재활용하는 경우 공급원 승인권자와 협의한 후 회수 더스트 품질기준에 따라 시험을 실시하고 기록은 유지하고 있는가?		
기타	기타 품질관리에 영향을 미치는 사항		
종합의견			

210㎜×297㎜[백상지(80g/㎡) 또는 중질지(80g/㎡)]

[별지 제10호 서식]

레미콘(아스콘) 공장 정기점검 결과 보고
(　　　　　청)

1) 총 괄

구분	점검 공장수	지적 공장수	관련 지적건수				
			계	자재관리	공정관리	품질관리	설비관리
계							
상반기							
하반기							

2) 지적사항

번호	공장명	공사명	공장 위치	지적유형	지적내용	조치결과
1				자재관리		
				공정관리		
				품질관리		
				설비관리		
2				자재관리		
				공정관리		
				품질관리		
				설비관리		
3				자재관리		
				공정관리		
				품질관리		
				설비관리		

[별지 제11호 서식]

레미콘 시공품질관리 점검표

공 사 명		점 검 일 자	년 월 일
자재공급 공 장 명		자 재 반입량	
공사감독자	소속 성명 서명		
시 공 자	소속 성명 서명		
시공위치	구조물명: 부위:		

시공 장비 점검결과

장 비 명	규 격	사용대수	점검결과	조치내용
1. 펌프카				
2. 진동기				
3. 양생기				
4. 기타				

품질관리 점검내용

원재료 점검내용	점검결과	조치내용
1. 콘크리트의 종류		
2. 시멘트의 종류		
3. 혼화제의 종류		
4. 혼화재의 종류		
5. 일일배합표 확인		
6. 기타		

품질시험 구분	시방 기준	총검사 횟수	합격 횟수	불합격 횟수	조치내용
1. 슬럼프시험					
2. 공기량시험					
3. 염화물이온량(Cl-)					
4. 공시체 강도시험					
5. 기타					

※ 작성요령

- 자재의 규격별, 시설물 타설 위치별 등등 공사감독자가 구분할 필요가 있는지를 판단하여 현장여건에 맞추어 조정 작성가능
- 검사결과는 검사횟수를 기재하며 총검사수 및 합격.불합격 횟수를 기재
- 조치내용은 불합격 자재에 대한 조치내용임.

[별지 제12호 서식]

아스콘 시공품질관리 점검표

현 장 명		점 검 일 자	년 월 일
자재공급 공 장 명		자 재 반입량	
공사감독자	소속 성명 서명		
시 공 자	소속 성명 서명		
시공위치			

시공장비 점검결과				
점 검 항 목	규격	사용대수	점검결과	조치내용
1. 마카담로라				
2. 타이어로라				
3. 탄뎀로라				
4. 휘니셔				
5. 기타				

품질관리 점검내용						
점검	품질시험 구분	시방 기준	총검사 횟수	합격 횟수	불합격 횟수	조치내용
플랜트 혼합물	1. 안정도					
	2. 흐름도					
	3. 공극률					
	4. 포화도					
	5. 역청함유량					
	6. 체가름(입도)					
	7. 기타					
포설시 품질관리	1. 혼합물 온도					
	2. 혼합물 밀도					
	3. 포설 두께					
	4. 시공 조인트					
	5. 기타					

※ 작성요령

- 자재의 규격별, 시설물 포설 위치별 등등 공사감독자가 구분할 필요가 있는지를 판단하여 현장여건에 맞추어 조정 작성가능
- 조치내용은 불합격 자재에 대한 조치내용임

[별지 제13호서식]

레미콘(아스콘) 품질시험 · 검사대장

공사명 :

자재명 :

연번	연.월.일	시험·검사 항목	시험기준	시험결과	시험결과 판정	시험·검사자		건설사업관리 기술인 또는 감독자 확인		비고 (생산공장)
						성명	서명 또는 인	성명	서명 또는 인	

※ 건설기술 진흥법 시행규칙 제50조의 규정에 의한 [별지 제42호 서식] 품질검사대장에는 레미콘.아스콘외의 재료 등에 대한 품질시험.검사결과를 기재함

210㎜×297㎜[백상지(80g/㎡) 또는 중질지(80g/㎡)]

[별지 제14호서식]

불량자재폐기 확약서

□ 불량자재 내역

운반차 번호	
자재명 및 규격	
반 품 현 장	
반 품 일 시	
반품 지시자	공사감독자 ○ ○ ○ 또는 현장 품질관리 업무를 하는 건설기술인 ○ ○ ○ (서명 또는 인)
반 품 사 유 (구체적으로 기재)	

상기와 같이 반품 지시된 불량자재는 폐기처리 할 것을 확약합니다.

년 월 일

□ 확인자

구분(직책)	성 명	전화번호	주 소	서 명 또는 인
운전기사				
공장 품질관리책임자				

※ 첨부 : 레미콘.아스콘 납품서(구입자용) 첨부

210㎜×297㎜[백상지(80g/㎡) 또는 중질지(80g/㎡)]

[별지 제15호 서식]

<table>
<tr><td colspan="6">실태조사 신청서</td></tr>
<tr><td rowspan="3">신청인</td><td colspan="2">회사명</td><td></td><td>법인
등록번호</td><td></td></tr>
<tr><td colspan="2">대표자</td><td></td><td>사업자
등록번호</td><td></td></tr>
<tr><td colspan="2">주 소</td><td colspan="3">(전화:)</td></tr>
<tr><td colspan="3">공 장 명</td><td colspan="3"></td></tr>
<tr><td colspan="3">공장소재지</td><td colspan="3">(전화:)</td></tr>
<tr><td colspan="3" rowspan="2">보유업종
및
등록번호</td><td colspan="2">건 설 부 문</td><td>기 타</td></tr>
<tr><td colspan="2"></td><td></td></tr>
<tr><td colspan="2">공장
인증현황</td><td>인증
일자</td><td></td><td>인증
분야
및 등급</td><td></td></tr>
<tr><td colspan="3">조사요청일</td><td colspan="3">년 월 일(부터)
※ 참고사항이며 확정은 협의 후 결정합니다.</td></tr>
<tr><td colspan="6">건설기술진흥법 제58조제2항 및 같은법 시행령 제96조제7항에 따라 철강구조물제작 인증공장의 실태조사를 신청합니다.

년 월 일

신청인 : (서명 또는 인)

한국건설기술연구원장 귀하</td></tr>
<tr><td colspan="5" rowspan="2">1. 공장기술인력현황을 기재한 서류 1부
2. 공장규모 및 설비현황을 기재한 서류 1부
3. 그 밖에 국토교통부장관이 필요하다고 인정한 서류</td><td>수 수 료</td></tr>
<tr><td>건설기술진흥법 시행규칙 별표9에 따른 수수료</td></tr>
</table>

Guidelines
건설공사 품질관리 업무지침

2023년 3월 10일 발행

편집부 편

펴낸이 / 김기현

발행처 / 도서출판 시공문화사
등　록 / 1993년 3월 12일
주　소 / (03733) 서울시 서대문구 독립문공원길 13 극동프라자 5층
전　화 / 02)3147-1212 · 2323
팩　스 / 02)3147-2626

인　쇄 / 한림인쇄
제　본 / (주)아이엔북
용　지 / (주)대림지업사

ISBN 978-89-5592-435-0

정가 12,000원

※본서에 수록된 내용들은 발매시점의 개정사항 등을 반영하였으므로
법규 적용시 반드시 확인하시기 바랍니다.